理工学研究プロジェクト「アクア」
みず学への誘い

大垣 一成・江頭 靖幸
渡會　仁・松村 道雄・中辻 啓二　編著

大阪大学出版会

「みず学への誘い」刊行にあたって

　水の惑星と呼ばれるように，水は地球上のあらゆる環境に対応しながら，固体・液体・気体と状態を変化させ，連綿と動植物の生命活動を司ってきた．しかし，20世紀後半，地球レベルの環境問題がクローズアップされ，地球温暖化問題をはじめ，砂漠化による緑の急激な減少，あるいは化学物質による河川および海洋汚染，さらには人口増加による水資源問題も人類にとって避けては通れない重要課題であることが明らかになってきた．

　日常生活において水はもっともなじみ深い物質であり，科学的にも古くから研究対象として取り扱われ，その多くの特異な物性が明らかにされている．特に，水素結合と呼ばれる分子間相互作用が支配する水の熱的性質，水和性，界面エネルギー，自己組織化などは，まさに古くて新しい科学として現在でも基礎科学の中心的な分野を形成している．また，水の応用分野でもその特異な性質に着目して，水を材料とし，また反応・分離場として活用した研究が広範な科学技術領域を網羅している．さらに大気を循環する水は，エントロピーの輸送物質として重要な役割を担いながら生物を育て海洋を育み，沿岸域に暮らす我々に無限の恵みを与え続けている．水そのものを知り，水を有効に利用し，水を循環し水と共生する……水とどう付き合っていくかが人類にとって21世紀の最大の課題である．

　大阪は「水の都」と呼ばれるように古くから地域全体として「水」になじみがある．大阪大学においても「水」の基礎物性に関する研究は理学研究科の研究グループをはじめ，環境エネルギー問題と「水」との関連を先駆けた基礎工学研究科，治水・利水はじめ豊かな社会基盤づくりを手掛けた工学研究科など世界的研究成果を挙げた実績を持っている．環境問題との連関で「水の柔らかい機能」に注目した新規な科学技術の展開が期待されている現在，これまでの大阪大学の科学的歴史を踏まえ，水素結合の持つ柔らかい性質とそれが関与する諸現象（分子から流体まで）を解明し，それを基に「水」の多面的機能を有効活用する科学技術を提案し，また「水」の大循環

「みず学への誘い」刊行にあたって

に戻し水と共生するための総合的な科学技術を確立することが重要である．

　私たちは，基礎工学研究科未来研究ラボシステムの環境エネルギー研究会をはじめ部局横断型の広範な研究者と手を携えてきた．そして，水に関する基礎科学をさらに深化し，その成果を取り入れた活用技術を開発し，水との共生を図る目的で，大阪大学発の総合科学プロジェクト「アクア」を立ち上げ，大阪大学研究推進室の支援のもと研究活動を遂行してきた．このたび，アクアの研究成果を纏め，社会に対して情報発信する機会を与えられたことに対し，大阪大学研究推進室や未来研究ラボシステムはじめ関係諸団体に心からの感謝の意を表したい．

　本書は，「アクア」プロジェクトの「水を科学する」・「水を活用する」・「水と共生する」の3研究グループを基盤に，これらからなる3章で構成されており，各章の独自性を尊重しながら章間の有機的な関連を意識した編集を心掛けた．全体として本書はプロジェクトの報告書的性格を持っているものの，全体を通して読みやすく大学院生の教科書や参考書として利用することも念頭に置いている．また巻末の執筆者リストにあるように，今後この分野を担う若手研究者の研究成果を積極的に取り入れており，水が関与する広範な分野での発展の一助となることを祈念している．

編者を代表して

2008年2月

大阪大学理工学研究プロジェクト
アクア代表　　　大垣一成

目　次

「みず学への誘い」刊行にあたって　i

第1章　水を科学する　…………………………………………1

第1節　水と有機溶媒の界面における特異反応　3
第2節　NMRでみる疎水性ナノ空間に閉じ込められた水のスローダイナミクス　20
第3節　金触媒の水添加効果　32
第4節　核スピンや対称性が強く関与した重水素誘起相転移　42
第5節　量子化学計算による水素結合ネットワーク系の非線形光学効果の解明と物質設計への展開　52
第6節　金属錯体を用いたプロトン・電子連動系の開発　62
第7節　水素結合ネットワークを含む超伝導体の構造効果と電子物性　78
第8節　タンパク質から水へのエネルギー散逸　88
第9節　水の物理化学と地球・生命のダイナミクス　98
第10節　地球惑星深部の水と水素　112

第2章　水を活用する　…………………………………………125

第1節　ガスハイドレートの構造と環境科学的利用　127
第2節　光触媒を利用した水の分解　149
第3節　太陽光水分解の効率化—光酸素発生反応の機構　160

目次

第4節 水素・酸素から水へのエネルギー産出型反応のための電極触媒設計　171
第5節 水を反応試薬とする光触媒型物質変換法　181
第6節 シリコンと水との反応およびウエットプロセスによるシリコンの微細加工　190
第7節 水を活用した金属錯体の組織化と構造制御　200
第8節 両親媒性高分子の水溶液中での集合体形成　210
第9節 水中で機能する発光型分子センサーおよび分子デバイス　219

第3章　水と共生する　229

第1節 降水の有効利用による乾燥地植林と植林による塩害防止　230
第2節 水域の流動・物質循環機構の解明とモデル化　240
第3節 樹液逆流—生態系水循環を見直す—　251
第4節 雲粒酸性化における雲粒凝結核同化と炭酸ガス吸収　262
第5節 アジアモンスーン大河の洪水氾濫　271
第6節 水生植物と根圏微生物の共生作用を利用した水質浄化システム　283

おわりに　295

索引　297
編著者紹介　301

第1章 水を科学する

1969年に出版されたカウズマン・アイゼンバーグ著『水の構造と物性』（関　集三・松尾隆祐 訳，1975年）の訳者あとがきから，最初の段落を引用させていただく．

　水の近代化学はラボアジェ（1743〜94），プリーストリー（1733〜1804），およびキャベンディッシュ（1731〜1810）等による「酸素の発見」と「水の電気分解」の研究を基とし，ドルトン（1766〜1844），アボガドロ（1776〜1856）およびカニツァロ（1828〜1910）等による「分子概念」の確立を経て，水分子の化学構造が明らかにされた時に始まる．一方，このありふれた物質が物理学者の興味を惹くようになったのはヴェルノン（1891）とそれにひきつづき X 線の発見で有名なレントゲン（1845〜1923）による水の密度の異常な性質が注目されるようになってからである．しかし，今日の物理化学または化学物理の立場からの水，氷および水溶液の研究は「水素結合」の考えが次第に定着しつつあった時，バナールとファウラーが，アメリカ物理学会誌 J.Chem.Physics（1933）の創刊号に発表した論文が原動力となったと言えるのではあるまいか．以来，水，氷，水溶液の構造と物性，或いは無機界，生物界における水の果す重要な役割に対する研究が続々と行われ，基礎的学問の見地からのみならず応用の立場からも，最近は環境問題ともむすびついて，ますます関心が高まるようになり，広義の水に関する種々の国際会議がほとんど毎年開催されている．

　この書籍の刊行から 30 年以上経過した今日，水の量子化学的取扱や水の液体物性の理論とシミュレーションが進展し，計測法が著しく進歩して，界面，ナノポア，フェムト秒電磁場，極低温，強磁場などの極限的状態におけ

る水の役割や振る舞いが研究の対象となっている．そして，水の分子としての反応性から，その少数集合体，さらに液体としての表面・界面の機能まで理解が拡がろうとしている．本章では，表面・界面の水，インターカレート水，金触媒と水，重水素効果，水素結合性非線形光学物質，金属錯体電子ドナー，タンパク質のダイナミックスと水，水素結合ネットワークを有する分子性化合物，水と地球ダイナミクス，地球惑星深部の水など，水にまつわる最新の話題が展開されている．

　科学は，「エネルギー・時間・形」を3要素として物質界を理解しようとしているが，水という物質は，その分子集団の「形」において最も多様性を発揮している物質のように思われる．したがって，「水を科学する」という本章は，さながら「エネルギー・時間・形」を主題とする水の変奏曲と言えよう．

第1節
水と有機溶媒の界面における特異反応

理学研究科　化学専攻

渡會　仁

1．はじめに

　地球上に水に溶けない有機液体が現れたときから，液液界面はその働きを発揮しはじめたと想像される．現在，いわゆる油水界面と称される状態は，マイクロチップ分析から湿式精錬や核燃料再処理のような工業的分離プロセスまで，幅広い分野で利用されている．それらの基礎は，液液二相系および液液界面の化学にある．水および非水溶液の化学は，1960年代に実験と理論の両面で発展したが，界面反応の実験的研究については，やや遅れて，1980年代より分離分析化学や電気分析化学など分析化学の分野で盛んになった．特に，金属イオンの溶媒抽出過程における界面の役割については1970年代ごろから議論が活発となり，1983年に高速攪拌法により実験的に攪拌系での界面濃度が測定され，速度則が確認されるに及んで，液液界面の触媒的作用が明らかになり，新たな段階を迎えることとなった．液液界面は，図1の分子動力学シミュレーションが示すように，厚さがおよそ1nmの二次元的にヘテロな液体状態である[1]．現在，様々な分光法が液液界面反応の直接測定に利用され，液液界面における単一分子反応，分子集合反応，分子認識反応，キラル反応，電子移動反応，スピン転移反応などに特異的効果が見いだされている．本節では，液液界面反応の測定法と特徴的な界面反応を紹介する．

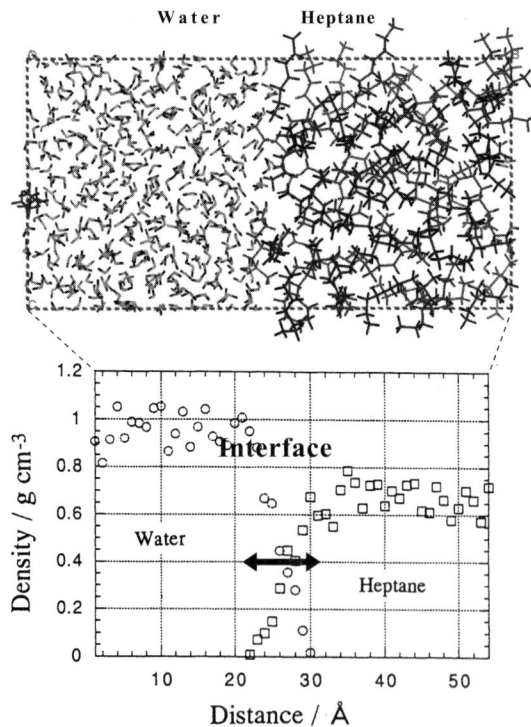

図1 ヘプタン／水界面の分子動力学シミュレーション．下図は界面近傍の密度プロファイルを表す．

2．二相間分配と界面吸着

　ヘプタンやトルエンと水との間の溶質の分配定数 K_D は，分配平衡時の有機相の溶質濃度 [A]。と水相の溶質濃度 [A] の比（[A]。/[A]）で定義され，水と有機溶媒への溶解性を表す指標となっている．特に，1-オクタノールと水との間の分配定数は，log P 値として，薬物の生体への取り込まれやすさ（疎水性）の指標となっている．分配定数は，両相への溶解のギブズ自由エネルギー（G_s）の差により表される．G_s は，溶質分子を溶媒中に受け入れるための空孔生成自由エネルギー（cavity formation energy，G_c，通常正符号の仕事）と空孔に入った溶質分子と周りの溶媒分子との間の相互作用自由エネルギー

(G_i, 負符号の仕事) からなる．相互作用には van der Waals 相互作用，誘起双極子相互作用，双極子間相互作用，静電的相互作用および水素結合相互作用が含まれる．溶質が水と特異的な相互作用をもたない場合，すなわち前三者の相互作用のみの場合は，有機相と水相における G_i に大きな違いはない．一方，溶質 1 モル当たりの G_c は Scaled Particle 理論 (SPT) を用いて，次式により見積もることができる[2]．

$$G_c = -RT\ln(1-y) + RT\frac{3y}{1-y}\left[\frac{\sigma_2}{\sigma_1}\right] + RT\left[\frac{3y}{1-y} + \frac{9}{2}\left[\frac{y}{1-y}\right]^2\right]\left[\frac{\sigma_2}{\sigma_1}\right]^2 + \frac{NyP}{\rho}\left[\frac{\sigma_2}{\sigma_1}\right]^3 \quad (1)$$

ここで，σ_1 は溶媒分子の直径，σ_2 は溶質分子の直径，ρ は溶媒分子の数密度，y は $y = \pi \rho \sigma_1^3/6$ で表される充填因子 (compactness factor) である．通常，水分子は有機相溶媒分子より小さいため，溶質分子のサイズが大きくなるにつれ，水相における G_c は，有機相の G_c に比べ正に大きな値となる．空孔生成自由エネルギーだけを考えたときの分配定数は，$-RT\ln K_D = G_c$ (有機相) $- G_c$ (水相) により見積もられる．図 2 に，一連のハロ置換ベンゼンの分配定数の分子直径への依存性を示す[3]．概ね，分配平衡は空孔生成の仕事により支配されていることがわかる．図 3 は，種々のアセチルアセトン (acac) 錯体の分配定数を示す．芳香族化合物的な Pd(acac)$_2$ と Pt(acac)$_2$ の K_D は，SPT の予測に極めて近いが，Cu(acac)$_2$ や VO(acac)$_2$ は水分子の配位により水相に溶解しやすくなり，SPT 値より小さくなっている[4]．

第1章　水を科学する

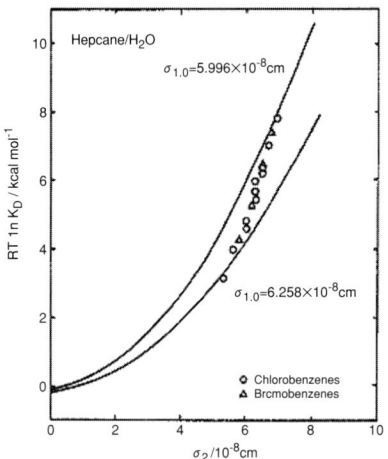

図2　ヘプタン／水系におけるハロ置換ベンゼンの分配定数とScaled Particle理論による空孔生成自由エネルギー差（実線）との比較

$\sigma_{1,0}$はヘプタンの直径，σ_2は溶質分子の直径．

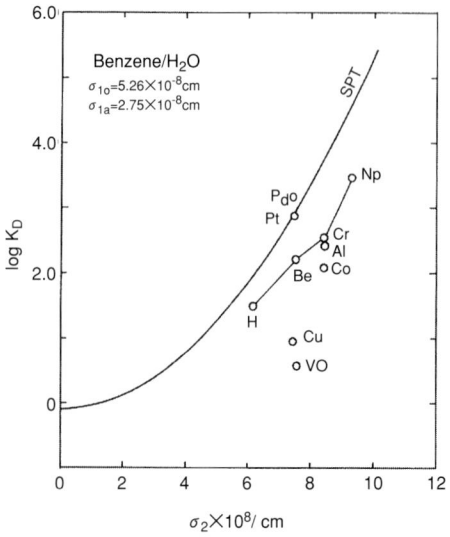

図3　ベンゼン／水系におけるアセチルアセトン錯体の分配定数とScaled Particle理論による推測値（実線）の比較

バルク相から液液界面への溶質の吸着平衡は，固体界面と同様，溶質分子間の相互作用が弱い場合はラングミュア式で表される．たとえば，有機相から界面への配位子 HL の吸着における界面濃度 $[HL]_i$ は，次式で表される[5]．

$$[HL]_i = \frac{aK'[HL]_o}{a + K'[HL]_o} \quad (2)$$

ここで，a は飽和界面濃度（mol/cm^2），K' は無限希釈時における吸着定数（$K' = [HL]_i/[HL]_o$）である．水相からの吸着定数 K との関係は，$K = K'K_D$ である．したがって，分配と吸着の間には次の線形自由エネルギー関係が成り立つ．

$$RT\ln K_D = RT\ln K - RT\ln K' \quad (3)$$

左辺は溶質分子の移行の自由エネルギー，右辺第一項は水相から界面への吸着で，主に疎水基の水相から有機相への移行自由エネルギーに対応し，第二項は界面での親水基の脱水和自由エネルギーを意味し，極性基が同じ一連の化合物では一定である．この関係により，分配定数からその化合物の界面吸着定数を見積もることができる．

3. 液液界面反応の測定と解析
3.1 溶媒抽出反応

高速攪拌法は，二相の攪拌状態から PTFE 相分離膜を用いて有機相のみを連続的に分離・循環して吸収スペクトルの時間変化を測定することにより，抽出試薬の界面吸着量と金属錯体の抽出速度を同時に測定する方法である[6]．有機相，水相各 50mL を攪拌すると，界面積は概ね 2×10^4cm^2 と約 500 倍に増大し，比界面積は 400cm^{-1} に達する．さらに，液液界面の吸収スペクトルを直接的に測定する方法として，遠心液膜法が開発された[7]．図 4 に示すように，円筒形のガラスセルを水平に設置し，これに各々 100μL 程度の水相と有機相を入れ，毎分 5,000–10,000 回転で回転させる．遠心力により，セルの内壁に，厚さが 100μm 程度の薄い二液相膜が生じる．このとき，界面の比界面積は 170cm^{-1} 程度となる．フォトダイオードアレイ分光計を用い

て，界面を含む液膜の吸収スペクトルの時間変化が測定でき，界面吸着化学種の同定が可能である．

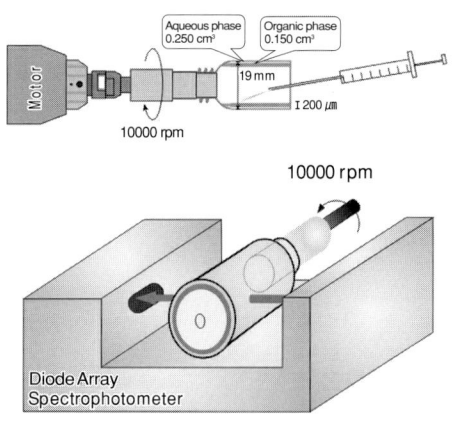

図4　遠心液膜法の概念図

図5に，遠心液膜法で測定された 5-Br-PADAP (HL) のヘプタン溶液によるNi(II)の界面錯形成における吸収スペクトル変化，および種々の金属イオンとの界面錯形成初速度とHLの界面濃度との比例関係を示す．これらの初速度 r_{obs} は次式で解析される．

$$r_{obs} = \left[k[\mathrm{HL}]\frac{V_a}{V_O} + k_i[\mathrm{HL}]_i\frac{S_i}{V_O} \right][\mathrm{M}^{n+}] \tag{4}$$

ここで，k は水相内での1：1錯体の生成速度定数，k_i はあるpHにおける界面錯形成速度定数，S_i は界面積，V_a，V_O は水相，有機相の体積である．Ni(II)については，$k = 2.0 \times 10^2 \mathrm{M}^{-1}\mathrm{s}^{-1}$ であり，k_i (pH6.0, ヘプタン) $= 1.1 \times 10^2 \mathrm{M}^{-1}\mathrm{s}^{-1}$ である．しかしトルエン系では k_i (pH6.0, トルエン) $= 3.0 \times 10 \mathrm{M}^{-1}\mathrm{s}^{-1}$ と約 1/4 になる[8]．これは，界面における 5-Br-PADAP へのトルエンの溶媒和が界面反応速度を低下させていると解釈できる．(4)式は，界面で生成した錯体が抽出される場合も成り立つ．抽出速度が水相反応律速か，界面反応律速かは，カッコ内の第一項と第二項の相対的大きさにより決ま

り，第二項は比表面積の大きさ（S/V_o）に依存する．すなわち，抽出速度は，界面への配位子の吸着により促進されるので，液液界面が触媒として働くことをこの式は示している．配位不飽和な反応中間錯体が吸着する場合も抽出速度は触媒的に促進される．これが液液界面反応の第一の特徴である．

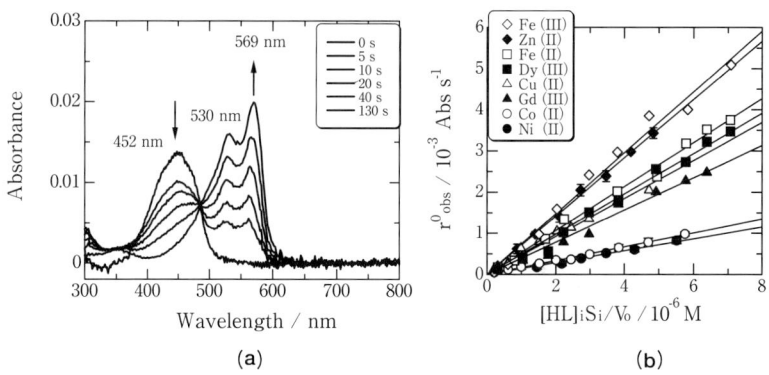

図5　遠心液膜法によるヘプタン／水系の 5-Br-PADAP の界面錯形成反応の測定．(a) Ni(II) 錯体の生成速度，(b) 界面における種々の金属イオンの 5-Br-PADAP 錯体の生成初速度と 5-Br-PADAP の界面初濃度との直線関係
Fe(II) pH4.5，Fe(III) pH1.5，他は pH6.0

遠心液膜セルの界面における反応は，吸光分光法の他，蛍光分光法，ラマン分光法などによっても測定することができる．特にラマン散乱法は，水溶液に適用できる振動分光法であり，共鳴条件を利用すると極めて高感度な分光分析法となる．図6に示すように，顕微ラマン分光法により，水相，界面，有機相のラマンスペクトルを波数，強度，観測位置の 3D スペクトルとして測定することができ[9]，各化学種の分布状態を明確に測定することができる．ピリジルアゾ配位子は，アゾ型（$1307 cm^{-1}$）とイミン型（$1284 cm^{-1}$）の二つの異性化状態をとり，その比率は溶媒や周りの環境により変化する．液液界面に吸着したピリジルアゾ錯体のラマンスペクトルは，イミン型が優勢であることから，界面錯体のアゾ基と水分子との相互作用が確認される[10]．

第1章 水を科学する

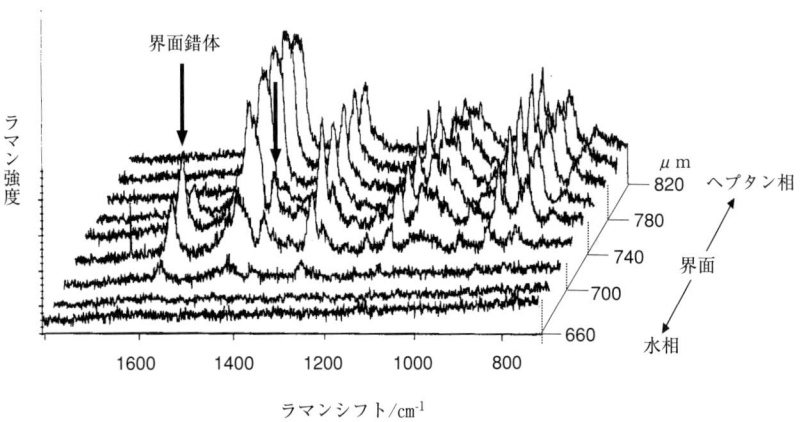

図6 遠心液膜／顕微ラマン分光法によるヘプタン／水界面近傍に生成する Pd(Ⅱ)-5-Br-PADAP 錯体の測定
20μm ずつ深さ方向に距離を変化させたときの3Dスペクトル

3.2 高速界面反応

　混じりあわない二相を，ストップドフロー法により短時間に混合すると，100 ミリ秒以内では安定なエマルション状態が得られるので，この状態で吸光法により界面反応速度を追跡することができる[11]．また，マイクロシースフロー法では，幅 250μm の水相の流れの中に直径 20μm のトルエン相の流れを 2ms^{-1} の線速度で生成させ，顕微蛍光測定用の焦点を界面の流れの方向に移動させ，二相が接触してから 100μs までの界面反応を追跡することができる（図7）．オクタデシルローダミンBのラクトン型を含むヘプタン相あるいはトルエン相のフローを水相フロー内に生成させ，二相接触直後から 80μs までの間の界面反応を，780nm のチタンサファイアレーザー（100fs，80MHz）を界面に共焦点条件で照射し，流れ方向の界面の二光子励起蛍光を測定することにより，ラクトン型が界面で壊裂する反応速度が測定された．時間依存ラングミュア式とデジタルシミュレーション法を用い，ヘプタン／水界面で $8.6 \times 10^7 M^{-1} s^{-1}$，トルエン／水系で $1.7 \times 10^7 M^{-1} s^{-1}$ の速度定数が得られた[12]．この方法は，界面に生成するユーロピウム錯体などの蛍光寿命の

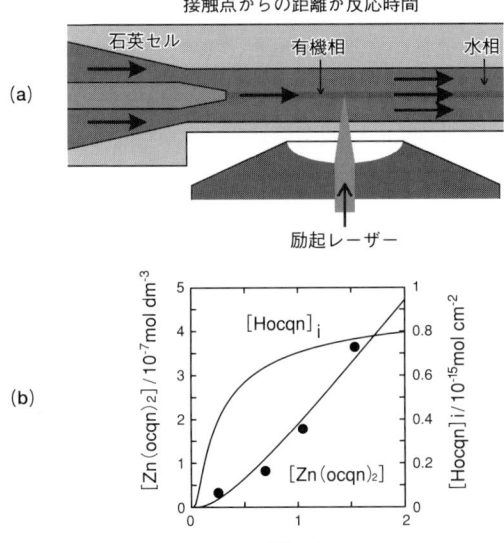

図7 （a）顕微レーザー蛍光法と二相マイクロシースフロー法による高速界面反応計測法の疑念図　（b）ブタノール／水界面における5-オクチルオキシメチル-8-キノリノール（Hocqn）と亜鉛（Ⅱ）の反応による錯形成速度
実線はデジタルシミュレーションによる界面濃度の推定値．[Hocqn] = 1.1×10^{-4}M

測定にも利用された[13].

3.3 界面単一分子ダイナミクス

　界面に吸着した単一分子の動きを直接観測して，界面の粘度や反応性を知ることができる．液液界面で単一分子検出を行うには，倒立顕微鏡を用いる全内部反射蛍光法を利用し，バックグラウンドを極力低減させる（図8）．二相の形成は，薄層二相マイクロセルにより，厚さが0.15mmの水相と1.0mmの有機相を水平に接触させて界面を生成させる．観測領域を小さくするために高倍率（60倍），高開口数（NA1.4）の対物レンズと，結像位置にピンホール（直径50μm）を配す．これにより，観測領域を界面の直径0.83μmの円形領域に限定することができる．装置全体の蛍光の検出効率は3％程度である．測定対象となる蛍光分子は，界面活性で量子収率の高いものが望まし

い．蛍光分子の界面濃度を 10^{-16} molcm^{-2} 程度に下げて，観測領域の界面分子数を平均で一分子以下にする．陽イオン性のジオクタデシルテトラメチルインドカルボシアニン (DiI) のドデカン／水界面における単一分子検出の例を図8に示す．直径 0.83μm の観測領域を DiI が横断する際に発する蛍光がフォトンバーストとして測定される．フォトンバーストの最大測定時間から，界面における拡散定数 2.3×10^{-6} cm^{2}s^{-1} が得られた．この値から界面粘度を求めると 1.4mPa s となり，ドデカンと一致し，さらに界面にドデシル硫酸ナトリウム (SDS) を飽和量吸着させた場合も，大きな変化は見られない．しかし，ジミリストイルホスファチジルコリン (DMPC) が界面に飽和量存在すると，拡散係数は約 1/130 に減少した．これは，DMPC の界面自己会合によるもので，細胞膜の高粘性を説明するものである[14]．

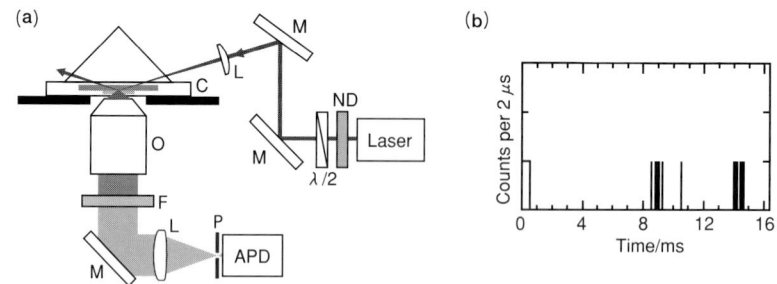

図8 (a) 液液界面単一分子検出法用全内部反射蛍光測定装置
ND，ND フィルター；λ/2，1/2 波長板；M，ミラー；L，レンズ；C，マイクロ二相セル；O，対物レンズ (60×)；F，バンドパスフィルター；P，50μm ピンホール；APD，アバランシェ検出器
(b) ドデカン／水界面における単一 DiI 分子が発するフォトンバーストの測定例

3.4 界面分子集合反応

溶質が界面吸着性を示すときは，バルク相濃度が低い場合でも液液界面濃度は濃縮により，増大する．したがって，バルク相では会合体が生成しないような低濃度でも，界面では多量体や集合体が容易に生成する．図9に示す例は，水相のニッケル (II) とトルエン相から界面に吸着したピリジルアゾ配位子 (5-Br-PADAP) との反応を遠心液膜法で測定した結果である．200s ま

第1節 水と有機溶媒の界面における特異反応

では界面において569nmに極大をもつ単量体錯体を形成する．この速度を解析すると，界面における1：1錯体の生成速度定数が決定できる．その後，588nmに新たな極大を示す界面集合体が生成する．すなわち，二次元の界面において臨界ミセル濃度と類似の現象が生じる．これを臨界集合体生成濃度（critical aggregation concentration; cac）という[15]．界面集合体生成は，界面の触媒機能と並んで，液液界面反応が示す大きな特徴の一つである．ポルフィリンやフタロシアニン等においても液液界面集合体形成反応が起こる．

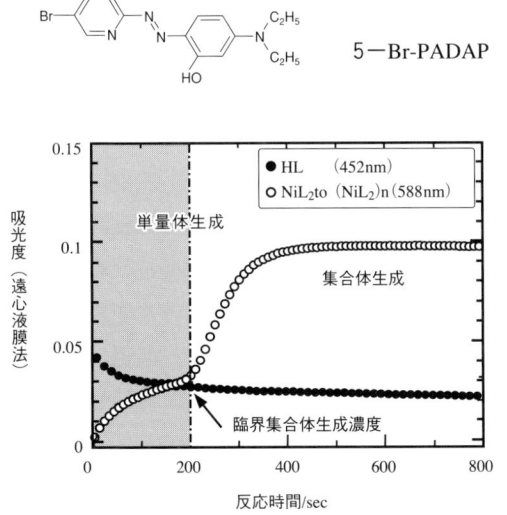

図9 トルエン／水界面におけるNi(II)と5-Br-PADAPの反応
200秒付近で集合体が生成しはじめる．

3.5 界面キラル反応

液液界面のキラル計測は，界面キラル分離や界面キラル分子認識等の応用面だけでなく，液液界面自体がキラリティーを誘発するかという基本的問題を明らかにする上でも重要である．遠心液膜法と市販の円二色性分散計を組み合わせて液液界面のキラル計測が可能となった[16]．図10のような，末梢の位置にキラルなチオエーテルを置換したMg(II)ーフタロシアニン MgPc

(SEtPh)$_8$のトルエン溶液と，パラジウム（Ⅱ）を含む水相との界面における会合反応を，遠心液膜−CD法により測定した．Pd（Ⅱ）添加に伴い，MgPc(SEtPh)$_8$のQバンドの長波長領域にJ会合体のバンドが出現した．(R)-MgPc(SEtPh)$_8$と（S)-MgPc(SEtPh)$_8$は，それぞれ，Pd（Ⅱ）の添加に伴い，負のキラリティー（左回り），正のキラリティー（右回り）を持つexciton coupling CD スペクトルを示した．界面における MgPc(SEtPh)$_8$-Pd（Ⅱ）会合体の組成比は，1：2であった．界面会合体のMALDI-TOF/MS 測定は，Pd（Ⅱ）によって橋掛けされた MgPc（SEtPh）$_8$のオリゴマー（二量体，三量体……）の生成を示唆した[17]．トルエン／4M 硫酸界面に生成したプロトン付加テトラフェニルポルフィリン（TPP）のJ会合体の円二色性スペクトルの符号は，セルの回転方向が試料導入口からみて時計回り（CW）と反時計回り（ACW）によって逆転した．これは，界面会合体の形成時に界面のずれ応力（一分子当たり 6pN）により，J−会合体の長軸方向が折れ曲がったためと考えられる[18]．界面活性な対イオンを添加すると，集合体のCDスペクトルは回転方向に関わらず対イオンのキラリティーを反映する．したがって，ポルフィリン界面集合体は，微量の界面活性分子やイオンのキラル増感超分子試薬として有効と思われる．

　液液界面のキラリティーをより界面選択的に計測するために，第二高調波発生（SHG）を利用するCD法を開発した（図 11)[19]．SHG は，反転対称性のくずれる界面分子から強い信号として得られ，特に共鳴条件では高感度計測法となる．右回りと左回りの円偏光による界面吸着分子の共鳴 SHG の差スペクトルは，吸着分子のキラリティーを反映した．

第1節　水と有機溶媒の界面における特異反応

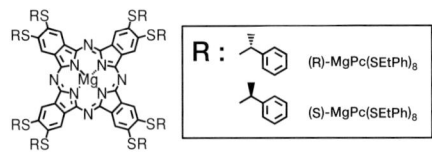

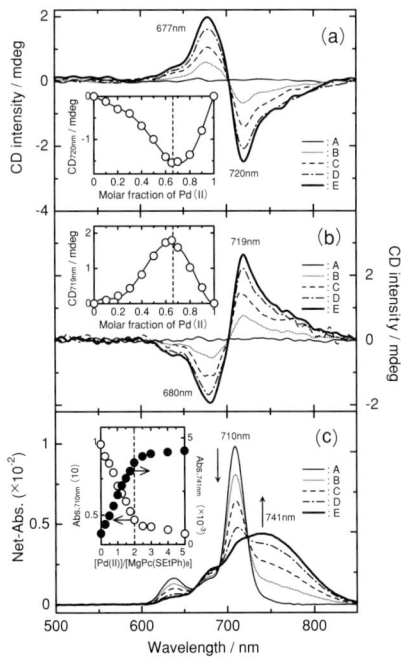

図10　トルエン／水界面における（a）(R)-MgPc(SEtPh)$_8$ の CD スペクトル，(b) (S)-MgPc(SEtPh)$_8$ の CD スペクトル，(c) 対応する (R)-MgPc(SEtPh)$_8$ の吸収スペクトルの変化

MgPc(SEtPh)$_8$ の初濃度は 1.0×10^{-6} M．[Pd(II)]/[MgPc(SEtPh)$_8$] のモル比：(A) 0，(B) 0.5，(C) 1.0，(D) 2.0，(E) 5.0

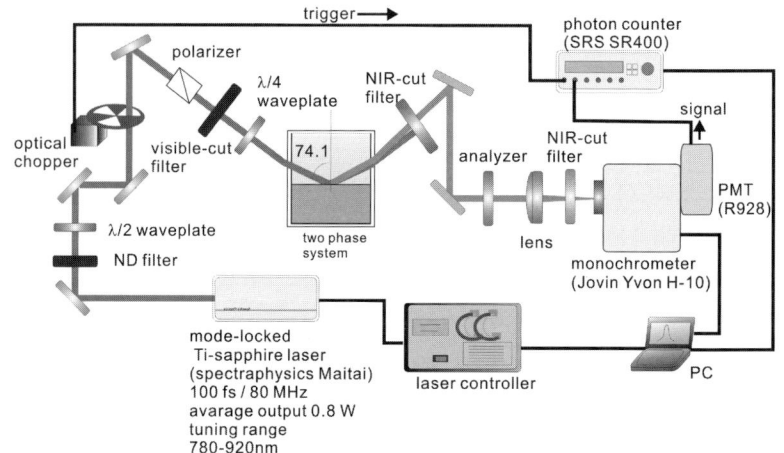

図11 液液界面第二高調波発生―円二色性法の装置の概略図

3.6 その他の界面特異反応解析
a. 界面化学種の直接質量分析法

質量分析（MS）法で液液界面に生成した錯体を測ろうという発想で，キャピラリーシースフローによる二相直接導入 MS 法が考案された[20]．シースフローの外相である緩衝水溶液中に有機相を内相として送液すると，数秒の周期で有機相の液滴が水相流内に生成する．キャピラリーの出口に3-4 kV の高電圧を印加すると，水相と液滴全体がエレクトロスプレーによりイオン化され，質量分析される．この方法により，水相にも有機相にも存在しない，界面錯体のイオンが検出される．界面に生成した集合体を基板に移して，MALDI-MS で分析することもできる．質量分析法により，高感度に分子クラスターの組成を決定することができる．疎水性チアゾリルアゾ配位子と Cu(II) イオンの界面反応においては，2:3型の錯体が検出された．遠心液膜測定で測定された集合体の生成反応の解析と合わせ，ヘプタン／水界面ではこの錯体がさらに集合体を形成していることが示された．

b．液液界面表面増強ラマン測定

　液液界面には，ナノ粒子が容易に吸着し，濃縮され，濃度が高いと集合体を形成する．液液界面は金ナノ粒子の合成にも利用される[21]．そのような界面にトラップされたナノ粒子の表面は，一部は有機溶媒に，他は水相に接するため，界面の不均質状況をプローブできる．オレイン酸に覆われた銀ナノ粒子が，水相と液液界面では全く異なったオレイン酸のラマンシフトを示す[22]．SERS 増強の選択性から，有機相側ではオレイン酸がカルボキシル基で銀表面に吸着し，水相側ではエチレン基が配位していることが確認された．

c．液液界面磁化率測定

　永久磁石または超伝導磁石により磁化されたポールピース間にガラスキャピラリーを挿入し，これに微粒子の分散溶液を導入し，磁場勾配における微粒子の磁気泳動速度を CCD 付き顕微鏡で測定する．媒体が液体（粘度が 10^{-3} Pa s 程度）で微粒子が μm サイズの場合，磁気力と粘性抵抗力は μs の時間内で釣り合い，磁気泳動速度は次のように等速運動となる．

$$v_{\mathrm{M,x}} = \frac{2}{9}\frac{(\chi_\mathrm{p}-\chi_\mathrm{m})}{\mu_0 \eta} r^2 B \frac{\mathrm{d}B}{\mathrm{d}x} \tag{5}$$

ここで，χ_p，χ_m は微粒子と媒体の体積磁化率，μ_0 は真空の透磁率，η は媒体の粘度，r は微粒子半径，$\mathrm{d}B/\mathrm{d}x$ は磁場勾配である．したがって，磁気泳動速度から微粒子の磁化率を求めることができる．たとえば，通常の有機溶媒や水は反磁性液体であるため，有機溶媒中の常磁性イオン水溶液の液滴は顕著な磁気泳動を示し，その体積磁化率と濃度の間には比例関係が見られる．この関係を用いて液滴内に含まれるアトモルレベルの極微量の常磁性化学種の定量ができる[23]．また，μm サイズの微粒子はその比表面積が大きいため，微粒子内部と界面の磁化率が異なる場合，磁気泳動速度にサイズ依存性が現れる．Dy(Ⅲ) の水溶液中に分散したラウリン酸を含んだ有機液滴の磁化率は，そのサイズに依存する．図 12 は液滴個々の磁化率をその半径に対してプロットしたもので，Dy(Ⅲ) とラウリン酸を含む場合は，明らかに

サイズの減少（比界面積の増加）に伴い微粒子全体の磁化率が増大した．これは，常磁性の大きな Dy(Ⅲ)−ラウリン酸錯体が液滴界面で生成，吸着したためである[24]．このように，磁気泳動法は液液界面反応の新しい測定法としても期待できる．

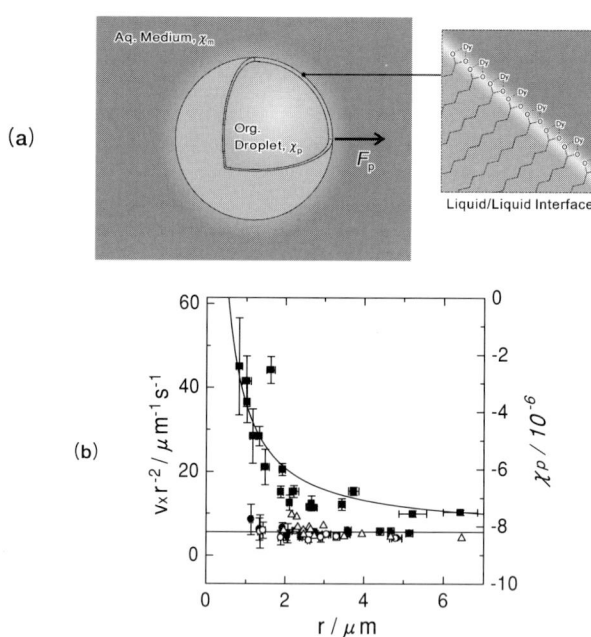

図12　(a) 界面に生成する Dy 錯体の模式図　(b) Dy(Ⅲ) イオン水溶液中におけるラウリン酸を含む 2-フルオロトルエン液滴の磁気泳動速度と磁化率の半径依存性

媒体：5×10^{-4} M Dy(Ⅲ) 水溶液，液滴：1×10^{-2} M ラウリン酸の 2-フルオロトルエン溶液，pH 6.8，Dy(Ⅲ) とラウリン酸を両方含む系（■）では液滴が小さいほど磁化率は大きい．

参考文献

1) H. Watarai, M. Gotoh and N. Gotoh, *Bull. Chem. Soc. Jpn.*, 70, 957 (1997).
2) R. Pierotti, *Chem. Rev.*, **1978**, 76, 717.
3) H. Watarai, M. Tanaka and N. Suzuki, *Anal. Chem.*, 54 (4), 702 (1982).
4) H. Watarai, H. Oshima and N. Suzuki, *Quant. Struct.-Act. Relat.*, **3**, 17 (1983).

5) H. Watarai, M. Takahashi and K. Shibata, *Bull. Chem. Soc. Jpn.*, **59**, 3469 (1986).
6) H. Watarai and H. Freiser, *J. Am. Chem. Soc.*, **105**, 189 (1983).
7) H. Nagatani, H. Watarai: *Anal. Chem.*, **70**, 2860 (1998).
8) Y. Yulizar, A. Ohashi and H. Watarai, *Anal. Chim. Acta*, **447**, 247 (2001).
9) A. Ohashi and H. Watarai, *Chem. Lett.* **2001**, 1238.
10) A. Ohashi and H. Watarai, *Chem. Lett.* **32**, 218 (2003).
11) H. Nagatani and H. Watarai, *Anal. Chem.*, **68**, 1250 (1996).
12) T. Tokimoto, S. Tsukahara and H. Watarai, *Langmuir*, **21**, 1299 (2005).
13) T. Tokimoto, S. Tsukahara and H. Watarai, *Chem. Lett.*, **32**, 940 (2003).
14) F. Hashimoto, S. Tsukahara and H. Watarai, *Langmuir*, **19**, 4197 (2003).
15) Y. Yulizar and H. Watarai, *Bull. Chem. Soc. Jpn.*, **76**, 1379 (2003).
16) F. Hashimoto, S. Tsukahara and H. Watarai, *Anal. Sci.*, **17** (Suppl.), 81 (2001).
17) K. Adachi, H. Watarai, *Langmuir*, **22**, 1630 (2006).
18) S. Wada, K. Fujiwara, H. Monjushiro and H. Watarai, *J. Phys.: Condens. Matter*, **19**, 375105 (2007).
19) K. Fujiwara, H. Monjushiro and H. Watarai, *Chem. Phys. Lett.*, **394**, 349 (2004).
20) H. Watarai, A. Matsumoto and T. Fukumoto, *Anal. Sci.*, **18**, 367 (2002).
21) M. Suzuki, Y. Niidome, N. Terasaki, K. Inoue, Y. Kuwahara and S. Yamada, *Jpn. J. Appl. Phys.*, **43**, L 554 (2004).
22) S. Yamamoto, K. Fujiwara and H. Watarai, *Anal. Sci.*, **20**, 1347 (2004).
23) M. Suwa and H. Watarai, *Anal. Chem.* **74**, 5027 (2002)
24) M. Suwa, H. Watarai, *J. Chromatgr. A* **1013**, 3 (2003)

第2節
NMRでみる疎水性ナノ空間に閉じ込められた水のスローダイナミクス

大阪大学総合学術博物館
理学研究科　化学専攻
上田貴洋

1. はじめに

　空間の広がりが水の物理化学的性質に及ぼす影響は，流体力学，地球科学，生命科学など幅広い分野において興味がもたれている[1]．図1に示すように，水がバルクとしての性質を示すためにはミリメートルオーダーの空間が必要となる．マイクロメートルオーダーの空間（砂や岩石の隙間など）になると，空間を作る壁の影響が無視できなくなる．壁との界面に存在する水は，壁面が作るポテンシャルによってバルクとは異なる分子間相互作用を感じる．この影響が大きくなると，たとえば凝固点降下といった現象が現れる．細孔中の水の凝固点降下度は，現象論的には細孔の大きさに反比例することが知られている．最近，分布が小さく比較的均一な細孔を有する細孔材料が合成されるようになり，数ナノメートルから数百ナノメートルの空間に閉じ込められた水の融解や凝固について，微視的側面の研究が進んでいる．さらに，水分子と同程度（1ナノメートル以下）の空間になると，水は界面水としてのみ存在し，バルクとは全く異なる物理化学的性質を示すようになる．たとえば，次世代先端材料として注目されているカーボンナノチューブでは，その細孔に氷のナノチューブを形成することが見いだされた[2]．また，グラファイトからなる2次元スリット細孔では，層状構造を有する2次元氷の出現が計算機実験によって示唆されている[3]．このように，界面水という特殊な環境において水の新しい物性発現が期待されている．そこで，本節では，界面水が存在する空間の次元性が水の局所構造やダイナミクスへ及ぼす効果に注目し，疎水性ナノ空間に閉じ込められた水分子のスローダイナ

第2節　NMRでみる疎水性ナノ空間に閉じ込められた水のスローダイナミクス

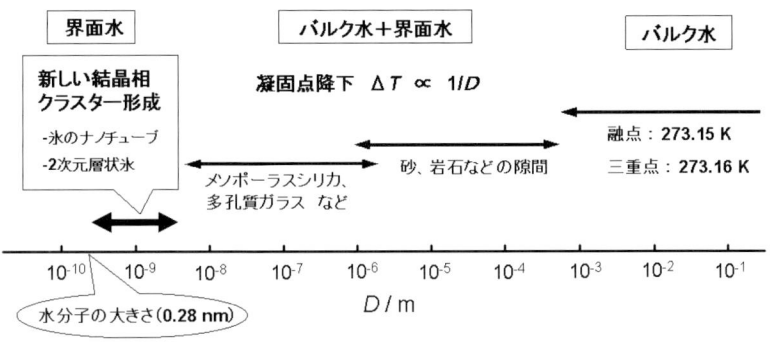

図1　空間の大きさ（D）によって変わる水の性質

ミクスについて，これまで我々が行なってきたNMR研究[4-6)]を紹介する．

2. 1次元ナノチャンネルにおける水の構造化とダイナミクス—Zeoliticな性質をもつ金属錯体（±）-[Co(en)$_3$]Cl$_3$の結晶水 [4,5)]

典型的なコバルト（Ⅲ）錯体であるトリスエチレンジアミンコバルト（Ⅲ）塩化物のラセミ結晶は，$P\bar{3}c1$の空間群に属し，a = 1.150nm，c = 1.552nm，$β$ = 120°の格子定数を持つ．この結晶のc軸方向には均一なチャンネルが存在し，水溶液から結晶化した場合，このチャンネル内に結晶水のナノカラムが形成される．結晶水の分子配列は単結晶X線構造解析によって明らかとなっている[7)]．図2にその構造を示す．チャンネル内には2種類の水分子が存在する．12gと呼ばれるサイトを占有する分子は，酸素原子の孤立電子対を疎水性の強いチャンネル壁に向けて配列し，隣接する12gサイト分子と弱い水素結合によって結ばれた三量体構造を形成する．また，2aおよび2bと呼ばれるサイトを占める分子の配向は非常に乱れているが，水素結合によって12gサイト間をチャンネル方向に沿ってつなぐ役割を果しており，水分子の水素結合ネットワークを形成している．

　この結晶水の特筆すべき性質のひとつは，温度および水蒸気圧の変化によって可逆的に吸脱着を繰り返す，いわゆる"Zeolitic"な挙動を示すことである．図3に千原らによって測定された脱着過程における等温線を示

す[8]．典型的な V 型の脱着等温線は，0.285kPa で水分子の急激な脱着を起こす．これは，疎水性の強いナノチャンネル内において水の脱着が協同的に起こることを示している．また，吸着熱の測定から水の吸着過程について次のようなモデルが提案されている．まず 12g サイトの占有によってチャンネル壁面に水の単分子層が形成される．この過程において水分子と細孔壁面との相互作用に加え，ゲスト分子間の相互作用が有効に働くことで協同的な水分子の吸着が起こると理解できる．さらに 12g サイトの水分子と相互作用することによって 2a および 2b サイトへの吸着が起こり，2 分子層目が形成される．紙面の関係で詳細な説明は省略するが，^{1}H 固体高分解能 NMR 測定により，吸着過程における結晶水の局所構造が明らかとなっている[4]．

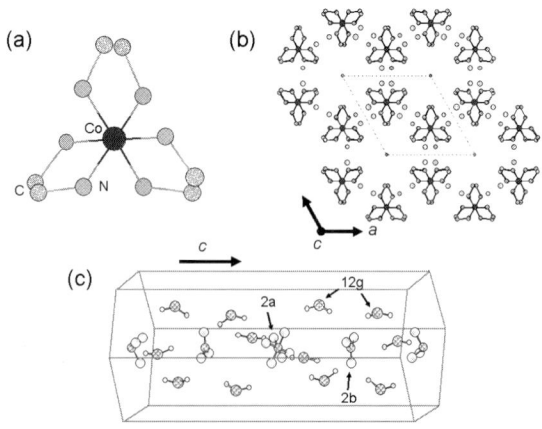

図2 (a) (±)-[Co(en)$_3$]$^{3+}$ の構造，(b) (±)-[Co(en)$_3$]Cl$_3$ 結晶の c 軸投影図と (c) 結晶水が作るナノカラム

第2節　NMRでみる疎水性ナノ空間に閉じ込められた水のスローダイナミクス

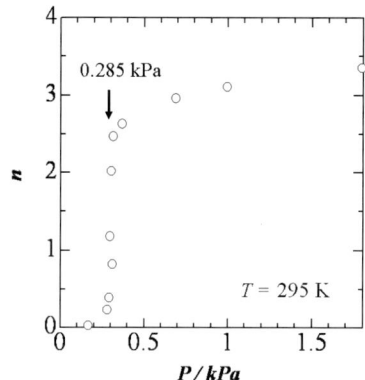

図3　(±)-[Co(en)$_3$]Cl$_3$・nH$_2$O 粉末結晶における水脱着等温線[8]

このように水素結合ネットワークが形成される過程において，水分子はどのような分子運動をしているのであろうか？我々は，重水を吸着した(±)-[Co(en)$_3$]Cl$_3$試料について，痕跡量(0.1%)存在するプロトンの^{1}H MAS NMR スペクトルを調べることにより，1次元ナノチャンネルにおける水分子のダイナミクスについて考察した．

通常の水をゲストとした場合，水分子内のプロトン対から生じる^{1}H-^{1}H 双極子相互作用に加え，ゲスト–ゲストおよびホスト–ゲスト間の双極子相互作用がスペクトルの線幅を広げる原因となる．この場合，水分子の回転や並進拡散が励起されると，それぞれの寄与がその影響を受けるため，線幅の変化から運動モードの同定を行うのは困難である．一方，重水素置換率が99.9%の重水を吸着した(±)-[Co(en)$_3$]Cl$_3$試料では，痕跡量(0.1%)のプロトンのほとんどがHDO分子として存在し，分子内の^{1}H-^{1}H 双極子相互作用の寄与は無視できる．すなわち，線幅はチャンネルの内壁に存在するエチレンジアミン配位子のプロトンとの分子間双極子相互作用によって生じる．したがって，チャンネル内のHDO分子をプローブ分子とすると，プロトンが壁から受ける双極子相互作用を平均化する動的過程—分子またはプロトンの並進運動—を選択的に観測できる．

また，^{1}H-^{1}H 双極子相互作用による吸収線の線幅はマジック角試料回転法（Magic Angle sample Spinning 法；MAS 法）によって先鋭化できる．しかし，分子運動による双極子相互作用の揺らぎが試料回転速度と拮抗したとき，先鋭化の効率が低下し線幅の増大をもたらす[9]．そのため，^{1}H MAS NMR スペクトルの線幅の温度変化を調べることにより，数 Hz から数十 kHz 程度の非常に遅い分子運動を調べることができる．

結晶水量（n）が 2.3 の試料について，試料の回転速度 5 kHz で観測した ^{1}H MAS NMR スペクトルの温度変化を図 4（a）に示す．温度の低下とともに，スペクトルの線幅は増大する．そして，最大線幅に達したのち，再び先鋭化しているのがわかる．この線幅を温度の逆数に対して対数プロットしたもの（アレニウスプロット）が図 4（b）である．このプロットの解析から分子運動の速さと活性化エネルギーを求めることができる．

図 4（b）のデータ解析により，1 次元ナノチャンネル中のプロトンは，10 Hz から 1 MHz 程度のゆらぎをもつ非常に遅い運動をしていることがわかった．また，運動の活性化エネルギーは図 5 のように結晶水量によって変化した．これは，ナノチャンネル内における水分子の運動モードが結晶水量に依存することを示している．結晶水量が少ないときは，水分子は 12g サイト間を飛び移ることによってチャンネル内を並進拡散していると考えられる．結晶水量が増加し水素結合の形成が進むと，水分子が飛び移れる空サイトを作るエネルギーが余分に必要となり，活性化エネルギーがわずかに増加する．さらに，結晶水量が増加し水素結合ネットワークが発達すると，もはや水分子の近傍には自身が拡散するための格子欠陥はなくなる．しかし，より活性化エネルギーの小さな再配向運動は励起されており，プロトンは水素結合の切り替えによって水分子間を飛び移っていると考えられる．結晶水量が 2 から 3.6 にかけて並進拡散の寄与が減少し，再配向運動の寄与が増加するため，見かけの活性化エネルギーが減少する．

第 2 節　NMR でみる疎水性ナノ空間に閉じ込められた水のスローダイナミクス

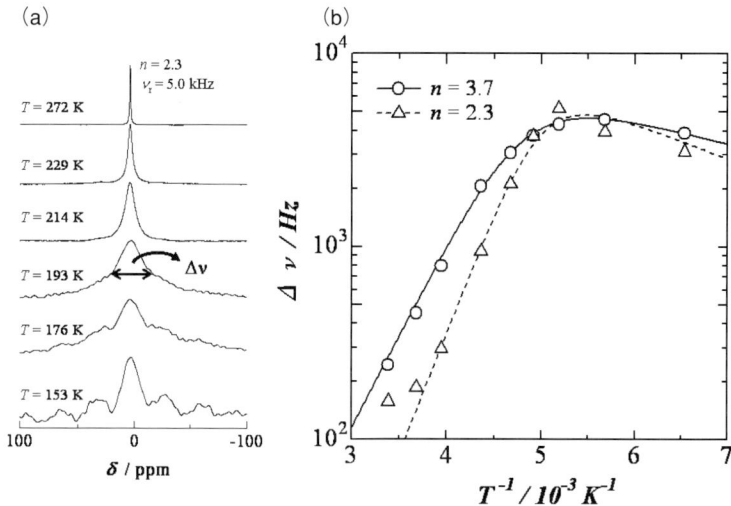

図4　(a) (±)-[Co(en)$_3$]Cl$_3$・nD$_2$O 粉末試料における ^{1}H MAS NMR スペクトルの温度変化．(b) 線幅のアレニウスプロット

(Copyright. *J. Phys. Chem. B* **2003**, *107*, 13681-13687. Figure 5 (a), 6)

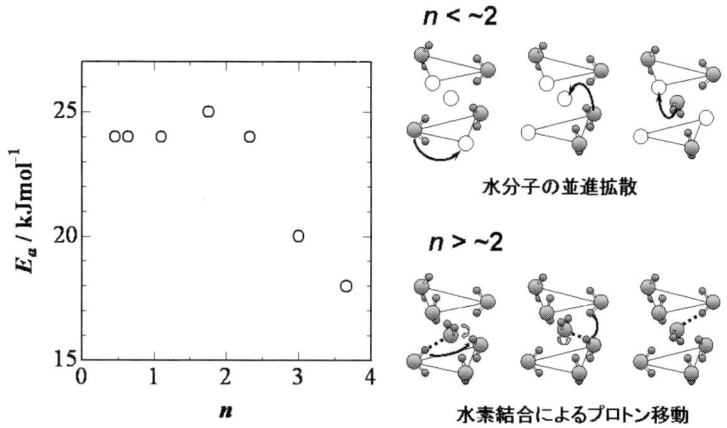

図5　1次元ナノチャンネル内における HDO の分子運動に対する活性化エネルギーの結晶水量依存性と考えられる運動モード

(Copyright. *J. Phys. Chem. B* **2003**, *107*, 13681-13687. Figure 7)

第1章 水を科学する

このように，均一な1次元ナノチャンネルに構築される水分子のナノカラムは，その形成過程において吸着分子どうしの水素結合ネットワークが重要な役割を果たしており，上に述べたような特徴的なスローダイナミクスが励起されている．水素結合ネットワークの発達により水の構造性が向上し，プロトン移動が実現されることが明らかとなった．

3. 擬2次元ナノ空間における水の局所構造とダイナミクス
—疎水性ナノスリット構造を有する活性炭素繊維に吸着した水の振舞い[6]

活性炭素繊維（Activated Carbon Fiber; ACF）は，ナノメートルサイズのグラフェン（graphene）シートが幾重にも積み重なったスリット状のナノ細孔をもつ炭素系細孔材料である（図6）．このスリット細孔は比較的均一で，ナノメートルサイズの擬2次元空間を提供する．さらに，疎水性が非常に強く，多くの有機分子に対して親和性を示すことが知られている[10]．

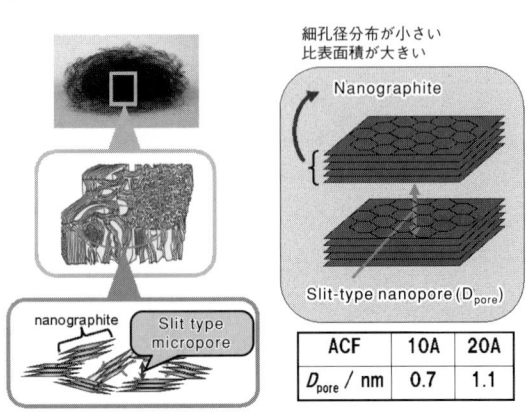

図6 活性炭素繊維（ACF）の細孔構造（概念図）

この擬2次元疎水性ナノ空間では，空間の制限によって水分子どうしの分子間相互作用が強調され，水のクラスター形成を誘起することが示唆されて

第2節 NMRでみる疎水性ナノ空間に閉じ込められた水のスローダイナミクス

いる[11]．また，最近の Grand Canonical Monte Carlo（GCMC）simulation によると，2次元ナノ空間に閉じ込められた水の凝集状態についてバルクにはない特異な構造が予想されている[3]．このように，温度と圧力に加え，新たに「空間の大きさ」という因子を導入することで水の新しい物性発現が期待される．そこで，活性炭素繊維に飽和吸着した重水について，^{2}H広幅NMRで調べた重水分子のダイナミクスを紹介する[6]．

ACF10A（細孔径0.7nm）およびACF20A（細孔径1.1nm）のスリット状ナノ空間に吸着した重水の^{2}H NMRスペクトルの温度変化を図7に示す．室温では，いずれの細孔においても線幅が数百Hz程度の非常にシャープなローレンツ型吸収線が得られ，水分子は液体に近い状態にあることがわかる．一方，185Kより低温では等方ピークに加え，重水素核（$I=1$）が持つ核四極子相互作用によって広幅化した成分が現れ，水分子の異方的な運動が示唆された．さらに，温度の低下に伴ってこの成分の割合が増加し，160K以下では運動が凍結した場合に観測される粉末パターンを示した．すなわち，ACFナノ細孔内に閉じ込められた水には，185K付近に液体から固体への状態変

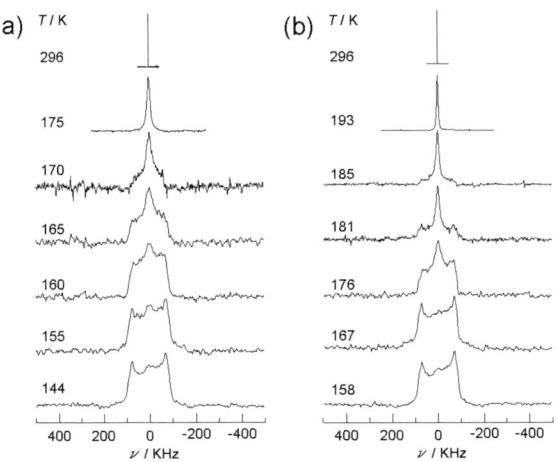

図7 ACFに吸着したD$_2$O分子の^{2}H NMRスペクトルの温度依存性；(a) ACF 10 A，(b) ACF 20 A

(Copyright. *Chem. Lett.* **2007**, *36*, 256-257. Figure 1 (a), 1 (b))

化が存在すると考えられる．しかし，これがバルクで見られるような固液相転移なのか，分子運動の凍結に伴うガラス転移なのかは現時点では不明である．

さて，ACFナノ細孔中に閉じ込められた水分子に励起される異方的な運動については，185Kより低温の共鳴線形の解析により知見が得られる．常圧下で生成するバルク氷の結晶は六方晶系に属し，水分子は4つの隣接分子によって正四面体に囲まれ，互いに水素結合によって結ばれている（図8）．この場合，^{2}H NMRによって検出される水分子の分子運動は，水素結合を切って分子の配向を変え，再び水素結合を形成するものであり，水分子は図のように6つの配向をランダムに飛び移る[12]．この運動は水分子の四面体サイトにおける再配向運動と呼ばれている．一方，アモルファス氷や層状構造を形成する2次元氷では，部分的に水素結合の格子欠陥が生じ，水分子の2個のプロトンのうち一方が図9のように水素結合の組み換えを行うπ（180°）フリップ運動が可能である．これらの運動モードは，^{2}H NMRスペクトルの線形にまったく異なる変化をもたらす（図8, 9）．実測のスペクトルと比較すると，細孔径の大きなACF20Aでは，バルク氷と同様の四面体サイトにおける再配向運動に近い温度変化をしていることがわかる．一方，細孔径の狭いACF10Aでは，πフリップ運動で実測スペクトルがほぼ説明できる．

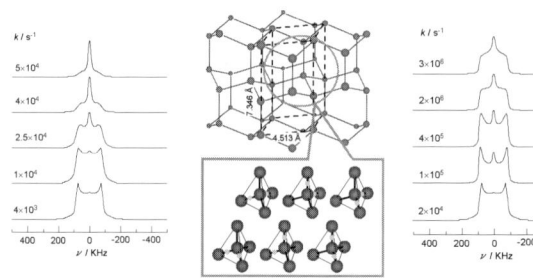
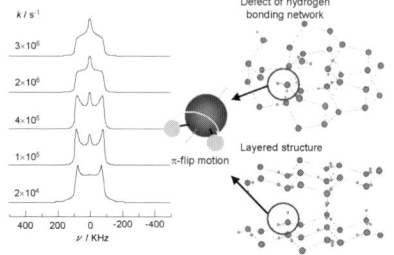

図8　バルク氷における水の正四面体型構造と分子の再配向運動
（Copyright. *Chem. Lett.,* **2007**, *36*, 256-257. Figure 1（c））

図9　アモルファス氷における水素結合欠陥と分子の180°フリップ運動
（Copyright. *Chem. Lett.,* **2007**, *36*, 256-257. Figure 1（d））

水分子を球と仮定したときの分子サイズはおよそ0.28nmである．すると，細孔径1.1nmのスリット状ナノ空間をもつACF20Aでは層間に約4分子，細孔径0.7nmのACF10Aでは層間に約2.5分子の水分子が収容可能である．疎水性の強いグラフェンシート細孔壁と水分子が相互作用する場合，水分子はより電子供与性の高い酸素原子で相互作用するほうがエネルギー的に有利だと考えられる．このような水分子は水素結合ネットワークの形成が行えず，πフリップ運動を行うと考えられる．細孔内に水の約2.5分子層が形成可能なACF10Aでは，ほとんどの水がこのような環境にあると考えられる（図10）．一方，水の約4分子層を形成できるACF20Aでは，細孔壁に接する2つの単分子層に加え，その層間にさらに2分子層の水を収容できる．この領域では層内だけでなく，層間においても水素結合の形成が可能であり，バルク氷に似た四面体型構造を実現できると考えられる（図11）．

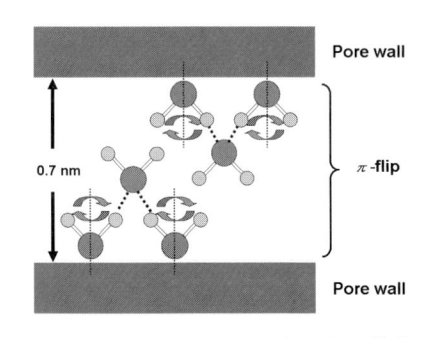

図10 ACF 10 Aにおける水の局所構造と分子運動のモデル

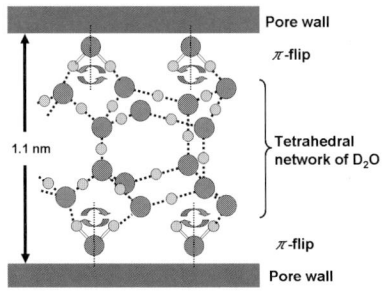

図11 ACF 20 Aにおける水の局所構造と分子運動のモデル

（Copyright. *Chem. Lett.*, **2007**, *36*, 256-257. Figure 2）

4. まとめ

制限された空間として，金属錯体（±）-[Co(en)$_3$]Cl$_3$の結晶に形成される1次元ナノチャンネルと活性炭素繊維（ACF）の擬2次元ナノスリットを取り上げ，そこに生成する水の特異な局所構造とダイナミクスについて固体NMRを用いた研究例を紹介した．以上の結果より，ナノ空間の次元性が上

がると，水の構造性を確保するためにより広い空間を要することがわかった．また，水素結合ネットワークの形成により水の構造性が高まると，水分子自体の移動度が減少し，水素結合を通したプロトンの移動度が増加する傾向がみられた．今後，様々な研究手法を組み合わせることにより，ナノ空間における水分子の局所構造やダイナミクスと空間の広がりやその次元性との関係について，より詳細な議論が期待できる．

謝辞

本研究は，大学院理学研究科化学専攻・構造物理化学研究室および総合学術博物館・資料先端研究室で行われたものである．研究を支えて下さった多くの関係者ならびに実験を手伝ってくれた学生諸氏に感謝の意を表します．

参考文献

1) V. Buch, J. P. Devlin (Eds.), *Water in Confining Geometries*, Springer-Verlag (Berlin), 2003.
2) Y. Maniwa, H. Kataura, M. Abe, A. Udaka, S. Suzuki, Y. Achiba, H. Kira, K. Matsuda, H. Kadowaki, Y. Okabe, "Ordered water inside carbon nanotubes: formation of pentagonal to octagonal ice-nanotubes", *Chem. Phys. Lett.* **401**. 534, 2005.
3) 甲賀研一郎，田中秀樹，「微小空間内部の水の構造と相転移」，『現代化学』東京化学同人，**426**, 24 (2006).
4) T. Ueda, N. Nakamura, "^{1}H MAS NMR Study of Local Structure and Dynamics of Water Molecule in $(\pm)$-[Co(en)$_3$]Cl$_3 \cdot n$D$_2$O", *J. Phys. Chem. B*, **107**, 13681, (2003).
5) T. Ueda, N. Nakamura, "Nature of Hydration Water in $(\pm)$-Tris(ethylenediamine)cobalt(III) Chloride Hydrate, $(\pm)$-[Co(en)$_3$]Cl$_3 \cdot n$H$_2$O, as Studied by ^{1}H, ^{2}H, and ^{17}O Solid State NMR", *Z. Naturforsch.*, **55a**, 362, (2000).
6) H. Omichi, T. Ueda, K. Miyakubo, and T. Eguchi, "Solid-state ^{2}HNMR Study of Nanocrystal Formation of D$_2$O and Their Dynamic Aspects in ACF Hydrophobic Nanospaces", *Chem. Lett.*, **36**, 256, (2007).
7) P. A. Whuler, C. Brouty, P. S. P. Herpin, "Etudes structurales des complexes racémiques hydratés $(\pm)$-Co(en)$_3$Cl$_3$ et $(\pm)$-Cr(en)$_3$Cl$_3$" *Acta Crystallogr.*, **B31**, 2069, (1975).
8) H. Chihara, K. Nakatsu, "Studies on CrystalHydrates. V. Zeolitic Dehydration of DL-Tris-ethylenediamine-cobalt(III) Chloride Hydrate, DL-[Coen$_3$]Cl$_3 \cdot n$H$_2$O. Sorption and Desorption of Water Vapor. A Preliminary Study of the Dielectric Properties" *Bull. Chem. Soc. Jpn.*, **32**, 903, (1959).

9) D. Fenzke, B. C. Gerstein, H. Pfeifer, "Influence of Thermal Motion upon the Lineshape in Magic-Angle Spinning Experiments" *J. Magn. Reson.*, **98**, 469, (1992).
10) K. Kaneko, C. Ishii, "Superhigh surface area determination of microporous solids", *Colloids Surf.*, **67**, 203, (1992).
11) T. Ohba, H. Kanoh, K. Kaneko, "Affinity Transformation from Hydrophilicity to Hydrophobicity of Water Molecules on the Basis of Adsorption of Water in Graphitic Nanopores", *J. Am. Chem. Soc.*, **126**, 1560, (2004).
12) R. J. Wittebort, M. G. Usha, D. J. Ruben, D. E. Wemmer, A. Pines, "Observation of molecular reorientation in ice by proton and deuterium magnetic resonance", *J. Am. Chem. Soc.*, **110**, 5668, (1988).

第3節
金触媒の水添加効果

理学研究科　化学専攻
奥村光隆

1. 半球状 Au_{10} クラスターの電子状態解析

　金触媒の持つ低温酸化活性は空気中に1vol%程度の高濃度のCOが存在する場合においても室温以下でも非常に高い触媒活性を示す．この際，アルミナやシリカに金超微粒子を担持した触媒では，10ppb～10000ppmの水蒸気が存在する反応ガスを使用した場合に水蒸気の濃度が高ければ高いほどCO酸化活性が増大し，酸化チタン上に金超微粒子を担持すると20～200ppm程度の水蒸気が存在するときに最も高いCO酸化活性を示すという水分添加効果を示した．

　Pd/SnO触媒等の少数の例を除いて水分の存在は，貴金属触媒にとっては触媒毒となるので金触媒の示す水分添加効果は非常に特異な特性であるといえる．

　このような金触媒の水分添加効果を検討するために図1に示すようなモデルを用いて検討を行った．この Au_{10} クラスターは，cubooctahedronの Au_{13} クラスターで O_h 対称性を保持した構造最適化を行ったものから切り出した半球状のクラスターである．このクラスターにモデル担体を接合すれば，ヘテロ接合体のモデルとなるわけであるが，その前のステップとして担体を使わずにフリーの金クラスターに対して電子・正孔を導入することにより担体との電子移動の効果を取り込んでモデル計算を行った．ただし，電子・正孔を導入した際にも構造の変化はないものとして構造を固定して計算した．

　まず中性クラスターの電子状態を検討した結果について報告する．中性状態の基底状態は三重項状態である．また，Mulliken電荷密度を検討してみると，表2に示すとおり，内殻中央の金原子が一つだけ正の電荷を示しているのに対して，表面に対応する原子はすべて負の電荷を帯びていることがわか

る.またクラスターの上部と下部の表面金原子では,下部の金原子の方が大きく負に帯電しており,負電荷の分布が不均一であることがわかる.この結果は,球状金クラスターで得られた結果とは異なるものである.このことは,表面に担持される金クラスターは,その構造によって電子状態が大きく異なることを示唆するものである.

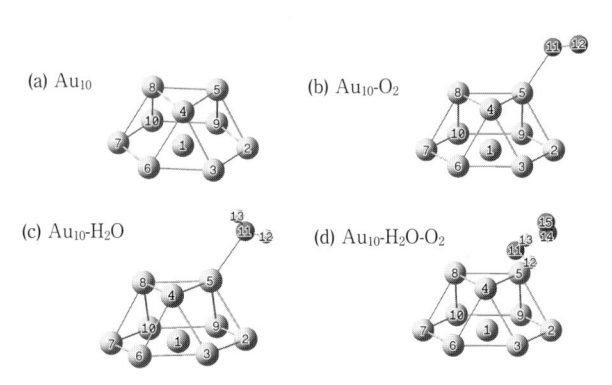

図1 検討した半球状 Au_{10} クラスターと分子吸着モデル (a) Au_{10} モデル,(b) Au_{10}-O_2 モデル,(c) Au_{10}-H_2O モデル,(d) Au_{10}-H_2O-O_2 モデル

表1 Au_{10} クラスターの各状態のエネルギー固有値と S^2 期待値

	Spin State	$<S^2>$	Total Enerfy, a.u.
Au_{10}	triplet	2.0082	−1354.9194
	singlet	1.0133	−1354.9179
Au_{10}^-	doublet	0.7563	−1355.0317
Au_{10}^+	doublet	0.7558	−1354.6714

この Au_{10} クラスターに電子・正孔を導入した系についての結果を次に述べる.電子・正孔を導入した際の基底状態は共に二重項状態である.電子・正孔をそれぞれ導入した結果,Mulliken 電荷密度解析では,電子を導入した場合には表面原子の負電荷が増大,正孔を導入した場合には表面電荷の負電荷が減少することが明らかになった.そこで電荷の増減を可視化することを

試みた．図2に中性クラスターを基準として電荷が増えた領域を色をつけて示し，電荷が減少した領域を白で示した差分電荷密度で示した．この結果から，電子の増減は主にクラスター表面で起こっていることがわかる．またこの差分電荷密度の形状は，アニオンの場合には，中性金クラスターのLUMO，カチオンの場合には中性クラスターのHOMOの形状と非常に類似性が高いことがわかる．一般に，密度汎関数法のKohn-Sham軌道の軌道自身に物理的意味を求めることは，厳密には問題があるとされるが，このようなディスクリートなKS軌道の場合にはHF法の分子軌道と比較的相関関係があるとされており，電子の出し入れが直接クラスターの電荷密度変化に影響を与えることを示している．

表2 各状態の金クラスターのマリケン電荷密度

Atom	Au_{10}	Au_{10}^-	Au_{10}^+
Au 1	1.130	1.046	1.224
Au 2	−0.148	−0.304	−0.085
Au 3	−0.148	−0.229	0.020
Au 4	−0.080	−0.150	−0.020
Au 5	−0.080	−0.153	−0.013
Au 6	−0.148	−0.240	0.002
Au 7	−0.148	−0.297	−0.077
Au 8	−0.080	−0.152	−0.014
Au 9	−0.148	−0.270	−0.032
Au 10	−0.148	−0.251	−0.006

＊ 金原子の番号は図2 (a) の番号による

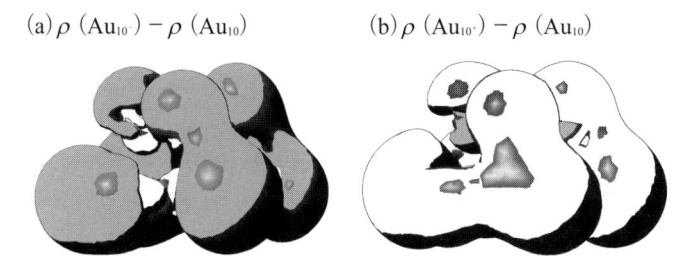

(a) $\rho(Au_{10^-}) - \rho(Au_{10})$　　　(b) $\rho(Au_{10^+}) - \rho(Au_{10})$

図2　Au$_{10}$クラスターの差分電荷密度マップ（a）アニオン−中性，（b）カチオン−中性：色がついている部分は電子の増加した部分，色のついていない部分は電子の減少した部分を示す．

2. 酸素分子とAu$_{10}$クラスターの相互作用

　酸素分子と金クラスターの相互作用について検討を試みた．バルクの金には酸素分子は吸着しないことは実験から報告されている．今回のAu$_{10}$クラスターでは，中性状態の金クラスターは偶数電子系，他の2状態は奇数電子系クラスターとなる．この3つの状態の金クラスターと酸素分子の相互作用は，表3に示すとおりに中性状態とアニオン状態のみが物理吸着的に金クラスターと相互作用することがわかった．またアニオン状態の方が比較的結合エネルギーは大きいことも示している．図3にアニオン金クラスターと酸素分子のモデルのMOダイアグラムを示しているが，アニオン状態の金クラスターが酸素を活性化していることを示している．この計算結果は，Yoonらのグループの微小平面金クラスターと酸素分子の相互作用に関する理論計算やWalleceらの気相中では酸素分子と偶数電子系の金クラスターとは相互作用がなく，奇数電子系のクラスターとは相互作用があるという実験結果とも符合するものである．我々のモデル系は先ほど述べたように，中性状態で偶数電子系であり，アニオン状態では奇数電子系であることから実験結果と符合する．さらに，今回の計算で明らかになったのは，カチオン状態では，奇数電子系であっても酸素分子と相互作用しないことである．これは酸素分子が金クラスターに対してアクセプターの性質を持っていることに由来すると考えられる．またMulliken電荷密度解析の結果からは，酸素への金クラ

スターの電子移動量はそれほど多くなく，酸素分子が単独で活性化される可能性が低いことも示唆していると考えられる．

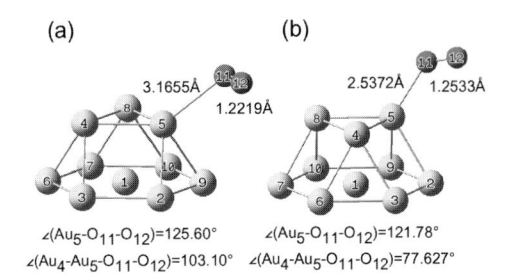

図3 Au_{10} クラスターと酸素分子の吸着構造（a）中性状態の金クラスター，（b）アニオン状態の金クラスター

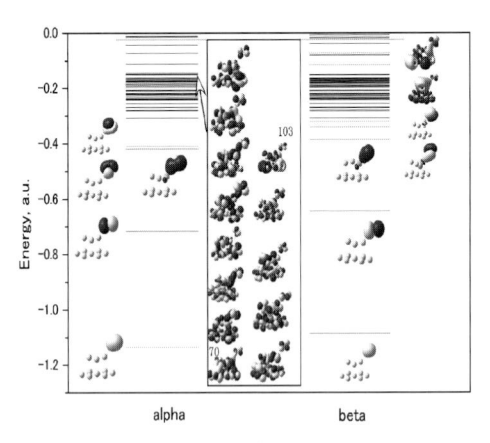

図4 Au_{10}-O_2 モデルの KS 軌道図

表3 Au_{10} モデルクラスターの各状態と酸素分子の結合エネルギー

モデル	Spin State	Binding Energy, kcal/mol
Au_{10}-O_2	triplet	0.42
	singlet	0.33
Au_{10}^--O_2	doublet	1.95
Au_{10}^{+}-O_2	doublet	unbind

表 4　酸素分子吸着時のマリケン電荷密度

Atom	Au_{10}-O_2	Au_{10}^--O_2
Au1	1.093	1.031
Au2	−0.144	−0.206
Au3	−0.153	−0.285
Au4	−0.098	−0.167
Au5	**0.004**	**−0.018**
Au6	−0.164	−0.279
Au7	−0.159	−0.265
Au8	−0.089	−0.158
Au9	−0.153	−0.225
Au10	−0.153	−0.282
O11	**0.002**	**−0.071**
O12	**0.015**	**−0.075**

3. 水分子と金クラスターの相互作用

次に水分子と金クラスターの相互作用について検討を行った．水分子は酸素分子とは異なりバルクの金とも相互作用を有することが知られている．計算結果を表5に示した．この結果からわかるとおり，水分子は3つの状態のすべての金クラスターと安定な結合エネルギーを有することを示している．さらに，もっとも安定な結合エネルギーはカチオン状態で，中性とアニオン状態ではそれほど大きな差がないことを示している．次にこれらの3状態のクラスターと水分子の吸着安定構造を図5に示した．

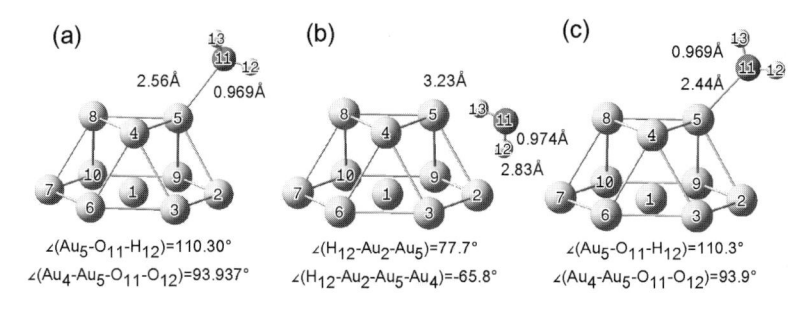

図 5　Au_{10}クラスターと水分子の吸着構造　(a) 中性状態の金クラスター，(b) アニオン状態の金クラスター，(c) カチオン状態の金クラスター

表5　Au_{10}モデルクラスターの各状態と水分子の結合エネルギー

モデル	Spin State	Binding Energy, kcal/mol
Au_{10}-H_2O	singlet	5.28
Au_{10}^+-H_2O	doublet	6.56
Au_{10}^--H_2O	doublet	12.46

表6　金クラスターに吸着した水分子のマリケン電荷密度

Atom	Au_{10}-H_2O	Au_{10}^+-H_2O	Au_{10}^--H_2O
O11	-0.700	-0.679	-0.673
H12	0.391	0.319	0.412
H13	0.372	0.378	0.406

　この図からは，中性状態とカチオン状態の金クラスターと水分子の相互作用は非常に類似していることがわかる．これらの状態では水分子は金クラスターと水分子中の酸素原子に由来するローンペア電子と相互作用していることが伺われる．それに対して，アニオン状態の金クラスターと水分子の相互作用は，もっとも近接する相互作用点が金クラスターと水分子の水素原子であることがわかる．つまり，吸着の際の分子の配向性が全く異なった状態になっていることが伺える．このことは，アニオン状態になったことで金クラスター表面の負電荷が増大し，この負電荷に由来する静電相互作用が主な相互作用の要因となるために分子内分極で若干正に帯電する水素原子端との相互作用が実現したものと考えられる．また表6に示すとおり，Mulliken電荷密度解析からはすべての状態において水分子が正に帯電している．このように，水分子は酸素分子とは異なり，金クラスターに対して電子供与体として相互作用していることがわかる．この性質は，水分添加効果を説明するために非常に重要な意味を持つ．水分子は，金クラスターがどのような電子状態であったとしても金クラスターに電子を供与する性質を持っていることになる．つまり先ほどの酸素分子の活性化の観点からすると，金クラスターはできるだけ余剰に電子を持っている方が電子受容体に電子を容易に渡すことが

可能となるはずである．(偶数電子系，奇数電子系というのは，非常にディスクリートな分子軌道を持つ微小クラスターに限定された話であると考えられる．) すなわち，水分子が気相中に存在すれば，適当な条件下で水分子は金クラスターに吸着する．その際に，金クラスターに電子を供与する．多くの水分子が吸着すればさらに電荷移動を促進していく．このことは酸素分子を活性化するアニオニックな金クラスターを創成できることになり，水分子の存在が金クラスターを酸素分子を活性化しやすい状況を作ることになると考えられる．これがひとつの水分添加効果の説明になると考えられる．たとえば，Au/SiO_2 や Au/Al_2O_3 触媒では，水分の増加と共に活性は単調に増加する．これらの触媒では金超微粒子は，比較的球形に近い形状で担体に担持されている．形状が球形に近いということは，金クラスターの電子状態は中性に近いと考えらえる．このような金クラスターの活性が向上されるのは先ほどの水分子のもつ電子供与性で説明が可能であると考えられる．つまり比較的不活性と考えられる状態から水分子により電子を供与され負に帯電した金クラスターが創成される可能性があると思われる．

4. 水分子と酸素分子の金クラスターへの共吸着

　酸素分子，水分子のそれぞれと金クラスターの相互作用を個別に検討を行ったが，次に酸素分子と水分子の共吸着を検討することにした．

　その結果，共吸着の安定構造が得られたのは，アニオン状態の金クラスターのみであった．全体の安定化エネルギーは 10.2kcal/mol と先ほどの単独分子吸着の総和のエネルギーよりは大きい．また気相中の酸素分子と水分子の吸着エネルギーを検討すると，若干共吸着状態の安定化エネルギーの方が大きいと考えられる．この点は，系全体が負になっている金クラスターのモデルの方が酸素水分子間の結合エネルギーも大きくなると想定されることから安定化エネルギーが大きくなっていることも妥当であると考えられる．

表7 共吸着状態の吸着分子のマリケン電荷密度

Atom	Au_{10}-H_2O-O_2
O11	-0.685
H12	0.364
H13	0.470
O14	-0.174
O15	-0.269

　この際の電荷分布を図6に示した．電荷が酸素分子－金クラスター，水分子－金クラスター，水分子－酸素分子間に存在することがわかる．またMulliken電荷密度解析の結果を見ると酸素分子上の負電荷は単独で金クラスターに吸着した場合の3倍程度になっていることが示されている．最適化構造も図6に示したが，酸素分子間と水分子間の距離が1.68Åと水素結合を示す距離となっている．つまり，この表面吸着錯体にはこの水素結合が重要な役割を果たしていると考えられる．酸素分子への金クラスターからの電荷移動は，水分子から金クラスターへの電子供与で促進されると共に，水分子の酸素分子への水素結合によりさらに電荷移動が促進されると考えられる．このような複雑な錯体形成が酸素分子活性化に寄与したものと推定される．

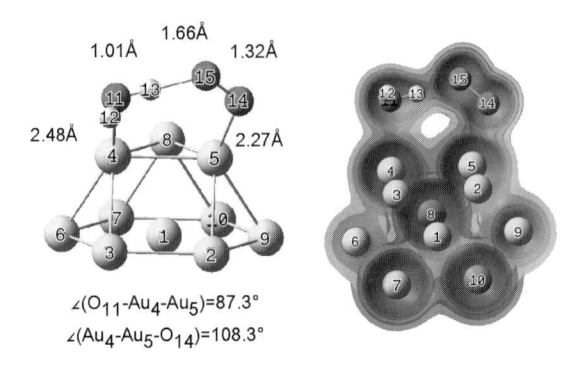

図6　酸素，水分子の金クラスターへの共吸着　（左）最適化構造，（右）電荷分布

5. 水分添加効果のまとめ

　以上の結果から，中性とアニオニックな金クラスターは酸素分子と弱い相互作用をし，すべての状態の金クラスターは水分子や酸素分子と比較すると強い相互作用を持つ．特に，カチオン状態の金クラスターが水分子と強い相互作用を持つ．水分子と酸素分子のそれぞれの吸着には電荷移動が関係している．水素分子と金クラスターの電荷移動の方向は，金クラスターの電子状態にかかわらず金クラスターに向かっており酸素分子のそれとは異なるものである．この結果は，水分子の吸着により金クラスターは負電荷を帯びることになり，酸素分子の活性化に好ましい状態が創成される．しかしながら，酸素分子の吸着エネルギーに比べて，水分子の方が吸着エネルギーが大きいため，過剰な量の水分子が存在する場合には金クラスター表面が水分子で覆われてしまう．このことは，水分子が酸素活性化の触媒毒となる可能性もあることを示している．これはある水分量の場合に触媒活性が最大となる Au/TiO_2 触媒の場合の水分添加効果を説明している可能性がある．このような水分添加効果の特性は，金クラスターの構造，担体の特性，水分子の反応ガス中の添加量などが複雑に絡み合って成立しているものだと考えられる．

　また，水と酸素分子の共吸着では，水素結合が重要な役割を果たしている．この水素結合により酸素分子への電荷移動を水分子が促進すると共に，金クラスターへの電子供与も行って酸素活性化を促進していると結論づけることができる．

参考文献

1) Okumura M., Nakamura S.,Tsubota S., Nakamura T., Azuma M. and Haruta M., *Catal. Lett.*, **51**, 53（1998）
2) Date M., Okumura M., Tsubota S. and Haruta M., *Angew. Chem. Int. Ed,*, **43**, 2129（2004）
3) Okumura M.,Kitagawa Y., Haruta M. and Yamaguchi, K. *Chem. Phys. Lett.*, **346**, 163（2001）

第 4 節
核スピンや対称性が強く関与した重水素誘起相転移

理学研究科　分子熱力学研究センター

稲葉　章

　我々は「水を科学する」を主題とし，これまで水や氷そのものあるいは水溶液の固体における熱力学的性質に関して，平衡状態のみならず非平衡状態に興味をもち研究を進めてきた[1-4]．純粋な氷には，現在のところ13種の結晶（平衡相）と4種のアモルファス（非平衡状態）が存在するとされ，きわめて複雑な熱力学挙動を示す．また，図1は最近の研究[4]によって明らかになった水-グリセロール2成分系の非平衡相図であるが，水が関与したごくありふれた2成分系も非常に複雑な非平衡相挙動を示すことがわかってきた．このように複雑な挙動の原因になっているのは水素結合である．

　水素結合を特異にしている原因は水素（あるいはプロトン）と言ってよい．プロトンは質量が小さいために量子力学的な効果がマクロな性質に顕わとなり，きわめて興味深い現象が観測されている．重水素置換すれば，化学的な性質をほとんど変えずに量子力学的な描像から古典的な描像へと一気に変わる事実も多数見いだされてきた．そこで，ここでは水の科学から少し離れた広い観点から，「水素が関与した特異な固体の熱力学的性質」の研究について，我々の古い研究から最近になって得られた興味深い結果を含めて紹介したい．

第4節 核スピンや対称性が強く関与した重水素誘起相転移

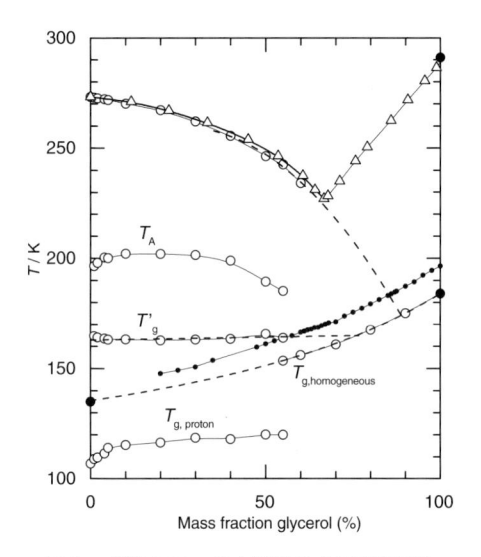

図1 グリセロール水溶液の非平衡相図[4]

融解温度(最高温)の他に均一ガラス転移温度($T_{g,homogeneous}$),水の結晶化で濃縮された均一水溶液のガラス転移温度(T'_g),プロトンガラス転移温度($T_{g,proton}$),異常温度(T_A,おそらく追加の結晶化と溶解によるもの)がプロットしてある.

1. 相転移に及ぼす重水素置換効果

水素結合系で相転移を有する結晶など,水素が相転移のメカニズムにいかに本質的に関与しているかを調べるために,その重水素置換効果を調べた研究を行ってきた[5-8].プロトンをデューテロンに置換した場合に転移温度が上昇する効果を当時はトンネル現象として理解したが,その後,単なる幾何学効果(水素結合が重水素置換されると,基底状態がより低下することにより局在化する効果)によるとされる見解が出された.決定的な直接的証拠が得られないためか,この決着は現在も着いていないと思われる.

2. 相転移を示さない固体の重水素置換効果

相転移が存在しない固体では,エネルギー準位における重水素置換効果に注目した研究を行ってきた.熱容量は格子振動を反映するが,加えて特異なエネルギー励起が存在すれば特に極低温では分光学的な知見も得られる[9-12].

43

第1章 水を科学する

図2(a)は,グラファイト表面に吸着した同位体メタン(この場合は,CH_3D)がつくる単分子膜について行った熱容量測定の結果である[10].図2(b)は熱容量の結果に加え,中性子散乱実験の結果および理論的な考察をまじえて得られたエネルギー準位である.これは,CH_3D分子がグラファイト表面に吸着して受ける局所場(吸着分子間および吸着分子-表面)の対称性とポテンシャルの強さで決まる回転基底状態の分裂(トンネル分裂)によるものである.部分重水素化によりメタンの対称性が低下したために,エネルギー準位の分裂様式が複雑になっているのがわかる.また,重水素置換によって分子の慣性モーメントが大きくなり,分裂幅が小さくなっていることもわかる.これは,重水素化によって凝縮相(この場合は単分子膜固体)の相転移ではなく,エネルギー遷移として観測された代表例である.

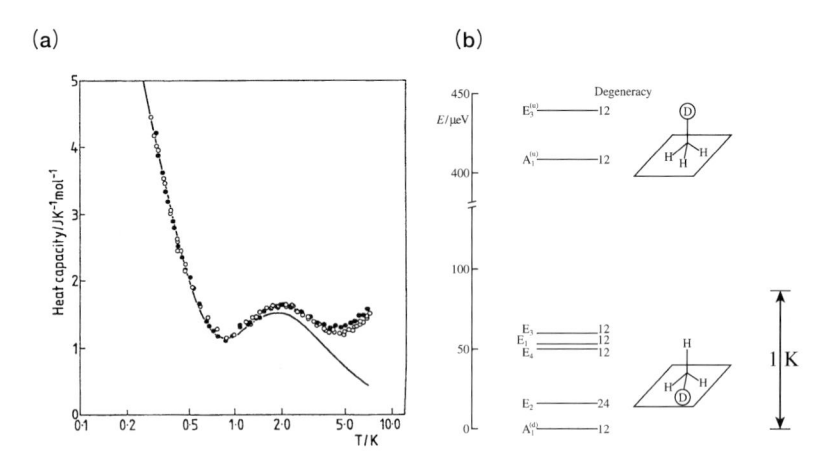

図2 グラファイト表面に吸着した同位体メタン CH_3D 単分子膜固体で測定された CH_3D の (a) モル熱容量と (b) 決定されたエネルギー準位[10,12]
エネルギー準位の決定には,中性子散乱実験および理論的な考察を要した.

3. 重水素置換により誘起される相転移

プロトンを含む固体では相転移が存在しないのに，重水素置換したために相転移が出現する例が多数見つかり，量子力学的な描像から古典的な描像への移行が相転移の誘起というかたちで現れる場合を見てきた[13-16]．図3は分子内水素結合 O-H-O をもつ結晶で（零次元水素結合系ということもある），重水素置換したために低温で相転移が発現した例である[13]．プロトンの場合は水素結合上を非局在化しており相転移は存在しないが，デューテロンに置換すれば秩序–無秩序相転移を起こすというもので，重水素置換により量子力学的描像から古典的描像への移行が関与していると思われる．図4は，同種の重水素誘起相転移を $K_3H(SO_4)_2$ に観測したものである[14]．また，図5は $HCrO_2$ の例である[16]．このように，ある条件さえ満たせば，この種の重水素誘起相転移はごく一般的に見られることがわかってきた．

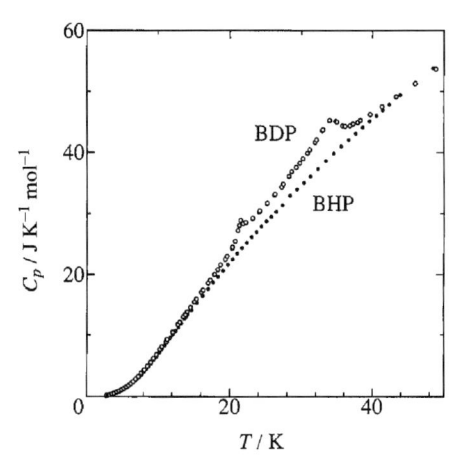

図3 5–ブロモ9–ヒドロキシフェナレノン（BHP）とその重水素化物（BDP）の熱容量

相転移のない結晶が重水素置換により，21Kおよび34Kをピークとする相転移が出現した[13]．

第1章 水を科学する

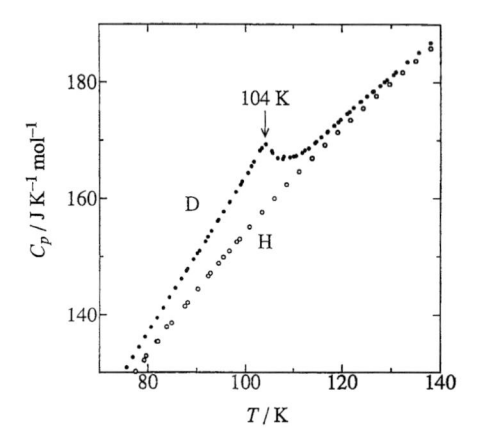

図4　熱容量測定で観測された $K_3D(SO_4)_2$ の重水素誘起相転移[14]

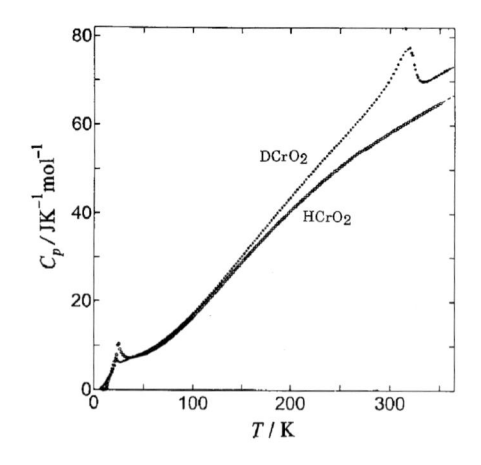

図5　熱容量測定で観測された $DCrO_2$ の重水素誘起相転移[16]
極低温で起こる相転移は磁気秩序化によるものである．

4. 核スピンや対称性が強く関与した重水素誘起相転移

　プロトンがもつ核スピンはメタン分子の回転種の対称性に寄与する．そこで，メタン分子が置かれた場の対称性とポテンシャルの強さで決まる"トンネル励起"を高分解能中性子散乱により研究し，そのエネルギー準位が決定された．図6は，グラファイト表面に吸着して単分子膜を形成したメタン分子（CH_4）が示すトンネルスペクトルである[17]．この例では相転移は起こらず，エネルギー遷移が観測されるだけである．核スピンの変換が本来禁制なため，ふつうはスピン系の温度は格子系の温度と等しくならないが，磁性不純物として酸素を少量導入すればこれが解消される（スピン温度が格子温度まで冷える）ことがわかった．

　一方で，重水素置換により誘起される相転移を探索していて，もっと劇的に変化する例を，水素結合ではなく化学種の対称性に求めた．具体的には，メタン（T_d）やメチル基（C_3）を部分重水素化して，その対称性を下げたのである．しかし単にこれだけでは劇的な変化は望めない．結晶学的にある偶然の仕掛け（この場合は，分子回転がきわめて自由に起こるような低いポテンシャルと分子配置）が要求される．その結果，分子のもつ対称性やプロトンがもつ核スピン[10-12,17,18]が大きな役割を演じる場合を最近見いだした[19]．ここでの対象はメチル基である．結晶中で分子に付いたメチル基が別の分子のメチル基と向かい合い，あたかもメチル基が噛み合う"2量体"を形成した構造が見られ，それがたまたま結晶中でも非常に回転しやすい例である．図7は酢酸リチウム2水和物結晶の熱容量である．175K付近の転移は結晶水によるものと考えられるが（図7a），部分重水素化により誘起された相転移が観測される極低温熱容量は非常に興味深い（図7b）．これらは重水素化により量子力学的描像が古典的描像に移行するとともに相転移が出現し，しかも部分重水素化は完全重水素化よりも統計力学的な自由度を増やすので，観測されるエントロピーが格段に大きくなるというものである．類似の例はガンマピコリン結晶でも観測されたが，そのエントロピー値から部分重水素化により一気に古典的描像に移行するのではなく，量子力学的要素が幾分残るものと

第1章 水を科学する

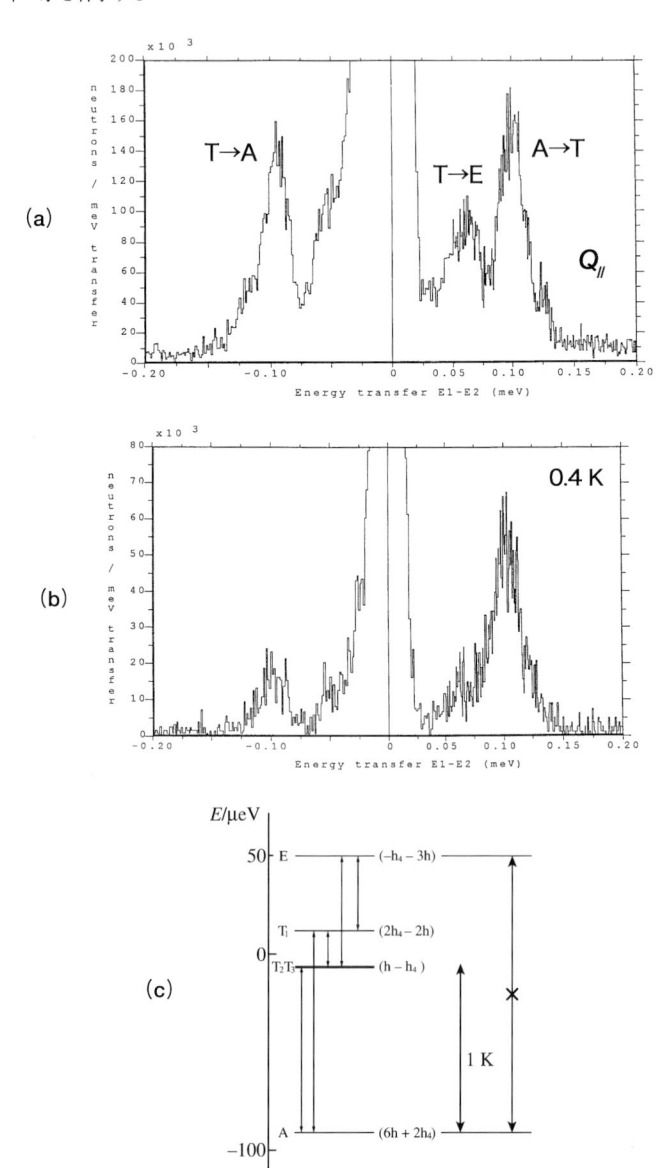

図6 グラファイト表面に吸着したメタン CH_4 単分子膜固体で測定されたトンネル遷移[17].(a) 純粋メタンの場合,(b) 酸素をドープしたメタンの場合,(c) メタンの回転基底状態が分裂したことを示すエネルギー準位.

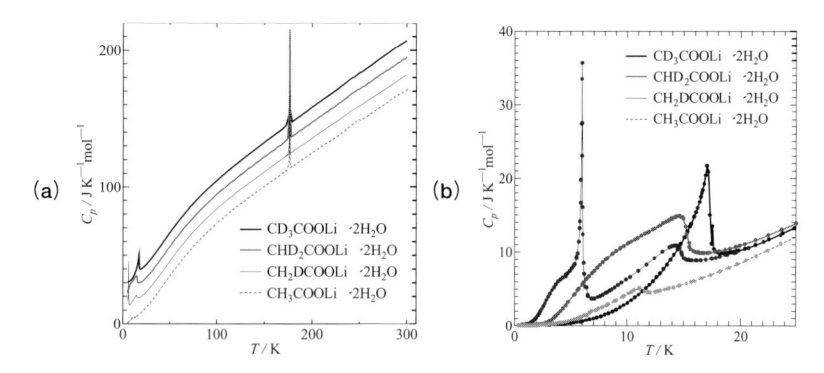

図7 酢酸リチウム2水和物結晶で見いだされたメチル基の部分重水素化で誘起された逐次相転移[19]．(a) 全温度域の熱容量．結晶水による相転移が共通に観測されている，(b) 極低温域で観測されたメチル基の部分重水素化により誘起された逐次相転移．

考えられる．いずれにしても，これらの例は結晶構造に仕掛けられた偶然による特異な例と考えるべきであろう．

主題である「水の科学」が，〔水→水素結合→プロトン→重水素化→相転移→対称性→核スピン種〕と連想ゲームのように話が拡散し，いつの間にか「プロトンの科学」になってしまった．しかし水に限らず，それほどプロトンはいろいろな局面で重要な役目をしており魅力ある研究対象なのである．このような視点でもう一度，水を科学してみるのもよいかもしれない．

参考文献

1) O. Andersson and A. Inaba, "Unusual Gruneisen and Bridgman Parameters of Low-Density Amorphous Ice and Their Implications on Pressure Induced Amorphization", *J. Chem. Phys.* **122** (12), 124710 (2005). (5 pages)
2) O. Andersson and A. Inaba, "Thermal Conductivity of Crystalline and Amorphous Ices and Its Implications on Amorphization and Glassy Water", *Phys. Chem. Chem. Phys.* **7** (7), 1441-1449 (2005).
3) O. Andersson and A. Inaba, "Dielectric Properties of the High-Density Amorphous Ice under Pressure", *Phys. Rev. B* **74** (18), 184201 (2006). (10 pages)
4) A. Inaba and O. Andersson, "Multiple Glass Transitions and Two Step Crystallization for the Binary System of Water and Glycerol", *Thermochim. Acta* **461**, 44-49 (2007).

5) H. Chihara and A. Inaba, "Ferroelectric Phase Transition in Ammonium Hydrogen Bis (Chloroacetate). IV. Heat Capacity of $NH_4H(ClCH_2COO)_2$ and $ND_4D(ClCH_2COO)_2$", *J. Phys. Soc. Jpn.* **40** (5), 1383–1390 (1976).
6) A. Inaba and H. Chihara, "Thermodynamic Properties and Phase Transitions of Solid Hydrogen Halides and Deuterium Halides", *J. Chem. Thermodynamics* **10** (1), 65–84 (1978).
7) A. Inaba and H. Chihara, "The Heat Capacity of the Metal Hydride $TaD_{0.5}$ Between 10 and 550 K", *Thermochimica Acta* **139**, 181–196 (1989).
8) T. Fujiwara, A. Inaba, T. Atake and H. Chihara, "Thermodynamic Properties of Deuterated Hexamethylbenzene and of Its Solid Solutions with the Hydrogenated Analog. A Large Isotope Effect on the Phase Transition at the Temperature 117 K", *J. Chem. Thermodynamics* **24** (8), 863–881 (1992).
9) A. Inaba and J.A. Morrison, "Rotational States of NH_4^+ in Dilute Solution in Alkali Halide Lattices. IV. The Heat Capacity of KBr/NH_4Br (0.5 mol%) at Very Low Temperature", *J. Phys. Soc. Jpn.* **54** (10), 3815–3819 (1985).
10) P.C. Ball, A. Inaba, J.A. Morrison, M.V. Smalley and R.K. Thomas, "The Librational Ground State of Monodeuteromethane Adsorbed on the Surface of Graphite", *J. Chem. Phys.* **92** (2), 1372–1385 (1990).
11) A. Inaba, H. Chihara, J.A. Morrison, H. Blank, A. Heidemann and J. Tomkinson, "Rotational States of NH_4^+ in KBr Crystal. A Complementary Study by Neutron Scattering and Calorimetric Measurements", *J. Phys. Soc. Jpn.* **59** (2), 522–531 (1990).
12) A. Inaba, J. Skarbek, J.R. Lu, R.K. Thomas, C.J. Carlile and D.S. Sivia, "The Librational Ground State of Monodeuterated Methane Adsorbed on Graphite", *J. Chem. Phys.* **103** (4), 1627–1634 (1995).
13) T. Matsuo, K. Kohno, A. Inaba, T. Mochida, A. Izuoka and T. Sugawara, "Calorimetric Study of Proton Tunneling in Solid 5-Bromo-9-hydroxyphenalenone and Deuteration-induced Phase Transitions in Its Deuteroxy Analog", *J. Chem. Phys.* **108** (23), 9809–9816 (1998).
14) T. Matsuo, A. Inaba, O. Yamamuro and N.O. Yamamuro, "Proton Tunnelling and Deuteration-Induced Phase Transitions in Hydrogen-Bonded Crystals", *J. Phys.: Condens. Matter* **12** (40), 8595–8606 (2000).
15) T. Matsuo, T. Maekawa, A. Inaba, O. Yamamuro, M. Ohama, M. Ichikawa and T. Tsuchida, "Isotope-Dependent Crystalline Phases at Ambient Temperature: Spectroscopic and Calorimetric Evidence for a Deuteration-Induced Phase Transition at 320 K in α-$DCrO_2$", *J. Mol. Struct.* **790** (1–3), 129–134 (2006).
16) T. Maekawa, O. Yamamuro, A. Inaba, T. Matsuo, M. Ohama, M. Ichikawa and T. Tsuchida, "Deuteration-Induced Phase Transition in Chromous Acid $DCrO_2$", *Ferroelectrics* **346**, 149–155 (2007).
17) A. Inaba, "Calorimetric Studies of Tunneling Phenomena", *Physica* **B202** (3/4), 325–331 (1994).

18) A. Inaba, S. Ikeda, J. Skarbek, R.K. Thomas, C.J. Carlile and D.S. Sivia, "Rotational Tunneling and Spin Conversion in Methane Monolayers Adsorbed on the Surface of Graphite", *Physica* **B213/214** (1-4), 643-645 (1995).
19) unpublished results.

第5節
量子化学計算による水素結合ネットワーク系の非線形光学効果の解明と物質設計への展開

基礎工学研究科　物質創成専攻　化学工学領域
中野雅由, 岸亮平, 高橋英明

1. はじめに

　水分子間の相互作用を特徴づけている水素結合は, 水分子にとどまらず様々な物質系の構造安定性, 機能発現, 反応制御に重要な役割を果たしている. 本節では, 水素結合の柔らかい電子状態とその優れた配向制御特性に密接に関係した非線形光学特性に関して, 量子化学計算による機構解明を通して, 水素結合ネットワークをもつ分子集団系の新規非線形光学特性の解明とその理論設計指針の提案を行う. これは水素結合を利用した新規量子機能材料の基礎研究の一つとしても極めて重要であると考えられる.

2. 非線形光学特性とその量子設計

　非線形光学現象は, レーザーなどの強い電場により誘起される分子の高次の分極（外場に非線形的に依存する項）—超分極率—に起因する現象で, 波長変換, 多光子吸収など様々なレーザーと物質の相互作用において見られる[1-5]. 一般に外部電場 F が加わった分子系の分極 p は, 外部電場のベキ級数で展開できる（(1) 式）. この F の各次の項は, 実験で観測される物理的な現象に対応し, その係数（α（分極率）, β（第一超分極率）, γ（第二超分極率））がこれらの現象を特徴づける.

$$p = \alpha F + \beta FF + \gamma FFF + \cdots \qquad (1)$$

たとえば2次の係数である β や3次の係数である γ は, 入射電場の振動数 ω をそれぞれ2倍（第二高調波発生（SHG））, 3倍（第三高調波発生（THG））にして出力する働きがある. さらに超分極率は, 多光子吸収断面積も記述する

第 5 節　量子化学計算による水素結合ネットワーク系の非線形光学効果の解明と物質設計への展開

ため，非線形光学物質は，様々な非線形分光や多光子吸収を使用した極微細加工，三次元光メモリなどの光情報素子，光を使用した医療（フォトダイナミックセラピー）などの幅広い分野で応用が期待されている．

　非線形光学現象を記述する分子の超分極率は，量子化学計算により，分子の基底状態および励起状態の物性量（遷移モーメント，励起エネルギー）が求まれば計算できる．用途により満たすべき条件はいくらか異なるが，大きな非線形光学効果を得ることがまず重要であり，大きな超分極率を実現するための分子設計指針や構造—特性相関が理論的，実験的に盛んに研究されている．特に，外場の影響を受けやすい柔らかい電子系をもつπ電子共役系が大きな非線形光学効果を示すことが明らかになり，現在まで様々な物質が検討されているが，実用化に必要な条件を満たすものは未だ少ない現状であり，さらなる探索が望まれている．

　量子力学の近似法の一つである摂動論を用いることで超分極率の解析的な表式を得ることができる．これは，超分極率と分子系の電子状態との関係を明確にし，理論設計の基礎となる．ここでは，三次非線形光学特性の微視的起源である γ の摂動論による表式とそれから得られる構造—特性相関について紹介する．波長変換などの応用に重要な γ は非共鳴領域のものであり，これは外場振動数がゼロの場合の静的な γ でよく近似される．ある一方向（ i 方向）成分に特に大きな γ を持つ場合は，その方向成分 γ_{iiii} （ γ と表す）を主成分として考えることができ，以下のように表される[5]．

$$\gamma = \sum_n \frac{(\mu_{n0})^2 (\mu_{nn})^2}{E_{n0}^3} - \sum_{n,m} \frac{(\mu_{n0})^2 (\mu_{m0})^2}{E_{n0}^2 E_{m0}} + \left[\sum_{n \neq m} \frac{\mu_{0n} \mu_{nm} \mu_{nm} \mu_{m0}}{E_{n0}^2 E_{m0}} + \sum_{n' \neq m \neq n} \frac{\mu_{0n} \mu_{nm} \mu_{mn'} \mu_{n'0}}{E_{n0} E_{m0} E_{n'0}} \right] \quad (2)$$

上式の μ_{lm} は，状態 l と m 間の遷移モーメントの i 成分， E_{lm} は状態 l と m 間の遷移エネルギーを表す．分子部分の遷移モーメントの4つの積に対応する添字の列を基底状態（0）から始まって0で終わるように書き直したもの（たとえば，(0-n-m-n-0)）を仮想遷移過程と呼び，これを用いて（1）式の各項を分類する．（1）式の右辺第一項，第二項，第三項（これは括弧内に2つある）を各々，type（I）(0-n-n-n-0)，type（II）(0-n-0-n-0)，type（III-1）(0-n-

53

n-m-0），type（Ⅲ-2）(0-*n-m-n'*-0) の仮想遷移過程と呼ぶ．Type（Ⅰ）の過程は，第 *n* 励起状態と基底状態の双極子モーメント差（μ_{nn}）を2つ含むため，反転対称中心のない系のみに値が存在し，正の寄与をする．Type（Ⅱ）は，途中に基底状態を介する仮想遷移過程で，反転対称中心を持つ系にも値があり，負の寄与をもつ．Type（Ⅲ-1）は，第 *n* 励起状態と基底状態の双極子モーメント差を含み，反転対称中心のある系ではゼロとなる．一方，type（Ⅲ-2）は，反転対称中心を持つ系でも値（主に正の寄与）があり，より高い励起状態間の遷移モーメントを含む．このように γ の符号や大きさは，各仮想遷移過程の特徴と密接に関係している．たとえば，非対称電荷分布をもつ系では，第一励起状態と基底状態間の双極子モーメント差が大きく，type（Ⅰ），type（Ⅲ-1）が他の寄与に比べて大きくなり正の γ を与える傾向がある．このような系は，ドナー基やアクセプター基をもつ電荷移動（CT）系によく見られる特徴である．

3. 分子集合体の非線形光学効果

実際の非線形光学材料の設計を行うには，単分子だけでなく分子集合体の設計を行う必要がある．この場合，各分子の配向性と分子間相互作用によるモノマーの電子状態変化が全系の特性を決める重要な因子となる．通常は，分子間相互作用が弱く分子配向の効果が支配的な場合が多い．特に，二次の非線形光学効果は反転対称中心をもつと消失するため単分子だけでなく分子集合体としても反転対称中心を持たないようにする必要がある．分子の形状から結晶などのマクロな系の分子配向を純理論計算のみで予測することは現在でも困難であり，経験を加味した方法を用いる必要がある．分子間相互作用として分子配向を制御する目的で，近年よく利用されるのが水素結合である．この場合，分子構造から水素結合ネットワークの構造の定性的予測がある程度可能で，単分子レベルの設計に基づいてメゾ／マクロな分子集合体の構造を自己組織的に決定できる利点を持つ．また，水素結合は，その強さが化学結合力と分散力の間に位置する柔軟性に富む分子間相互作用であり，水素結合ネットワークをもつ分子集合体の場合，水素結合の強さの制御によ

第 5 節　量子化学計算による水素結合ネットワーク系の非線形光学効果の解明と物質設計への展開

り，単なる個々の分子の性質の和で表されない非線形効果の発現が期待できる．このため水素結合は，多くの機能材料や生体系において数多く利用されている[6-8]．実際，水素結合を含む系の非線形光学効果に関する研究はすでに行われている．Datta らは，一次元ハロゲン化水素（HX, X = F, Cl, Br）鎖の分極率（α），第一，第二超分極率（β，γ）の量子化学計算に基づき，強い水素結合はかえって外場誘起分極を抑える傾向があると結論づけた[9]．

一方，水素結合とモノマーの π 電子との協同効果により水素結合の強さを制御することが可能であり，近年注目を集めている．このような協同効果はペプチドの二次構造の相対安定性の決定に寄与している．最近，Kobko と Dannenberg は生体分子中のポリペプチド鎖のモデルとして一次元ホルムアミド鎖の安定性に対する水素結合協同効果について検討した[10,11]．本節では，π 共役モノマーからなる水素結合分子集合体を用いてこのような協同効果が非線形光学特性に与える影響について検討する．このような協同効果は水素結合系の非線形光学特性を増大させることが期待できる．これは，モノマー内の弱い結合である π 結合がわずかな外場や水素結合のような比較的弱い分子間相互作用により大きく影響を受けることに起因する．具体的には，ホルムアミド一次元鎖のモノマーあたりの鎖長方向成分の α，γ を様々な ab initio 分子軌道法，密度汎関数（DFT）法によって計算する．π 電子と水素結合の協同効果による α や γ の変化の解析に（超）分極率密度解析を用いる．

4. 超分極率の計算法と解析法

静的超分極率の計算法として有限場（Finite-Field（FF））法[13]を紹介し，空間的な電子の寄与を解析できる超分極率密度解析を説明する．超分極率は，(1) 式に示された分極の電場による展開と厳密に等価である，電場下での分子系のエネルギーの電場による展開によっても定義できる．この展開式中，γ は，電場 F の 4 次の微係数であり，数値微分により求められる[14]．γ の数値以外に，γ に対する電子の空間的な寄与がわかると物質設計指針を構築する上でたいへん役立つと考えられる．超分極率密度解析では，電荷密度の電

場による微係数のプロットから，超分極率に対する電子の空間的な寄与を明らかにすることが可能である．この方法は，動的な超分極率に対しても拡張され，(2) 式の各仮想遷移過程ごとの空間的寄与も得ることが可能になっている．γ は電荷密度の電場による3次の微係数と次式で関係づけられており，

$$\gamma = \frac{1}{3!}\int r\rho^{(3)}(r)d^3r \qquad (3)$$

ここで，

$$\rho^{(3)}(r) = \left.\frac{\partial^3 \rho}{\partial F^3}\right|_{F=0} \qquad (4)$$

を第二超分極率（γ）密度と呼び，この量をプロットすることで，超分極率に対する電子の空間的寄与を明らかにできる．この γ 密度は，Gaussian 03 などで計算した空間の3次元グリッド上の電荷密度の数値微分を用いて精度よく計算することができる．例として2サイトモデルを使って γ 密度を使用した空間的寄与の解析方法を説明する．2点の正と負の γ 密度から γ に対する寄与が与えられる．(3) 式より，正から負の γ 密度へ引いた矢印が，座標軸の正の方向なら正に寄与，逆向きなら負に寄与する．また，正負の γ 密度間の距離や γ 密度の大きさに比例して寄与も大きくなる．

5. 水素結合系の（超）分極率

ここでは，例としてホルムアミドからなる一次元水素結合鎖について考慮する．図1にB3LYP/D95 (d,p) 法により最適化した構造を示す．長軸（z軸）方向の分極率 α と第二超分極率 γ について考察する．これらの量は，diffuse な関数を含む基底関数 D95++ (d,p) を用いた Hartree-Fock (HF) 法，電子相関を取り込んだ Møller-Plesset 摂動法（MPn, n = 2, 4），ハイブリッド密度汎関数法（BHandHLYP）により算出した．これらの計算は，Gaussian 03 を用いて実行した．水素結合と π 電子との協同効果を明らかにするため相互作用している系としていない系との差密度 $\rho_{\text{diff}}(r) = \rho_{\text{int}}(r) - \rho_{\text{non-int}}(r)$ を検討す

第5節　量子化学計算による水素結合ネットワーク系の非線形光学効果の解明と物質設計への展開

る．この差密度マップは水素結合形成による電荷密度の空間的変化を表す．同様に，一次，三次密度（それぞれ α 密度，γ 密度）の差を用いて，$\alpha(\gamma)$ 差密度を定義し，これらをプロットすることで α，γ 対する水素結合と π 電子の協同効果の空間的寄与を明らかにする．

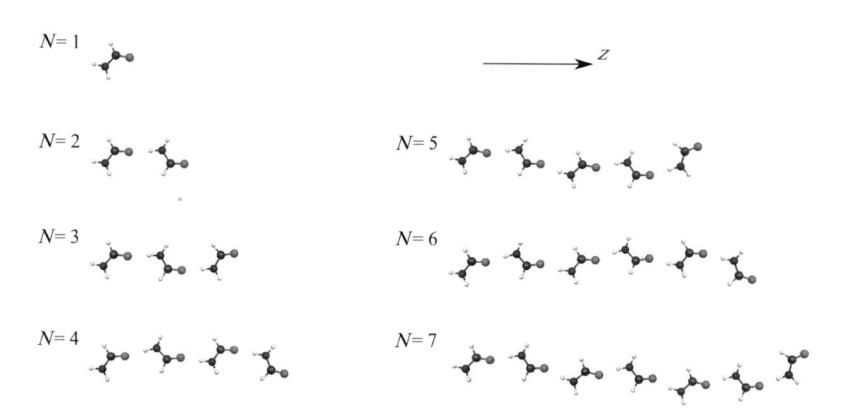

図1　1次元ホルムアミドクラスター（N=1-7）の構造（B 3 LYP/D 95（d, p）で最適化）

最初に，相互作用系と無相互作用系のエネルギー差（$E_{\text{diff}} = E_{\text{int}} - E_{\text{non-int}}$）に関して計算方法による比較を行う（表1参照）．MP2とBHandHLYPの結果は互いによく一致し，$N \leq 3$ ではより高次の電子相関を取り込んだ近似法であるMP4の結果に匹敵するが，HFの結果は水素結合エネルギー $|E_{\text{diff}}|$ を過小に見積もる．MP2の結果から，比 $E_{\text{diff}}(N=7)/E_{\text{diff}}(N=2) = 7.59$ は，7量体に含まれる水素結合の数6より大きいことがわかり，小さいながらも協同効果があることが示唆される．

表1　図1の系で相互作用系と非相互作用系のエネルギー差 E_{diff} [kcal/mol]#

N	HF	MP2	MP4	BHandHLYP
2	−5.7651	−7.0975	−7.1032	−6.9666
3	−12.770	−15.702	−15.686	−15.534
4	−20.403	−24.937	―	−24.798
5	−24.355	−31.810	―	−31.158
6	−36.098	−44.068	―	−43.991
7	−43.897	−53.895	―	−53.735

基底関数は D95++(d,p)

ホルムアミド3量体の電荷密度と水素結合によるその差密度を図2a, bに示す．差密度は主に水素結合 C=O---N-H に沿って分布し，酸素原子上では正（電荷密度増大），水素原子上では負（電荷密度減少）の変化が見られる．両端のモノマーに比べて中央のモノマーでの密度変化が大きいことがわかる．また，差密度分布の形状からこの系の水素結合はσ結合的な性質を持っており，モノマー内のπ電子との顕著な協同効果は認められない．

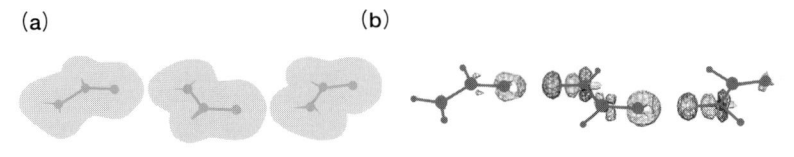

図2　$N=3$ の系の電荷密度（a）と差密度分布（b）．（▢：正，▆：負）

図3a に $N=7$ までのホルムアミド一次元系のモノマーあたりの分極率（α/N）を示す．3量体では，MP2の値（$\alpha/N=39.0$ a.u.）はより近似の高い方法であるMP4の値（$\alpha/N=39.3$ a.u.）とよく一致している．BHandHLYP法やHF法はこれらの値に比べてやや小さい値を与えるが，サイズ依存性は互いにほぼ同じである．α に対する水素結合による協同効果を α/N の増大率 α-ratio(k)（$=|\alpha/N(N=K)|/|\alpha(\text{monomer})|$）により評価する．$N=3$ では，MP2(α-ratio(3) = 1.15)，BHandHLYP(α-ratio(3) = 1.13) はより高い近似の

MP4(α-ratio(3) = 1.14)をよく再現する．$N=7$においてもこの比率は，これらの計算法の間でよく一致する（α-ratio(7) = 1.26(MP2)，α-ratio(7) = 1.23 (BHandHLYP)，α-ratio(7) = 1.20(HF)）．すなわち，αの電子相関依存性はMP2レベルで定量的に見積もることができる．この比率が大きなNに対して1に近い収束値を与えることは，この系のαに対する水素結合による協同効果は比較的小さいことを示している．図3b，cはMP2レベルの$N=3$のホルムアミドのα密度とα差密度分布を示す．正と負のα密度は，各々，N原子のπ電子とO原子の孤立電子対に起因している．各モノマーのα密度は孤立分子のα密度とほとんど同じであり，これはα差密度分布が小さい大きさをもつことからもわかる（図3c）．結果として，この系における水素結合の形成はC＝O---N-Hに沿ってα密度にわずかな変化を引き起こすに過ぎないことがわかる．このようなαに対する水素結合とπ電子との小さな協同効果は，第一励起状態においても基底状態と同様のC＝O---N-Hに沿った弱いσ結合状の分子間相互作用があることを示唆する．

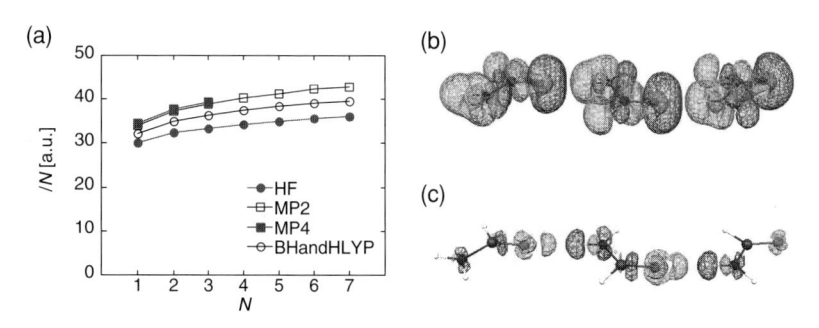

図3 (a) モノマーあたりのα，(b) MP 2/D 95＋＋(d, p) 法によるα密度分布，(c) α差密度分布．

αの場合と対照的に，図4aからわかるようにγ/Nは大きなサイズ依存性を示す．最も信頼性の高い方法であるMP4の結果では，3量体（$N=3$）の$\gamma/N=1387$ a.u. であり，γ-ratio(k)（＝$|\gamma/N(N=k)|/|\gamma(\text{monomer})|$）は1.35である．MP2[$\gamma/N=1092$ a.u., γ-ratio(3) = 1.48]とBHandHLYP[$\gamma/N=1217$

a.u., γ-ratio(3) = 1.62］は，半定量的にこの系の γ/N のサイズ依存性を再現するが，MP2 と BHandHLYP の γ の差はサイズが大きくなるにつれて増大する．サイズが大きい領域での BHandHLYP の γ の過大評価は Kohn-Sham DFT における交換相互作用の不完全な記述に起因する．HF［γ/N = 599 a.u., γ-ratio(3) = 1.73］と高次の近似の MP4 の結果の差は α の場合に比べて著しく大きい．これは，MP2 は γ/N のサイズ依存性を半定量的に記述することは可能であるが，γ 値の定量的な見積もりには MP4 のようなさらに高次の電子相関が必要なことを示している．α の場合に比べて大きな増大率［γ-ratio(7) = 1.57(MP2) vs. α-ratio(7) = 1.26(MP2)）］は，γ に対するより大きな協同的水素結合効果があることを示唆する．この α と γ に対する水素結合効果の違いは，γ 密度と γ 差密度分布（図 4b, c）を調べることで明らかにできる．3 量体中の各モノマーの γ 密度は互いに異なり，また，最も大きな γ 差密度分布は水素結合領域のまわりだけでなく，3 量体全体の領域に広がっている．これは，γ に寄与する水素結合を介したモノマー間の π 電子相互作用が存在することの証拠である．すなわち，この γ に対するモノマー π 電子系と分子間水素結合の顕著な協同効果は，高励起状態におけるモノマー間に渡って広がった波動関数を通して引き起こされると推測できる．

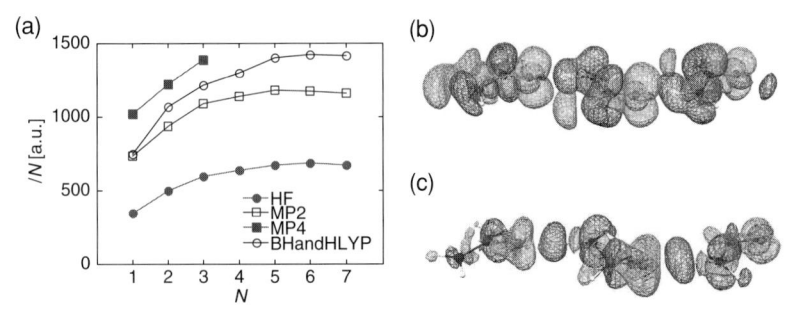

図 4 （a）モノマーあたりの γ，（b）γ 密度分布，（c）γ 差密度分布．

6. まとめと展望

　π電子系からなる水素結合系の簡単なモデルとしてホルムアミド水素結鎖の長軸方向の分極率（α）と第二超分極率（γ）を ab initio MO 法と DFT 法を用いて検討した．モノマーあたりの α が水素結合の数とともにわずかに増大するとがわかったが，これは基底状態と第一励起状態で弱い σ 結合様の分子間水素結合相互作用を示唆している．対照的に，モノマーあたりの γ は顕著なサイズ依存性を示す．γ の寄与する高い励起状態において水素結合とモノマー内 π 電子との協同効果により生じるモノマー間 π 結合様の相互作用に起因すると推測される．これらの特徴は，超分極率密度解析により空間的寄与を可視化することで明らかになった．この結果は，モノマーの共役 π 電子とモノマー間水素結合の協同効果が γ の増大に顕著に寄与することを明らかにし，π 電子共役分子からなる水素結合をもつ電子的に柔らかい分子集合体が新規な非線形光学材料の有力な候補となることを示唆している．

参考文献

1) D. S. Chemla, J. Zyss, Eds. *Nonlinear Optical Properties of Organic Molecules and Crystals*, Academic Press（Orlando, FL）, Vols. 1 and 2, 1987.
2) R. W. Boyd, *Nonlinear Optics*, Academic Press（San Diego, CA）, 1992.
3) J. Zyss, Ed. *Molecular Nonlinear Optics: Materials, Physics and Devices*, Academic Press（New York）, 1994.
4) H. S. Nalwa and S. Miyata, Eds. *Nonlinear Optics of Organic Molecules and Polymers*, CRC Press（Boca Raton, FL）, 1997.
5) 山口ら，編「物性量子化学入門」，第 10, 11 章，（講談社）2004.
6) L. J. Prins, D. N. Reinhoudt and P. Timmerman, *Angew. Chem. Int. Ed.* **40**, 2382（2001）．
7) T. Steiner, *Angew. Chem. Int. Ed.* **41**, 48（2002）．
8) K. E. Maly, E. Gagnon, T. Maris, and J. D. Wuest, *J. Am. Chem. Soc.* **129**, 4306（2006）．
9) A. Datta and S. K. Pati, *J. Mol. Struct.*（*THEOCHEM*）**756**, 97（2005）．
10) N. Kobko, and J. J. Dannenberg, *J. Phys. Chem. A* **107**, 6688（2003）．
11) Y.-F. Chen and J. J. Dannenberg, *J. Am. Chem. Soc.* **128**, 8100（2006）．
12) R. J. Kennedy, K. -Y. Tsang and D. S. Kemp, *J. Am. Chem. Soc.* **124**, 934（2002）．
13) H. D. Cohen and C. C. J. Roothaan, *J. Chem. Phys.* **43**, S34（1965）．
14) M. Nakano, I. Shigemoto, S. Yamada, and K. Yamaguchi, *J. Chem. Phys.* **103**, 4175（1995）．

第6節
金属錯体を用いたプロトン・電子連動系の開発

理学研究科　化学専攻
久保孝史

1. はじめに

　物質の機能発現に電子の果たす役割は非常に大きい．たとえば導電性や磁性，光物性などは電子構造を中心に議論が展開される．ところが，生体内の複雑な機能を説明するには，電子の動きを捉えるだけでは不十分で，プロトン移動の果たす役割も非常に大きいことが知られている．生体に限らず，一般的な化学物質においてもプロトンと電子の協同現象は見られる．古くから知られるサリチリデンアニリンのサーモクロミズム（後述）はその一例である．電子の動きだけでは説明できない現象において，プロトンの果たす役割はどのようなものであろうか？また，プロトンの動きを伴う電子移動は，どのような新しい機能を我々に提供してくれるのだろうか？我々はこれらの疑問に答えるべく，プロトンと電子の移動が容易に起こる分子を新規に創出し，それに伴う機能発現，更には協同的なプロトン・電子移動の機構解明を分子レベルで行うことを目標に掲げ，研究を行っている．本節では，まずプロトンと電子の協同現象や水素結合型電荷移動錯体の一般例を紹介したあと，プロトンと電子の移動が容易に起こる分子の創出に向けた我々のアプローチを詳しく紹介する．

2. プロトンと電子の協同現象—プロトン・電子連動系
2.1 プロトン移動に伴う電子移動

　プロトン移動と電子移動は化学における最も基本的で重要な反応の一つである[1]．いくつかの化学反応は，プロトン移動と電子移動の両方の過程を含み，これらは有機化学[2]，生化学[3]，無機化学[4]，機能性材料化学[5]，等の領域で注目されている．有機化学におけるプロトン・電子移動の研究は，おも

に触媒反応や水素引き抜き反応[6]において，その機構解明を主目的として行われている．生化学の分野では，プロトンと電子の連動した移動は，生体内でのエネルギー供給分子であるATPやNADPHの合成の際に重要であることが知られている[7]．無機化学の分野では，プロトン・電子移動反応の速度論解析が電気化学的手法を用いて積極的に行われており[8]，理論化学[9]の手助けもあって反応機構の解明が非常に進んでいる．このように様々な現象がプロトンと電子の協同性の観点から説明されている．

前述のサリチリデンアニリン誘導体は，分子内でプロトン移動と電子移動が起こる例の一つである．この分子はフォトクロミズムやサーモクロミズムを示すが，これはプロトン移動により分子内で電子移動が起こり，電子構造が変化するためである[10]．NH型は分子内にキノイド構造を含むため，電子吸収帯は低エネルギーシフトする．

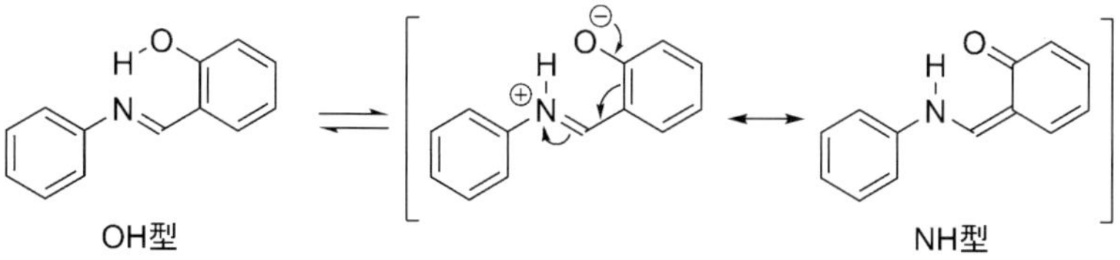

Chart 1

一方，分子間でプロトン・電子移動が起こる例として，4,4'-ビピリジンと四角酸からなる塩が加熱（180℃）によりプロトン移動し，460nmに電荷移動吸収を与える現象を挙げることができる[11]．これは，プロトンが四角酸からビピリジンに移動することにより，四角酸部位の電子ドナー性とビピリジン部位の電子アクセプター性が共に向上し，電荷移動を引き起こしたものと解釈できる．

Chart 2

2.2 高圧下のキンヒドロン錯体

　キンヒドロン錯体とは，ヒドロキノンと p-ベンゾキノンからなる水素結合型電荷移動錯体で，常態（常温，常圧下）では電荷移動が殆ど起きていない（イオン化度＝0.3）中性の状態にある．この錯体に約 2.4GPa の圧力をかけると，ヒドロキノンから p-ベンゾキノンへ 1 プロトンと 1 電子が移動し，セミキノンラジカル相が出現することが知られている（図1）[12]．複数の構成成分からなる固体が，圧力という外部刺激で単一成分になるという珍しい現象である．

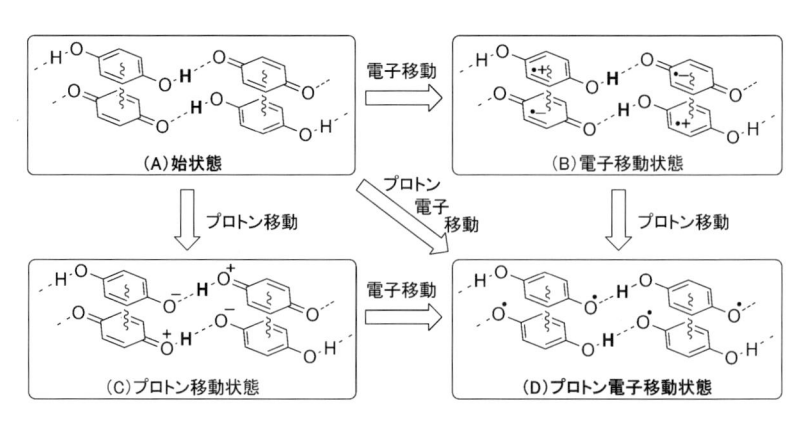

図1　キンヒドロン錯体のプロトン・電子移動
常圧では始状態にある．波線は電子間相互作用，点線は水素結合相互作用を表す．

　セミキノンラジカル相（D）への転移は，反応式上でプロトンと電子を段階的に移動させると理解しやすい．(A)→(B)→(D) のルートを考えると，まず，(A)→(B) は通常の電荷移動錯体に見られる電子移動反応である．圧

力印加により分子間の軌道の重なりが増大し，電荷移動相互作用が増大することで電子移動が促進されると解釈できる．続いて（B）→（D）は，カチオン化により酸性度が向上したヒドロキノンからアニオン化により塩基性度が向上したp−ベンゾキノンへのプロトン移動反応である．一方，（A）→（C）→（D）のルートは，（A）→（C）は圧力印加による水素結合相互作用の増大に伴うプロトン移動，続く（C）→（D）はカチオン種からアニオン種への電子移動反応である．しかし，実際の（A）→（D）の反応がどちらの経路で進行しているか，また，段階的であるか協奏的であるかは不明である．さらには，高圧下で完全に（D）状態に移行しているのか，それとも（A）（B）（C）（D）が混在した状態なのか，究極的にはプロトンの波動性まで関与した（A）（B）（C）（D）の共鳴状態にあるのか，現時点では解明されていない．未解明の原因の一つは，プロトン・電子移動には高圧の条件が必要であるからである．高圧下での各種物性測定には多くの制限が伴う．プロトン・電子移動の機構解明と，それに伴う新規な物性発現の探索には，より温和な条件下でのプロトン・電子移動が必要となる．

2.3 グリオキシム錯体

プロトン移動と電子移動の連動性が物性に影響を与えていると思われる結果が，グリオキシム Pd 錯体と TCNQ からなる水素結合型電荷移動錯体で得られている[13]．グリオキシム錯体は，pH に応じてプロトン化されたモノカチオンやジカチオン種を与える（スキーム 1）．

Pd(Hedag)$_2$　　Pd(H$_2$edag)(Hedag)　　Pd(H$_2$edag)$_2$

スキーム 1　グリオキシム Pd 錯体のプロトン授受反応

Hedag および H$_2$edag は，エチレンジアミノグリオキシム配位子のモノヒドロ体およびジヒドロ体を表す．

このような性質を持つグリオキシム錯体を用いて，pHを調整しながらTCNQと反応させると，部分的にプロトン化された水素結合型電荷移動錯体 $[Pd(H_{2-x}edag)(Hedag)]^{+(1-x)}TCNQ^{-(1-x)}$ が得られる．図2には $x=0.3$ の水素結合型電荷移動錯体の結晶構造を示す．なお，図には示していないが，Pd錯体とTCNQはそれぞれ同一分子が積み重なった分離積層構造を有している．

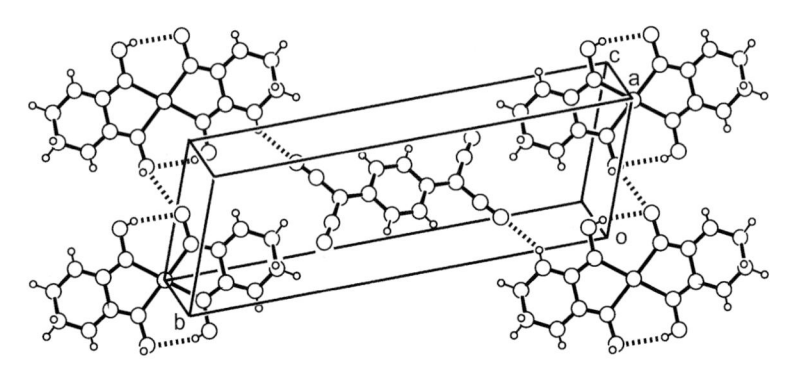

図2 $[Pd(H_{1.7}edag)(Hedag)]^{+0.7}TCNQ^{-0.7}$ の水素結合様式
点線は水素結合を表す．

この水素結合型電荷移動錯体であるが，常温付近では金属的な振る舞いを示し，180K以下の低温では絶縁体へと相転移する．IRスペクトルでは，180K以上では $TCNQ^{-0.7}$ に対応する一本のピークが観測されるのに対し，低温では $TCNQ^0$ と $TCNQ^{-1}$ の二つの化学種由来のピークが現れる．つまり常温付近の金属的挙動は，ホールがTCNQ積層カラム内を遍歴することで発現していると思われる．詳細な温度可変X線構造解析や温度可変IR測定の結果，Pd錯体間に存在する水素結合におけるプロトンが，室温付近では頻繁に錯体間を移動し，Pd錯体が均一な状態になることによりTCNQも均一な状態（$TCNQ^{-0.7}$）になっていることが明らかとなっている．金属—絶縁体相転移は，Pd錯体間に形成される水素結合中のプロトンの動きが，遠く離れたTCNQの電子状態に影響を与えることで発現しているとみられている．

3. プロトン・電子連動物質の分子設計

プロトン移動と電子移動を共に起こすには，高いプロトン授受能と高い電子授受能がそれぞれ必要となる．たとえばプロトン・電子ドナーを考えてみると，酸性度の高いプロトンを有する優れた電子ドナーがその候補となると予想できる．しかし，単に解離性プロトン部位とπ共役電子系を組み合わせるだけでは，プロトン移動と電子移動が独立して起こるだけであり，両者の協同性を見いだすことが出来ない．分子設計には，サリチリデンアニリンのように，水素結合部位をπ共役系に組み込むことが重要となる．

しかし，具体的な分子設計には少し工夫が必要である．たとえば，ヒドロキノン―p-ベンゾキノン系を考えた場合，プロトン・電子ドナーであるヒドロキノンの電子ドナー性を向上させるために電子供与基を導入すると，脱プロトン状態の熱力学的安定性が低下するため，プロトンの酸性度は下がりプロトンドナー性が低下する．この状況はプロトン・電子移動反応には好ましくない．もちろん同様の現象は，プロトン・電子アクセプターであるp-ベンゾキノンへの電子吸引基の導入にも起こることである．おそらく最適な解は存在するであろうが，それを見つけ出すには相当の試行錯誤が必要となろう．合理的な方法として考えられるのは，電子ドナー性（もしくはアクセプター性）とプロトンドナー性（もしくはアクセプター性）を分子設計の段階で，ある程度の独立性をもたせることである．我々は一つの設計指針として金属錯体に注目することにした（図3）．分子設計の段階においては，金属錯体は中心金属と配位子の二つの構成成分として捉えることができる．一般に金属原子は，多様な酸化還元状態を取りうるため，電子授受に関与すると考えることができる．そこで，配位子にプロトン授受能を担わせれば，電子授受能とプロトン授受能を独立して操作することが可能となる．

第1章 水を科学する

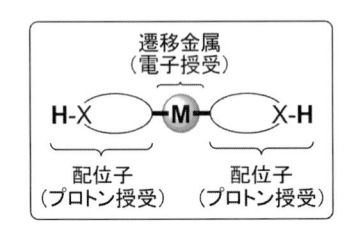

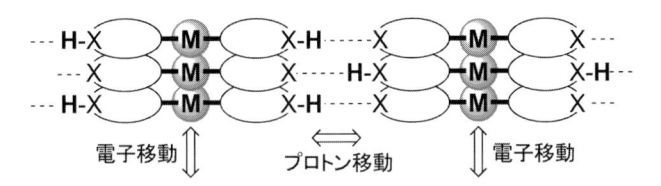

図3 金属錯体を用いたプロトン・電子ドナーの分子設計の模式図．下の図はドナーとアクセプターが形成する水素結合型電荷移動錯体における，プロトン移動と電子移動の概念図．

　この設計指針のもと，次のような金属錯体を研究対象とした．全ての分子はNH部位を有しており，この部分が水素結合に関与する．スキーム2に示したように，各錯体にはプロトン・電子授受が起きた様々な状態が考えられるが，これらの状態のうち最初に合成を試みたのは，合成が容易と予想される四角の枠で囲った化学種である．わかりやすくするため中心金属で酸化還元が起きていると仮定し，中心金属の右肩に形式電荷を記入した．式の左端の化学種が形式二価，右端が形式四価の状態となる．以下，それぞれの錯体の研究結果について述べる．

X = N：ピラジンジチオレート錯体
X = CH：ピリジンジチオレート錯体

スキーム2　研究対象とした金属錯体（M＝Ni, Pd, Pt）

4. ピラジンジチオレート金属錯体
4.1 プロトン・電子ドナーの性質

形式二価のピラジンジチオレート金属錯体は無置換体が文献既知[14]であるが，DMFなどの極性の高い溶媒にしか溶けず，取り扱いが困難である．この錯体の基本的物性を調べるには，溶解度の向上が必須であった．そこで，置換基としてエチル基を導入した分子を設計・合成した[15]．

プロトンと電子の連動性を調べるには，pH依存サイクリックボルタンメトリー（CV）という方法がよく用いられる．これは，pHを変化させながら酸化還元電位を測定する方法であり，この実験によってプロトンと電子の連動性や，さまざまな酸化還元状態における酸解離定数（pKa）を求めることができる．測定により得られるグラフは，Pourbaix diagramとも呼ばれる．プロトン移動を伴う酸化還元反応（(1) 式）には，(2) 式のようなネルンスト式が成り立つことが知られている[16]．(2) 式の右辺第三項がpHの関与する項であり，仮に1プロトンと1電子が移動すると，グラフの傾きが-59mV/pHとなることを示している．

$$\text{Ox} + n\text{e} + m\text{H}^+ \rightleftarrows \text{Red} \qquad \text{Ox: 酸化体, Red: 還元体} \tag{1}$$

$$E_{1/2} = E^0 + \left(\frac{0.059}{n}\right)\log\left(\frac{D_{\text{red}}}{D_{\text{ox}}}\right)^{1/2} - \left(\frac{0.059m}{n}\right)\text{pH} \tag{2}$$

形式二価のNi錯体（Ni（HL）$_2$）のpH依存CV測定の結果を図4に示す．図4は縦軸が酸化還元電位を，横軸がpHを表しており，pH変化に応じて電位が変化しているのがわかる．この結果から，Ni錯体はプロトンと電子の連動性を有していることが実験的に明らかにされた．グラフの傾きを考慮して，各領域に対応する化学種を図中に示した．興味深いのは，形式三価錯体であるNi(HL)(L)という化学種が酸性溶液中で発生していることである．この化学種は先に述べたヒドロキノン（H$_2$Q）—p—ベンゾキノン（Q）系におけるセミキノンラジカル（HQ•）に相当する．セミキノンラジカルは溶液中において容易に不均化反応を起こし，平衡がヒドロキノン—p—ベン

ゾキノン側に偏っている（$K_{com}<1$）ことが知られている（スキーム 3 の（3）式）．おそらくこのセミキノンラジカルの熱力学的な不安定性が原因で，キンヒドロン錯体では 1 プロトン 1 電子を移動させるのに圧力印加が必要であったと思われる．一方，Ni(HL)(L) は pH3.6 以下の領域での酸化還元電位の差（$\Delta E=0.20V$）から，平衡がプロトン・電子移動状態に偏っている（$K_{com}>1$）ことがわかる（(4) 式）．1 プロトン 1 電子移動状態が熱力学的に安定であることから，Ni(HL)$_2$ と Ni(L)$_2$ の混合物は，固体中においてより温和な条件で 1 プロトン 1 電子移動を起こす可能性がある．

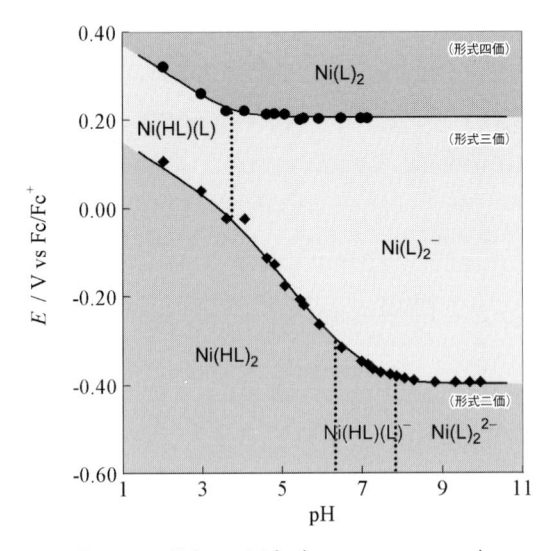

図 4 pH 依存 CV 測定（Pourbaix diagram）

菱印と丸印はそれぞれ，形式二価⇔形式三価および形式三価⇔形式四価の酸化還元電位．曲線は理論式を用いたカーブフィッティング．図中の化学式は，H はプロトンを，L は脱プロトン化された配位子を表している．

第6節　金属錯体を用いたプロトン・電子連動系の開発

プロトン電子ドナー　　　プロトン電子アクセプター　　　1プロトン1電子移動状態

$$H_2Q + Q \xrightleftharpoons{K_{com}} 2\,HQ^{\cdot} \quad (3)$$

$$Ni(HL)_2 + Ni(L)_2 \xrightleftharpoons{K_{com}} 2\,Ni(HL)(L) \quad (4)$$

スキーム3　プロトン・電子移動の平衡反応
ピラジン錯体のエチル基は省略してある．

カーブフィッティングより求めた Ni, Pd, Pt 錯体の各種パラメーターを表1にまとめた．K_{com} が1以上であることから，いずれの錯体も溶液中では平衡がプロトン・電子移動状態に偏っている．また，M(HL)$_2$ の pKa は 6.0〜6.5 であり，これらの錯体が弱酸であることがわかる．また，1プロトン1電子移動した化学種 M(HL)(L) は pKa が 3.6〜4.1 となり，酸性度が向上することもわかる．興味深いのは，Ni および Pt 錯体と，Pd 錯体を比較すると，Pd 錯体の電子ドナー性は他の二つの錯体より低いものの，プロトンドナー性には大きな違いが見られないことである．これは，中心金属を変えることで電子ドナー性のみを調節できることを示唆している．

表1　pH 依存 CV 測定から求めた各種パラメーター

	$E^{o'}_{II/III}$	$E^{o'}_{III/IV}$	K_{com}	pK_{a1}^{II}	pK_{a2}^{II}	pK_a^{III}
Ni(HL)$_2$	+0.22	+0.42	2500	6.5	7.6	3.6
Pd(HL)$_2$	+0.40	+0.44	4.8	6.0	7.3	3.6
Pt(HL)$_2$	+0.20	+0.33	160	6.1	7.7	4.1

$E^{o'}_{II/III}$：pH=0 における M(HL)$_2$⇔M(HL)(L) の酸化還元電位(V vs Fc/Fc$^+$)，$E^{o'}_{III/IV}$：pH=0 における M(HL)(L)⇔M(L)$_2$ の酸化還元電位，K_{com}：M(HL)$_2$ + M(L)$_2$ ⇌ 2M(HL)(L) の平衡定数，pK_{a1}^{II}：M(HL)$_2$ の第一酸解離定数，pK_{a2}^{II}：M(HL)$_2$ の第二酸解離定数，pK_a^{III}：M(HL)(L) の酸解離定数

各種金属錯体の電子ドナー性を一般の有機電子ドナーと比較するため，DMF 中の酸化還元電位測定を行ったところ，Ni と Pt 錯体は代表的なドナーであるテトラチアフルバレン（TTF）と同程度の電子ドナー性を有していることがわかった．つまり，形式二価の Ni および Pt のピラジンジチオレート錯体は，優れたプロトン・電子ドナーとして振る舞うことが明らかとなった．

4.2 プロトン・電子アクセプターの性質

プロトン・電子アクセプターは中心金属が形式四価となる．通常 Ni 錯体は二価，三価状態はとりやすいものの，四価錯体はほとんど知られていない．一方，Pd や Pt 錯体の四価錯体は，配位子に電子供与能があれば比較的安定に存在する．しかし，ピラジンジチオレート配位子は形式四価状態では電子欠損性のピラジン環が現れるため，いずれの錯体も中性四価状態が不安定となることが予想される．実際にプロトン・電子アクセプターの合成を，ドナーの脱プロトンジアニオン種 $M(L)_2^{2-}$ の二電子酸化により試みたところ，Ni と Pd 錯体はすぐに分解し形式四価状態を得ることはできなかったが，Pt 錯体の形式四価は青色の粉末として得られた．

このプロトン・電子アクセプター（$Pt(L)_2$）と，先のプロトン・電子ドナー（$Pt(HL)_2$）を混合し，キンヒドロン錯体に相当する水素結合型電荷移動錯体 $Pt(HL)_2-Pt(L)_2$ の合成を試みたが，いずれの反応条件においても茶色粉末しか得られず，その構造解析には至らなかった．また，Ni，Pd，Pt のプロトン・電子ドナー $M(HL)_2$ と一般の有機アクセプターとの水素結合型電荷移動錯体の合成も試みたが，残念なことに単結晶が全く得られなかった．おそらくかさ高いエチル基が分子間の水素結合を阻害し，結晶性を低下させているものと思われる．

5. ピリジンジチオレート金属錯体

結晶性の良い水素結合型電荷移動錯体を得るには，かさ高い置換基の存在は好ましくない．しかし，ピラジンジチオレート配位子からエチル基を除く

第6節　金属錯体を用いたプロトン・電子連動系の開発

と，環の電子供与能の低下を招く恐れがある．そこで，ピラジン環から窒素原子を一つ除いたピリジン環を用いることで環の電子ドナー性を向上させ，エチル基を除いてみることにした．このように設計したピリジンジチオレート金属錯体（M = Ni, Pd, Pt）を市販化合物から四段階で合成した．DMF 中の酸化還元電位測定から，ピリジンジチオレート錯体はエチル置換ピラジンジチオレート錯体と同程度の電子ドナー性を有していることがわかった．溶解度の問題で pH 依存 CV 測定を行うことができなかったが，pH 依存 UV 測定から pK_a は 8～9 と見積もることができ，ピラジン錯体よりはプロトンドナー性が低いものの，NH プロトンはある程度の解離性を有していることがわかった．

　ピリジンジチオレート錯体は，多くの有機アクセプターと電荷移動錯体を形成し，期待通り良好な単結晶を与えた[17]．

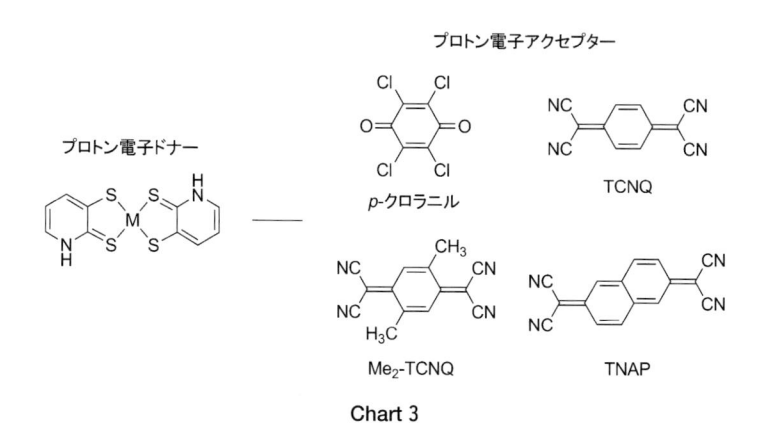

Chart 3

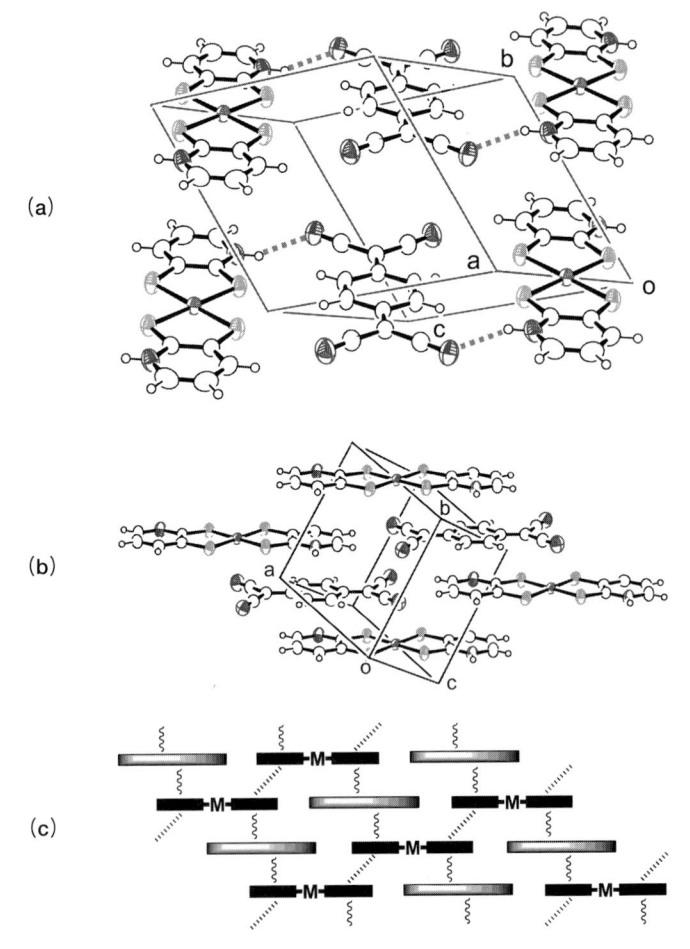

図5 (a) 水素結合様式．点線はNH…N水素結合を表す．(b) 分子積層様式．(c) 分子積層様式の模式図．破線はドナーとドナーの相互作用，波線はドナーとアクセプターの相互作用を表す．

この中で，Ni錯体とTCNQから成る水素結合型電荷移動錯体において，興味深い現象がみられたので紹介する[17a]．この水素結合型電荷移動錯体は，ドナーのNHプロトンとアクセプターのニトリル窒素の間に水素結合が形成されている（図5）．分子積層様式は非常に珍しい構造をしており，ドナーとドナーの間，およびドナーとアクセプターの間に重なりが見られる（分離・交互ハイブリッド積層構造）．積層構造自体が珍しいのであるが，その上さらに，常温常圧でイオン化度0.4の中性状態であるこの錯体が，わずかな圧力印加（指でつぶす程度）によりイオン化度1のイオン性錯体に転移するという，中性─イオン性転移を起こすことがわかった．Ni錯体（$E_{1/2}$ = －0.10V vs Fc/Fc$^+$ in DMF）とTCNQ（$E_{1/2}$ = －0.25V vs Fc/Fc$^+$ in DMF）の酸化還元電位の差 ΔE_{redox} は0.15Vであり，交互積層錯体のイオン性判定に用いられるTorranceのV字相関[18]の中性─イオン性境界領域付近に位置する．このことから，電子授受能の観点からは中性─イオン性転移が起きる条件が整っていたといえる．しかしグリオキシム錯体のように水素結合の寄与があるかどうかは，現時点では明らかでない．単結晶を用いた高圧下での電導度測定等，圧力依存の物性評価はまだ行えていないが，どのような機構で中性─イオン性転移を起こしているのか，水素結合が転移にどのように関与しているか，さらには転移付近での電導度の変化など，非常に興味深い課題が多く残されている．

6. おわりに

本節では，金属錯体を用いたプロトン・電子連動系の開発について，現在までの我々のアプローチについて述べた．残念ながら今のところ，固体状態でプロトン移動を伴う電子移動を起こす水素結合型電荷移動錯体は得られていないが，今後も引き続き分子に改良をかさね，常圧でプロトン・電子移動状態への転移が見られる系の構築に挑む．多くの研究課題が残されたままであるが，本節でプロトンと電子の協同現象に関する研究に少しでも興味を抱いていただければ幸甚である．

謝辞

本節で紹介した研究は，多くの方々の協力があって初めて成し遂げられたものである．特に，多くのご助言や測定にご協力をいただいた，中筋一弘教授（福井工大），森田　靖　准教授（阪大院理），北川　宏　教授（九大院理）に感謝の意を表したい．

参考文献

1) a) Thorp, H. H., *Chemtracts-Inorg. Chem.*, **3**, 171（1991）. b) 佐々木陽一，化学工業，**45**, 957（1994）. c) 芳賀正明，電気化学及び工業物理化学，**64**, 11（1996）.

2) Meyer, T. J. *Electrochem. Soc.*, 211C（1984）.

3) a) Lippard, S. J. *Angew. Chem. Int. Ed. Engl.*, **27**, 344（1988）. b) Brudvig, G. W.; Crabtree, R. H.; *Prog. Inorg. Chem.*, **37**, 99（1989）. c) Malmstrom, B. G. *Chem. Rev.*, **90**, 1247（1990）. d) Chan, S. I.; Li, P. M. *Biochemistry*, **29**, 1（1990）. e) Okamura, M. Y.; Paddock, M. L.; Graige, M. S.; Feher, G. *Biochim. Biophys. Acta*, **1458**, 148（2000）. f) Diner, B. A. *Biochim. Biophys. Acta*, **1503**, 147（2001）. g) Vrettos, J. S.; Limburg, J. L.; Brudvig, G. W. *Biochim. Biophys. Acta*, **1503**, 229（2001）. h) Ferguson-Mille, S.; Babcock, G. T. *Chem. Rev.*, **96**, 2889（1996）. h) Stubbe, J.; Nocera, D. G.; Yee, C. S.; Chang, M. C. Y. *Chem. Rev.*, **103**, 2167（2003）.

4) Slattery, S. J.; Blaho, J. K.; Lehnes, J.; Goldsby, K. A. *Coord. Chem. Rev.*, **174**, 391（1998）.

5) a) Niemz, A.; Rotello, V. M. *Acc. Chem. Res.* **32**, 44（1999）. b) Kawai, S. H.; Gilat, S. L.; Ponsinet, R.; Lehn, J. M. *Chem. Eur. J.*, 285（1995）. c) Goulle V.; Harriman, A.; Lehn, J. M. *J. Chem. Soc. Chem. Commun.* 1034（1993）. d) Saika, T.; Iyoda, T.; Honda, K.; Shimidzu, T. *J. Chem. Soc., Perkin Trans 2*, 1181（1993）. e) Natan, M. J.; Wrighton, M. S. *Prog. Inorg. Chem.* **37**, 391（1989）.

6) a) Auclair, K.; Hu, Z.; Little, D. M.; Ortiz de Montellano, P. R.; Groves, J. T. *J. Am. Chem. Soc.* **124**, 6020（2002）. b) Brazeau, B. J.; Austin, R. N.; Tarr, C.; Groves, J. T.; Lipscomb, J. D. *J. Am. Chem. Soc.* **123**, 11831（2001）. c) Baik, M.-H.; Gherman, B. F.; Friesner, R. A.; Lippard, S. J. *J. Am. Chem. Soc.* **124**, 14608（2002）. d) Knapp, M. J.; Rickert, K.; Klinman, J. P. *J. Am. Chem. Soc.* **124**, 3865（2002）. e) Goldsmith, C. R.; Jonas, R. T.; Stack, T. D. P. *J. Am. Chem. Soc.* **124**, 83（2002）. f) Stubbe, J. A.; van der Donk, W. A. *Chem. Rev.* **98**, 705–762（1998）. g) Marsh, E. N. G. *BioEssays* **17**, 431（1995）. h) Baik, M. -H.; Newcomb, M.; Friesner, R. A.; Lippard, S. J. *Chem. Rev.* **103**, 2385（2003）.

7) 垣谷俊昭，三室　守，電子と生命（シリーズ・ニューバイオフィジックスⅡ），共立出版，2000 年.

第 6 節　金属錯体を用いたプロトン・電子連動系の開発

8) a) Binsted, R. A.; Meyer, T. J. *J. Am. Chem. Soc.* **109**, 3287 (1987). b) Meyer, T. J.; Huynh, M. H. V.; *Inorg. Chem.* **42**, 8140 (2003). c) Roth, J. P.; Yoder, J. C.; Won, T. -J.; Mayer, J. M. *Science*, **294**, 2524 (2001).
9) a) Cukier, R. I.; Nocera, D. G. *Annu. Rev. Phys. Chem.* **49**, 337 (1998). b) Cukier, R. I. *Phys. Chem. B* **106**, 1746 (2002). c) Hammes-Schiffer, S. *Acc. Chem. Res.* **34**, 273 (2001). d) Hammes-Schiffer, S. *Chem. Phys. Chem.* **3**, 33 (2002). e) Georgievskii, Y.; Stuchebrukhov, A. A. *J. Chem. Phys.* **2000**, *113*, 10438.
10) a) Cohen, M. D.; Schmidt, G. M. J. *J. Phys. Chem.* **66**, 2442 (1962). b) Ogawa, K.; Kasahara, Y.; Ohtani, Y.; Harada, J. *J. Am. Chem. Soc.* **120**, 7107 (1998). c) Harada, J.; Uekusa, H.; Ohashi, Y. *J. Am. Chem. Soc.* **121**, 5809 (1999). d) Ogawa, K.; Harada, J.; Fujiwara, T.; Yoshida, S. *J. Phys. Chem. A* **105**, 3425 (2001).
11) Reetz, M. T.; Höger, S.; Harms, K. *Angew. Chem. Int. Ed. Engl.* **33**, 181 (1994).
12) a) Mitani, T.; Saito, G.; Urayama, H. *Phys. Rev. Lett.* **60**, 2299 (1988). b) Nakasuji, K.; Sugiura, K.; Kitagawa, T.; Toyoda, J.; Okamoto, H.; Okinawa, K.; Mitani, T.; Yamamoto, H.; Murata, I.; Kawamoto, A.; Tanaka, J. *J. Am. Chem. Soc.* **113**, 1862 (1991).
13) a) Itoh, T.; Toyoda, J.; Kitagawa, H.; Mitani, T.; Nakasuji, K. *Chem. Lett.*41 (1995). b) 三谷洋興，北川　宏，中筋一弘，高圧力の科学と技術，**10**, 42 (2000).
14) Becher, J.; Stidsen, C. E.; Toftlund H.; Asaad, F. M. *Inorg. Chim. Acta* **121**, 23 (1986).
15) Kubo,T.; Ohashi, M.; Miyazaki, K.; Ichimura, A.; Nakasuji, K. *Inorg. Chem.*, **43**, 7301 (2004).
16) 伊豆津公佑，非水溶液の電気化学，培風館，1995 年．
17) a) Shibahara, S.; Kitagawa, H.; Ozawa, Y.; Toriumi, K.; Kubo, T.; Nakasuji, K. *Inorg. Chem.*, **46**, 1162-1170 (2007). b) Shibahara, S.; Kitagawa, H.; Kubo, T.; Nakasuji, K. *Inorg. Chem. Comm.*, **10**, 860 (2007).
18) Torrance, J. B.; Vazquez, J. E.; Mayerle, J. J.; Lee, V. Y. *Phys, Rev. Lett.* **46**, 253 (1981).

第7節
水素結合ネットワークを含む超伝導体の構造効果と電子物性

理学研究科　化学専攻
中澤康浩

1. はじめに

　水は地球上の生態系にとって重要な役割を果たす物質である．生物の生命活動の維持に欠かすことができないのと同時に，我々の生活や地球環境の保持のためにも必須な物質である．水の機能とその地球規模での循環，制御は，近年，地球科学，環境科学，生命との関わりという意味で生物科学的な立場から広く関心を集めているが，そのためには水そのものが物質としてもつミクロな特徴を基礎化学的に理解していく必要がある[1]．水は分子性の物質でありながら水素結合という比較的強い結合からなり，特に固体結晶中では長距離に渡るネットワーク構造を容易に形成する．この性質は，物質設計や構造構築のためにも重要となり，柔らかく変容しやすい結晶格子をつくる．また高圧状態まで含めると少なくとも10種類以上の多彩な結晶状態をとり，その複雑な相関係は極限科学の重要なテーマとなっている[2]．液体状態においても分子間に比較的強い相互作用が存在し，揺らぎの強い複雑な内部構造を形成する可能性が指摘されている．また，多孔質や層状物質中の閉鎖空間に閉じ込めた水は液体状態でも界面水，内部水などにミクロ相分離をおこすなど複雑な相挙動を与える．タンパクなどの生体分子とそれをとりまく水の問題も大いに注目されている分野である．
　水のもつこのような特異性は，水素，酸素という原子量の小さい原子から構成されると同時に，非直線的な構造をもつ分子であるため，配列に多様性がでること，分極しやすく水素結合を形成する能力が高いことにある．水素を重水素に置き換えたアイソトープ効果が劇的に現れるのも水素結合がからんだ特徴であると考えられる．

2. 水の構造構築能と電子物性

　分子性化合物の電子物性研究の観点からも水分子の特性は注目されている．有機分子からなる伝導体や磁性体，有機無機ハイブリッド化合物などでは，伝導や磁性と関わる機能それ自身は分子のもつドナー性，アクセプター性や金属原子の電子配置や配位子場効果などによるスピン状態などと直接関係している．水分子そのものが伝導に直接関与したりスピンをもったりすることはほとんどない．しかし，水は，結晶内に取り込まれることで，結晶の構造構築や水素結合ネットワークの形成を通して電子物性とも大きく関係してくることがしばしばある．水分子を含むような結晶では，水素結合の作り出す固有の構造構築能のため具体的には以下のような特徴があらわれやすい．

① H_2O 分子がネットワーク型の配列をとることによって低次元的な構造を構築，安定化させる．

② H_2O の含有量を変化させることによって，間接的にではあるがドーピングなど電子状態のパラメター制御ができ，物性の系統的な変化の可能性を与える．

③ 柔らかい結晶格子を作るため，電子系にも大きな体積変化（化学圧力）を与える．

　水が電子物性に与える影響は主にこれらの構造効果として理解されるが，層状物質での層間制御　次元コントロール，ドーピング量の間接的なコントロールによる電子物性制御，スピン状態の制御など，その効果の発現形態は多彩になる．またプロトン移動やプロトントンネルなどのプロトンにもとづく集団効果や量子効果と電子物性の相関という観点からも非常に興味深い．以下，そのような水を含むネットワーク構造を有する超伝導を示す化合物での水の役割について紹介する．

3. 水素結合ネットワークを含む分子性超伝導体

　分子性化合物からなる伝導体は，無機系の金属間化合物や合金などと比較

第1章 水を科学する

すると極めて柔らかい結晶格子の中で超伝導を発現する[4]．そのような結晶格子の中で，比較的低密度に存在する電子が強い相互作用によって超伝導電子対を形成していることになる．分子性伝導体化合物は基本的に電子を放出しやすい有機ドナー分子（D）とその対になるアニオン分子（X）もしくは電子を受け入れやすいアクセプター（A）とカチオンからなる電荷移動塩である．ドナーやアクセプターが分離積層型に分子配列することによってカラム状もしくはシート状の低次元的な構造ができる．このため HOMO，LUMO の分子軌道から開放された π 電子が1次元もしくは2次元的な伝導電子系を形成し，興味深い電気的，磁気的性質が現れる．このような物質系の中で，最も研究が進められているのは BEDT-TTF（略称 ET）と呼ばれるドナー分子から構成される物質群である．図1のような2次元的に配列した層内で様々なタイプの配列パターン（図2）をとるが，その中でも κ 型とよばれる一連の構造をもつ物質ではドナー分子が強い二量体構造をもって配列する．この二量体を構造単位として考えると，二量体あたりホールが一個入った状態になる．金属状態になってエネルギーバンドを作るとそのバンドの半分まで電子の詰まったハーフフィリングの状態になる．このような状況下で，電子と電子の間にクーロン相互作用が強く働くとバンド的な描像が壊れ Mott 絶縁体状態になる．

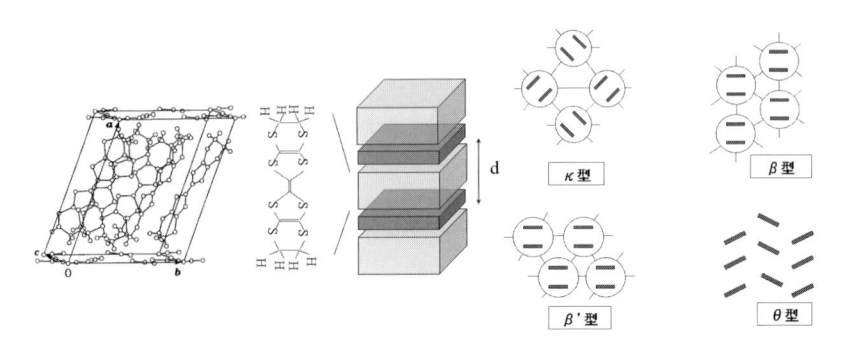

図1　分子性伝導体の2次元層状構造　　図2　ドナー分子の配列パターンの例

第7節 水素結合ネットワークを含む超伝導体の構造効果と電子物性

BEDT-TTFからなる超伝導体は，このようなMott絶縁体状態に近いところにある金属状態で発現し，10Kを越すような転移温度をもつ超伝導体が存在することが知られている．電子同士の間の相互作用が超伝導の形成機構に直接関係している物質と考えられる．分子性化合物の一連の物質の中で，アニオン層内に水分子を含むような化合物として，$(BEDT-TTF)_3Cl_2(H_2O)_2$[5]，$(BEDT-TTF)_2Cl_2(H_2O)_4$[6]，$(BEDT-TTF)_3Br_2(H_2O)_2$[7]などいくつかの物質が知られているが，ここでは$\kappa\text{-}(BEDT-TTF)_2Ag(CN)_2H_2O$という絶縁体層の中に水分子を含む超伝導体に注目する．κ型の分子配列をとると同時に，図3のようにアニオンである$Ag(CN)_2^-$が水分子の水素結合を利用してネットワークを形成することが森らの構造解析によって明らかになっている[8-10]．

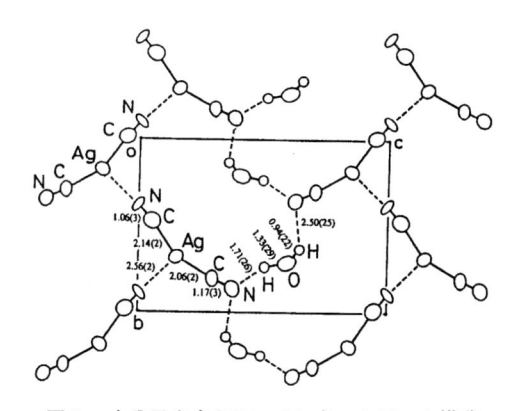

図3 水分子を含むアニオンネットワーク構造

この物質の低温領域での熱容量の温度依存性を示したのが図4である．水を含みながら化合物は安定であり，黒色の板状結晶が形成される．水分量の経時変化もほとんどなく，結晶の状態で緩和型熱容量測定システムの試料ステージの搭載が可能である．一般に金属状態にある物質の低温での熱容量は温度に比例する電子熱容量と，温度の3乗に比例し，Debyeの格子振動モデルによってよく説明することができるフォノン熱容量の和で表すことができる．低温のデータを使って，図5のようなC_pT^{-1} vs T^2のプロットを行い絶

対零度まで直線的に外挿した切片が電子熱容量係数 γ, 傾き β が格子振動を特徴づける Debye 温度と関係する. 超伝導の相転移が 5K に起こっていることがわかる. 図に外部磁場が 0T の場合と 8T の場合を示しているが, 磁場の印加によって 0T にあった超伝導相転移による熱異常は抑制され, 常伝導状態へと変化している. 低温領域をより拡大してみると, 磁場印加によって作られた伝導状態での電子熱容量係数 γ は $30 \mathrm{mJK^{-2}mol^{-1}}$ となり一連の κ 型超伝導体と比較的近い値となっている.

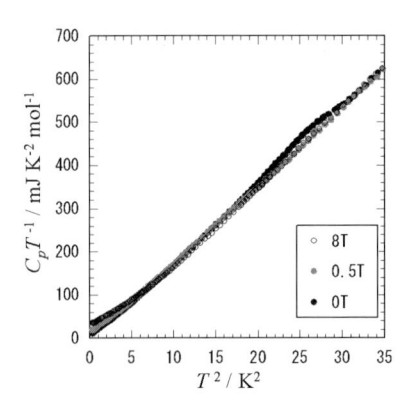

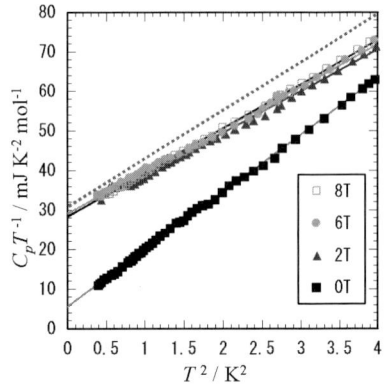

図4　低温熱容量の温度依存性　　図5　電子熱容量係数と格子熱容量の傾き

超伝導状態中での 0T のデータの低温側 (図5) を見てみるとこの状態でも C_pT^{-1} の 0K への外挿値が $5 \mathrm{mJK^{-2}mol^{-1}}$ という大きな値になることがわかる. このように超伝導状態中で観測される電子熱容量係数を特に $γ^*$ と呼ぶ. 一般に超伝導状態になると, 電子が spin singlet の対をつくり安定化する. そのため, Fermi 面付近にエネルギーギャップが形成される. それを反映して, 熱力学量はギャップ構造がある場合に特徴的な活性化型の振る舞いになり, 電子熱容量も比較的高い温度から急速にゼロに向かって減衰する. このように超伝導状態中にあたかも金属状態のような電子熱容量の寄与が残ることはこの超伝導が従来型の BCS 理論で記述される超伝導でない可能性が高

第7節 水素結合ネットワークを含む超伝導体の構造効果と電子物性

いことを意味している．電子対の波動関数がd波のようなノードをもつような場合には，エネルギーギャップがk空間で異方的になり点状，あるいは線状のゼロノードが存在し，その周辺付近で有限の電子状態密度が誘起される．この物質のγ*項はこのようなd波の性質と関係したものである可能性があるといえる．超伝導転移のバルク性や転移の鋭い純良結晶の測定でもほとんど試料依存性がなく同様の結果が得られている．d波超伝導体が形成されているとしても，全体の電子の約1/6が超伝導にならずに常伝導状態として混在していることを意味しておりその理由は超伝導の対形成を引き起こす強相関的な機構と，コヒーレントな電気伝導を作り出すバンド的な機構の競合関係によって超伝導電子と常伝導電子の共存状態ができているためだと考えられる．

　水を包含したアニオン層の存在は2.の③のように，この2次元の強相関超伝導を引き起こすドナー層への体積効果として働く．この物質で見られる面白い側面として，格子熱容量が試料の冷やし方によって異なる点が挙げられる．電子物性の冷却速度による変化は，分子性化合物の中でいくつか知られている．上記のκ型BEDT-TTF塩は，横軸を圧力，縦軸を温度にとった状態図を書くと超伝導相は反強磁性絶縁体相に隣接して存在する[9]．ここでいう圧力は外部から印加する圧力のことであるが，この境界付近に存在するκ-$(d_8;$ BEDT-TTF$)_2$Cu$[N(CN)_2]$Brでは冷却速度の相違によって結晶内で分子配列の乱れた凍結に由来する化学圧力効果によって超伝導相から絶縁体相に変化していくことが知られている．水を含むネットワーク構造をもつ物質では，そのような構造的な乱れの効果がより顕著になることが期待される．図5の破線は冷却速度を10Kmin^{-1}で冷やした試料での熱容量の値を示している．C_pT^{-1} vs T^2のプロットであるためその傾きはT^3に比例するDebyeモデルの低温極限に相当するが，急冷した試料では水素結合ネットワークの乱れにより低エネルギーでのフォノンに大きく寄与していることがわかる．層内で水素結合系のつくる緩やかなネットワーク構造は，変容しやすい格子構造をつくりフォノン構造に大きな影響を与えている．冷却速度によって低温まで生き残っている分子の運動をガラス的に凍結させ電子系に体積効果を与え

ることは分子性化合物で比較的行われているが，水素結合ネットワークをもつ物質ではその効果がより顕著に現れることになる．

超伝導転移点近傍での電子熱容量の温度依存性を示したのが図6である．一連のκ型の構造をもつ物質群の超伝導転移と比較するため横軸をT_cでスケールしてプロットしてある．10Kに近い転移温度を与えるκ-(BEDT-TTF)$_2$Cu(NCS)$_2$, κ-(BEDT-TTF)$_2$Cu[N(CN)$_2$]Brは，ピークがシャープであり強結合的な振る舞いになるが，この物質の相転移ピークは比較的分子場的な構造になり，低温領域はC_pT^{-1}が温度に対して直線的な振る舞いになる．このような転移点より低温側での温度依存性はd波的な超伝導体の特徴となる．

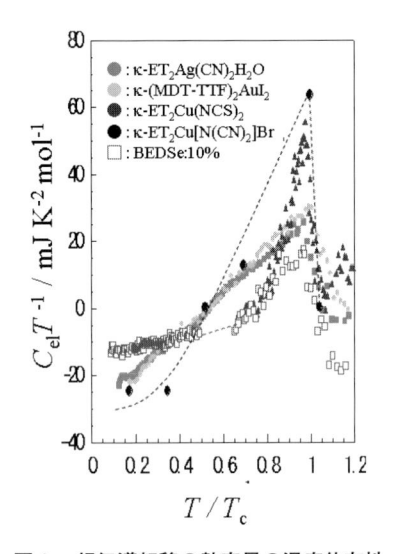

図6 超伝導転移の熱容量の温度依存性

4．層間に水を取り込んだ2次元超伝導体

2次元的な構造をもつ無機金属間化合物でも水を層間に取り込むことによって超伝導を示す物質が存在する．2003年に高田，桜井，室町らは

第7節　水素結合ネットワークを含む超伝導体の構造効果と電子物性

Na_xCoO_2 という二次元構造をもつ金属間化合物に水を取り込ませることによって層間距離を広げ，同時に水の量と Na の量を制御し，図7のように 5K で超伝導転移をする物質を見いだした[12]．もともとの母物質は三角格子状の CoO_2 のシート構造を持ち，CoO_2 層間に Na イオンが存在する．Na が 100%では Co は+3 の低スピンで磁性を持たないが，Na が減少していくと Co が一部+4 価になりスピン S=1/2 の半充填状態になる．酸化物超伝導体を構成する CuO_2 面や前項で考えた分子性化合物の二量体ドナー層とよく似た電子状態になる．図7（右）のように Na イオンの周りに水分子が4配位をとりながら配置し，水分子のプロトンは CoO_2 面の酸素と水素結合を形成する．Na 層と CoO_2 層の間に水の層をつくることで二次元面間の距離を広げる．水の含有量を変化させると Na イオンの組成も変化し CoO_2 面のキャリア量の変化が起こる．水素結合が面間の距離を調整すると同時に，面内のキャリア量をコントロールするという意味で，水が 2. の①，②の機能を果たしている物質であるといえる[13]．この超伝導体のエネルギーギャップ構造や，超伝導対形成機構に関しては未だに議論が分かれるところであり，現在も様々な角度から世界中で実験が進められている．

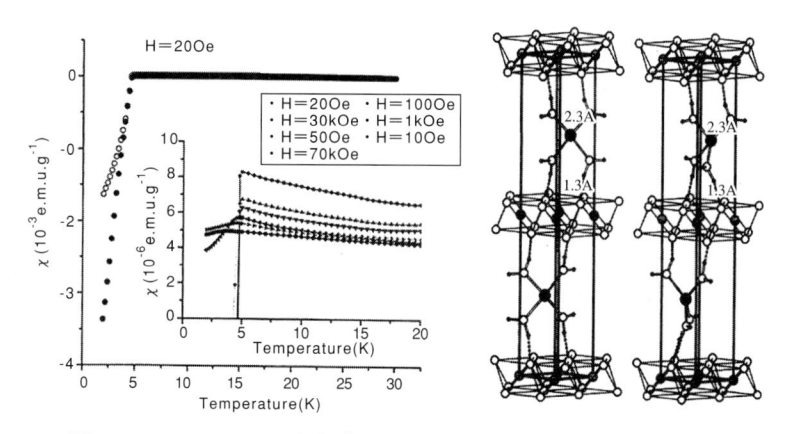

図7　$Na_xCoO_2yH_2O$ の超伝導と H_2O 分子を取り込んだ二次元的構造

類似物質としてTaS$_2$などの典型的な2次元層状物質を母物質とした物質系でも超伝導が報告されている．M$_x$TaS$_2$・yH$_2$Oという組成の物質であるが，TaS$_2$の層間にNa, Mn, 希土類などの金属カチオンと水を入れた物質系がD. C. Jonstonらによって報告されている[14]．この物質の場合には金属カチオンがNaだけでなく遷移金属，希土類元素など+2，+3価のカチオンが入る．価数に応じてxの値が（Na: x = 1/3, Mn: x = 1/6, Y, La, Gd: x = 1/9,）のようになり，一部の物質で転移温度はT_c = 3Kと報告されているが，水が果たす役割は上記のNa$_x$CoO$_2$とよく似ている．

このように超伝導物質の設計や，その構造制御，電子状態の制御に水分子の持つ独特の構造構築機能が発揮されている．水は，分子量の少ない分子でありながら，比較的大きな空間を占め，様々な外的条件によって変化する空間や場を与える．物質設計や合成の進展とともに，電子物性を制御可能な構造変化を数多く引き起こす物質という意味で，今後も研究が展開していくと思われる．

参考文献

1) 『水の構造と物性』W. J. カウズマン，D. アイゼンバーグ著，関集三，松尾隆祐訳，みすず書房
2) 『氷の化学物理』N. H. フレッチャー著，前野紀一訳，共立出版
3) 『低次元導体』鹿児島誠一，三本木孝，長沢博，高橋利宏著，掌華房
4) Organic Superconductor T. Ishiguro, K. Yamaji, and G. Saito, Springer
5) R. N. Lyubovskaya, E. I Zhilyaeva, S. I. Pesotskii, R. B. Lyubovskii, L. O. Atovmuan, O. A. D'yachenko, T. I. Takhirov, JETP Lett. 46（1988）188.
6) R. N. Lyubovskaya, E. I Zhilyaeva, A. V. Zvarykina, V. N. Laukhin, R. B. Lyubovskii, S. I. Pesotskii JETP Lett. 45（1987）530.
7) J. E. Schirber, D. L. Overmyer, E. L. Venturini, H. H. Wang, K. D. Carlson, W. K. Kwok, S. Kleinjan, J. M. Williams, Physica C 161（1989）412.
8) H. Mori, I. Hirabayashi, S. Tanaka, T. Mori, and H. Inokuchi, Solid StateCommun. 76（1990）35.
9) H. Mori, I. Hirabayashi, S. Tanaka, T. Mori, Y. Maruyama, and H. Inokuchi, Synthetic Metals 41-43（1991）2255.
10) H. Mori, I. Hirabayashi, S. Tanaka, T. Mori, Y. Maruyama, and H. Inokuchi, Synthetoc

Metals 55-57 (1993) 2437.
11) F. Kagawa, K. Miyagawa, and K. Kanoda, Nature 436 (2005) 534.
12) K. Takada, H. Sakurai, E. Takayama-Muromachi. F. Izumi, R. A. Dilanlan, and T. Sasaki, Nature 422 (2003) 53-55.
13) J. D. Jorgensen. M. Avdeev, D. G. Hinks, J. C. Burley, and S. Short, Phys. Rev. B68 (2003) 214517.
14) D.C. Johnston and B. W. Keelan, Solid State Commun. 52 (1984) 631.

第 8 節
タンパク質から水へのエネルギー散逸

理学研究科　化学専攻
水谷泰久

1. はじめに

　光化学反応においては，与えられた光エネルギーがすべて化学反応には使われない場合や，無輻射遷移が起きる場合では，余剰のエネルギーが分子の振動エネルギー準位に抱え込まれている場合がしばしばある．液相中では，このようなエネルギーは，分子内，分子間の平衡化過程を経て散逸し，分子は平衡状態へ戻る．タンパク質の中で余剰のエネルギーが生じたとき，それはどのように散逸していくのだろうか？　これは，純粋に物理化学として面白い問題であると同時に，タンパク質中で起きる反応やその動的性質を考えるうえでもまた重要な問題である．最近，タンパク質からのエネルギー散逸に溶媒との間の水素結合が重要な役割を果たしていることがわかってきた．

　ヘムタンパク質を対象にした振動エネルギー緩和の研究がこの 20 年間にいくつか行われた[1]．ヘムタンパク質とは補欠分子族として鉄ポルフィリン錯体の一種であるヘムを含むタンパク質の総称である．ヘムを含め，一般に鉄ポルフィリン錯体は，電子励起状態の寿命が非常に短く，無輻射的に電子基底状態へと内部転換する[2]．そのため，大きな電子エネルギーが，すばやく電子基底状態の振動準位に流れ込み，分子は振動励起される．また，一酸化炭素などの光解離反応などでも，与えられた光子エネルギーの方が鉄－配位子間の結合エネルギーよりも大きいため（可視光の場合約 2 倍），余ったエネルギーによって同様に振動励起が起こる．その後，このエネルギーは，ヘムからタンパク質，そして水と伝わっていき，やがては初期の平衡状態へと戻る．したがって，この三者から構成されるシステムをタンパク質のエネルギー移動を調べる一つの基本系と考えることができる．

　本節では，基本的なヘムタンパク質の一つであるミオグロビン (Mb) の

研究をとりあげる．Mbは脊椎動物の筋肉細胞にあるタンパク質である．単量体タンパク質で，8本のαヘリックスから構成され，2つのヘリックスに挟まれた疎水性ポケットにヘムをもつ．Mbのヘムの周辺には水素結合ネットワークが形成されていることが知られている．ヘムのもつ2本のプロピオン酸基も図1に示すように周囲のアミノ酸残基や溶媒の水と水素結合を作り，このネットワークに関与している．このネットワークパターンは種を越えて保存されており，ミオグロビンの機能に重要な役割を果たしていると考えられている．最近，プロピオン酸基の作る水素結合がヘムの振動エネルギー緩和に重要な役割を果たしているということが我々を含むいくつかの研究グループの研究から明らかになってきた．ここでは，我々の研究を中心に最近のこの分野の研究成果を紹介する．

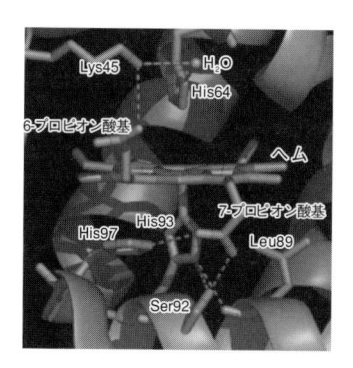

図1 ミオグロビンのヘム周辺に形成されている水素結合ネットワーク

2. ヘムの振動エネルギー緩和

　ヘムの振動エネルギー緩和が注目されたのは，1987年にHenryらがこの現象について分子動力学シミュレーションを行ったことに始まる[3]．そもそもの動機は，振動励起や緩和過程は反応中間体のスペクトルやそのキネティクスを変化させる可能性があるため，高速分光の実験結果の解釈に，振動エネルギー緩和を考慮しなければならないことを指摘することであった．彼らは分子動力学シミュレーションで，Mbやチトクロム c に可視パル

スに相当する運動エネルギーを瞬間的に与え，そのエネルギーがその後どのように周囲のタンパク質に散逸していくかについて調べた．彼らの結果によると，どちらのタンパク質の場合も緩和は二相性を示し，その時定数は 1-4 ピコ秒（50%）と 20-40 ピコ秒（50%）であった．その後，この現象は 90 年代前半に時間分解共鳴ラマン分光法を用いて，2 つのグループによって調べられた．Lingle Jr. らはアンチストークス線の強度を遅延時間に対して調べ，緩和の時定数として 2-5 ピコ秒という値を報告した[4]．また，Petrich らはヘムのラマンバンドの位置が初期の数ピコ秒で高波数側へとシフトすることに着目した[5]．彼らはこれを振動エネルギー緩和によるシフトと解釈し，それを基に緩和は 30 ピコ秒で終わることを報告した．また，Li らはナノ秒パルスによる間接的な測定により，緩和の時定数を 4 ピコ秒以下と見積もった[6]．どちらの結果も，先の Henry のシミュレーションの結果がオーダーとして合っていることをサポートしていたが，データの質が十分ではなく，それを超える結論は導き出せなかった．

　我々は，より安定したピコ秒の光源システムを開発し[7]，この問題に応用した[8]．その結果を，図 2 に示す．これは，ヘムに結合した一酸化炭素を 540nm パルスで解離させた時のヘムのラマンスペクトル変化をピコ秒の時間分解能で調べたものである．(A) はストークススペクトルで，各時刻における実測スペクトルから未反応分のスペクトルを差し引いた差スペクトルとして示してある．下に示した 5 配位型（deoxyMb）のスペクトルと時間分解スペクトルとを比べると，v_4 モードなどのバンド強度が光励起とともに立ち上がり，解離後のヘムの構造変化は非常にすばやく（この装置では区別できないくらいに）起こっていることがわかる．すなわち，この結果は光解離がサブピコ秒で起こり，その後の再結合過程は非常に遅いという，よく知られた事実と一致する．一方，同じ過程をアンチストークス側で見たものが図 2 (B) で，数ピコ秒でストークス側と同じく v_4 などが観測されるが，これらの強度はピコ秒領域で減衰していき，50 ピコ秒ではほとんどなくなってしまう．ここで重要なことは，このような減衰がアンチストークス側でしか見られなかったということで，このことはヘムの振動エネルギー緩和に対応し

ている．これらの強度変化の様子をわかりやすく見るために，面積強度を遅延時間に対してプロットしたものが図3である．アンチストークスの結果は1.9±0.6 ピコ秒（93%）と 16±9 ピコ秒（7%）の時定数をもつ指数関数でうまく表現できた．一つのモードの中でボルツマン分布が成り立つと仮定して，これらの時定数を温度の冷却定数に換算すると，それぞれ3.0±1.0 ピコ秒と 25±14 ピコ秒になる．この結果は，Henry らの分子動力学シミュレーションとよく合う．しかし，その成分比はかなり異なる．この差は分子動力学シミュレーションでは溶媒（水）が含まれていないことに起因すると考えられる．その後の彼らの溶媒を含めた計算結果では，確かに速い成分が大きくなっている[1]．この結果は，溶媒である水が効率的なヒートシンクとして働くことを示唆している．

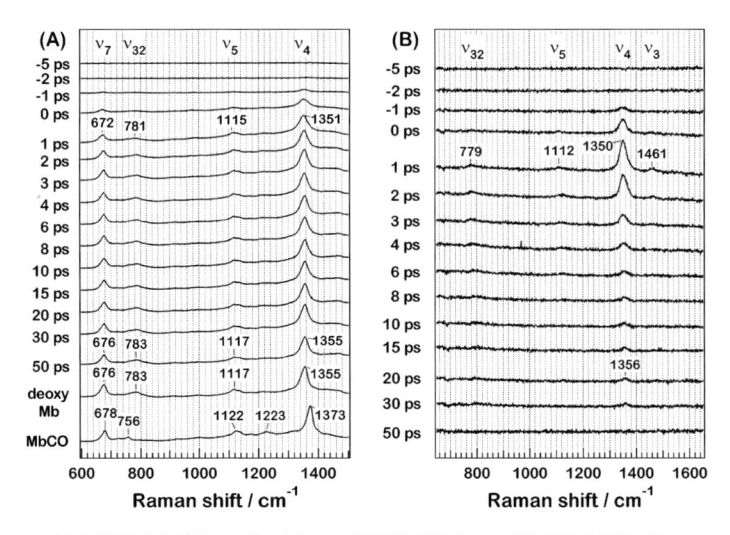

図2 一酸化炭素結合形ミオグロビンの光解離過程のピコ秒時間分解共鳴ラマンスペクトル．ポンプ光，プローブ光の波長はそれぞれ 540 nm，435 nm で相互相関幅は 2.3 ピコ秒．（A）ストークススペクトル，平衡状態の一酸化炭素結合形と解離形のスペクトルもあわせて示す．（B）アンチストークススペクトル．（文献8より転写）

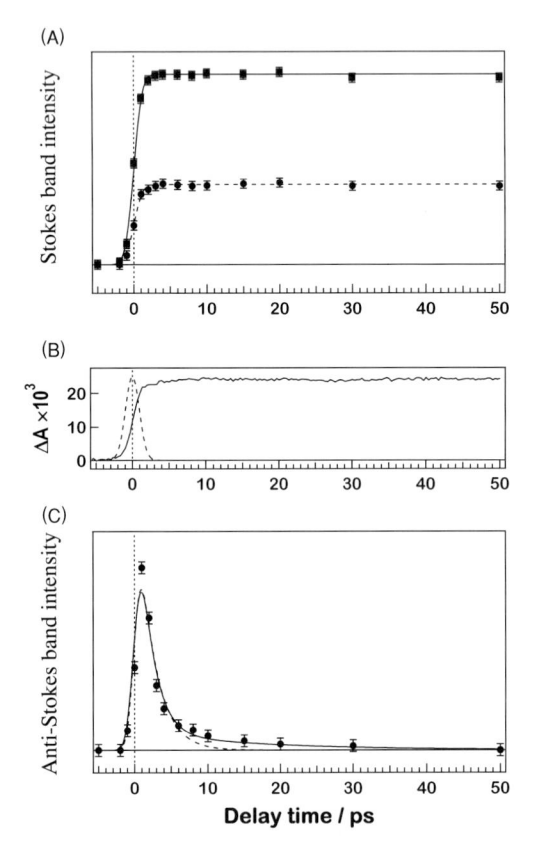

図3 (A) 図3のストークス ν_4 (■印) および ν_7 バンド強度 (●印) を遅延時間に対してプロットしたもの．(B) 一酸化炭素結合形ミオグロビンの 435 nm での吸光度変化．点線は装置の応答関数を表す．(C) 図9のアンチストークス ν_4 バンド強度 (●印) を遅延時間に対してプロットしたもの．破線は強度の減衰を単一の指数関数でフィットした結果，実線は二つの指数関数でフィットした結果を表している．(文献8より転写)

3. タンパク質から水への振動エネルギー散逸

ヘムから散逸したエネルギーは，最終的に溶媒である水へと伝わる．このことを最初に実験的に示したのは Anfinrud らである[9]．彼らは，CO 結合形ヘモグロビンを光解離した際に，2100 cm^{-1} 付近の水（この場合は重水）によ

る赤外吸収が変化することを見つけた．この後，Lian らは，この変化の時間変化を詳細に調べた[10]．その結果，水の温度上昇は二成分によって説明でき，それらの時定数は 7.5 ピコ秒（60%）と 20 ピコ秒（40%）であった．また，Miller らのグループは熱過渡回折格子法を使って，水の温度上昇を調べた[11]．この方法は熱的に駆動された体積膨張の音響成分を観測するもので，非常に小さな温度変化（$<10^{-4}$℃）を観測することができる．この測定から，エネルギーはタンパク質から水へ 20 ピコ秒内で散逸していることが明らかになった．これは，先ほど述べた Lian らの結果と矛盾しない．

　我々が得たヘムの振動エネルギー緩和の時定数は，Lian らの観測した値と近いがその成分比は異なる．したがって，2 種類の測定から得られた時定数がそれぞれ対応しているのではなくて，水にまでエネルギーが伝わってくる過程に 2 種類があると考える方が合理的である．彼らのモデル計算と我々の結果と考え合わせると，遅い方の成分は古典的な熱拡散によってうまく説明できる．それに対して，速い方の成分は，それ以外の速いエネルギー伝達機構を考えなければ説明できない．そのひとつとして，タンパク質の低波数振動が関与する異方的なエネルギー移動が考えられる．また，ヘムのもつ 2 本のプロピオン酸基は溶媒へ露出し，水分子と水素結合を形成していることから，プロピオン酸基を通じた，ヘムから溶媒への直接の流れがもう一つの経路として考えられる．溶媒である水へのエネルギーの流れは非常に効率よく起こるが，速い方の成分がいずれの経路によるものかは不明であった．

4．プロピオン酸基の役割

　我々の研究が契機となり，いくつかのグループから，分子動力学シミュレーションの計算結果が報告された．このうち，独立に 2 つのグループが，ヘムのプロピオン酸基が振動エネルギー緩和の重要な経路になっているというモデルを提案した[12-14]．Sagnella らは，デオキシ形 Mb の分子動力学シミュレーションの結果に基づいて，ヘムの余剰エネルギー散逸経路では，プロピオン酸基と溶媒の水との間の強い静電相互作用が最も重要であることを示唆した[14]．また，岡崎らは，分子動力学シミュレーションを用いて，ヘム

の振動周波数を基準振動解析により帰属した[13]．その結果，CO 光解離後 0〜50 ピコ秒で，プロピオン酸基の振動モードに多くのエネルギーが移動しているという計算結果を得た．Bu らは，2 つのプロピオン酸基を水素に置換したヘムを含む再構成 Mb と天然 Mb の緩和速度を分子動力学シミュレーションで比較した．その結果，再構成 Mb では緩和速度が 2 倍ほど遅くなり，再構成 Mb と天然 Mb で緩和速度に差がみられることを示した[12]．このように，いくつかの理論研究からエネルギー散逸に対するプロピオン酸基の寄与が示唆された．しかし，プロピオン酸基は溶媒に露出しているものの，果たして 2 本の置換基がそれほど効率的な経路になりうるかには疑問が残る．そこで我々は，このモデルを実験的に検証するために，プロピオン酸基をもたないエチオヘムを含む再構成 Mb と天然 Mb について振動エネルギー緩和速度を比較した[15]．

図 4 に，v_4 バンド，v_7 バンドについて，再構成 Mb と天然 Mb のアンチストークスラマンバンド強度変化の比較を示す．このデータをもとに，再構成 Mb，天然 Mb の振動緩和の時定数を求めた．表 1 に示すように，v_4 バンドについては，再構成 Mb と天然 Mb との間に有意な差は認められなかったが，v_7 バンドでは，再構成 Mb の緩和の方が約 4 倍遅いという結果が得られた[16]．このことは，Mb のヘムの振動エネルギー緩和にプロピオン酸基が関わっていることを示している．ヘムの振動エネルギー緩和が，プロピオン酸基の切断により大きく影響を受けることを直接観測したのは，本研究が初めてである．この結果は，プロピオン酸基が溶媒の水分子とカップルし，余剰エネルギーの散逸に関わっているというこれまでの理論研究の結果[12-14]を支持する．我々は次に，2 本のプロピオン酸基のいずれか一方を欠くヘムで再構成した Mb の振動エネルギー緩和過程を調べた[17]．v_7 バンドの強度変化の時定数は，どちらのプロピオン酸基を欠いている場合でもほぼ同じで，約 5 ピコ秒であった．この値は，天然 Mb の場合より大きく，両方のプロピオン酸基のない再構成 Mb の場合より小さい．このことは，2 つのプロピオン酸基にはほぼ等しくエネルギーが散逸していることを意味している．

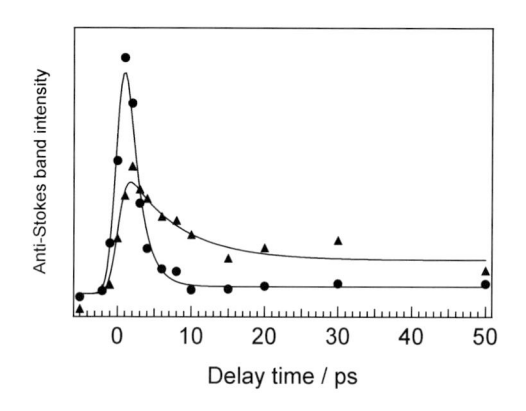

図4 再構成ミオグロビンのアンチストークスバンド強度の時間変化.（●印）アンチストークスν_4バンド強度,（▲印）アンチストークスν_7バンド強度.（文献15より転写）

表1 アンチストークスバンド強度減衰の時定数

	ν_4/ps	ν_7/ps
再構成 Mb	1.7 ± 0.2	7.0 ± 1.9
天然 Mb	1.2 ± 0.4	1.8 ± 0.4

5. まとめ

　ピコ秒時間分解共鳴ラマン分光法を使った研究により，ヘムタンパク質の振動エネルギー緩和の様子が明らかになってきた．ヘムに蓄えられたエネルギーは非常に効率よく溶媒である水に散逸するが，このときにヘムのプロピオン酸基が重要な経路として働く．本節ではヘムから溶媒への直接の経路を主に述べたが，ヘムの余剰エネルギーはタンパク質部分にも流れているはずである．タンパク質部分へのエネルギーの流れを観測するためには，タンパク質部分の振動スペクトルを測定することが必要である．紫外光を用いると，共鳴効果によって芳香族アミノ酸残基，ペプチド基の振動モードが選択的に観測できる．この特色を利用すると，タンパク質内部のエネルギー散逸経路を直接調べることができると期待される．タンパク質部分の時間分解ア

ンチストークススペクトルがピコ秒の時間分解能で得られれば，タンパク質のどの部位にどれくらいのエネルギーが流れているかがわかり緩和のメカニズムについて理解が深まるに違いない．最近我々は，ピコ秒紫外パルスを使った時間分解共鳴ラマン分光装置を開発し，タンパク質の超高速構造ダイナミクスの研究に用いている．この手法をタンパク質の振動エネルギー緩和の観測に適用することを計画している．

謝辞

この中で紹介した我々の研究成果は，引用文献にあげた多くの方々との共同研究の成果である．共同研究者の方々に感謝の意を表したい．

参考文献

1) R. J. D. Miller, *Ann. Rev. Phys. Chem.* **42**, 581 (1991); R. J. D. Miller, *Acc. Chem. Res.* **27**, 145 (1994).
2) J. R. Andrews and R. M. Hochstrasser, *Proc. Natl. Acad. Sci. USA* **77** (6), 3110 (1980).
3) E. R. Henry, W. A. Eaton, and R. M. Hochstrasser, *Proc. Natl. Acad. Sci. USA* **83** (23), 8982 (1986).
4) R. Lingle, Jr., X. Xu, H. Zhu, S.-C. Yu, and J. B. Hopkins, *J. Phys. Chem.* **95**, 9320 (1991).
5) J. W. Petrich, J. L. Martin, D. Houde, C. Poyart, and A. Orszag, *Biochemistry* **26**, 7914 (1987).
6) P. Li, J. T. Sage, and P. M. Champion, *J. Chem. Phys.* **97**, 3214 (1992).
7) Y. Uesugi, Y. Mizutani, and T. Kitagawa, *Rev. Sci. Instrum.* **68**, 4001 (1997).
8) Y. Mizutani and T. Kitagawa, *Science* **278**, 443 (1997).
9) P. A. Anfinrud, C. Han, and R. M. Hochstrasser, *Proc. Natl. Acad. Sci. USA* **86**, 8387 (1989).
10) T. Lian, B. Locke, Y. Kholodenko, and R. M. Hochstrasser, *J. Phys. Chem.* **98**, 11648 (1994).
11) L. Genberg, Q. Bao, S. Gracewski, and R. J. D. Miller, *Chem. Phys.* **131**, 81 (1989).
12) L. Bu and J. E. Straub, *J. Phys. Chem. B* **107**, 10634 (2003).
13) I. Okazaki, Y. Hara, and M. Nagaoka, *Chem. Phys. Lett.* **337**, 151 (2001).
14) D. E. Sagnella and J. E. Straub, *J. Phys. Chem. B* **105**, 7057 (2001).
15) M. Koyama, S. Neya, and Y. Mizutani, *Chem. Phys. Lett.* **430** (4-6), 404 (2006).
16) ν_4, ν_7モードは，ともにヘムの面内振動で全対称モードである．ν_4モードはヘムのピロール環の呼吸振動を主に含むが，一方，ν_7モードは主に16原子からなる分

子内大員環の呼吸振動であり,非局在化した性質をもつ.このため,ν_7モードの方が周囲の環境とカップルしやすいと考えられる.

17) Y. Gao, M. Koyama, S. F. El-Mashtoly, T. Hayashi, K. Harada, Y. Mizutani, and T. Kitagawa, *Chem. Phys. Lett.* **429**（1-3）, 239（2006）.

第9節
水の物理化学と地球・生命のダイナミクス

理学研究科　宇宙地球科学専攻
中嶋　悟

1. はじめに―地球と生命における水の役割―

　地球内部の水は，地球の動的な過程を大きく支配していると考えられている．すなわち水は地球内部物質の粘性・強度や拡散の速さに大きく影響し，プレートのもぐりこみ，脱水，マグマの発生と火山噴火，岩石の変形・変成作用，地震の発生，流体と物質の移動，資源の集積，さらには環境汚染といった動的過程の基礎物性を左右している[1-5]（図1）．
　我々生命体の構成単位の細胞は，その重量の約60～70%が水である．細胞の中の多くの成分は水に溶けた状態で存在し，またタンパク質，DNA・RNA，生体膜などの生体高分子の立体構造や機能は，水溶液中での柔軟な水素結合によって担われている[5-7]．
　このような地球と生命内部の水の挙動を理解するため，まず水の物理化学と構造を見直した後，地球内部の水の状態と分布の実例を紹介し，次いで，結晶粒界薄膜水が氷に近い「かたい」ものである可能性を指摘し，地殻深部の「かたい」水が地震発生の原因となり得るという新しい仮説を紹介する．また，このような構造化した水という概念は，生体内の生体高分子の結合水と呼ばれるものにも対応することについても紹介する．最後に，新しいナノスケールの分析手法としての非線形顕微分光法の開発など，今後の展望にも言及する．

2. 水の物理化学と構造モデル

　水は2つの水素原子（H）と1つの酸素原子（O）からなる水分子（H_2O）が集まってできる物質であり，熱容量が大きい，イオンをよく溶かす，凍る

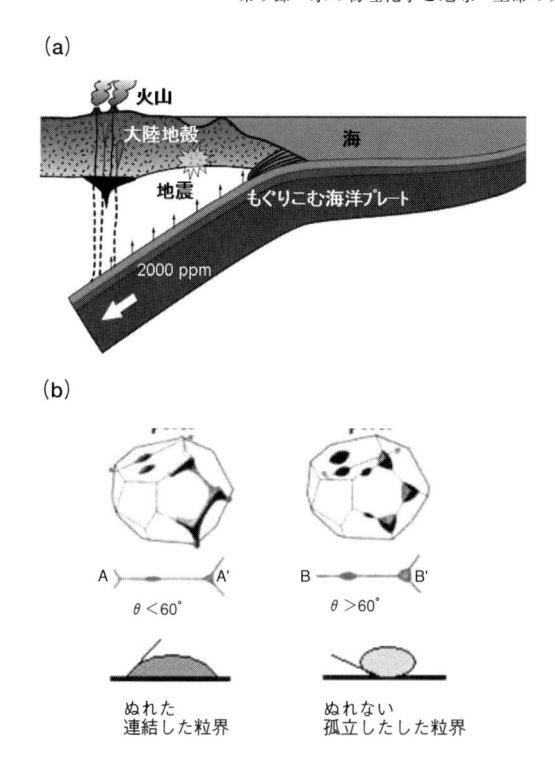

図1　(a) 地球表層のダイナミクスと水の役割，(b) 岩石構成鉱物粒界の流体のぬれ

と体積が増える，大きな表面張力を持つなどの特異な性質を持つが，これは水分子同士が水素結合でネットワーク（クラスター）を作ることによると考えられている[8]．水分子内では，電気陰性度の違いにより酸素が水素から電子を少し引き寄せ，水素分子がプラスに，また酸素原子がマイナスに帯電している．水分子同士はこれらのプラスとマイナスの電荷により引きつけられ，いわゆる水素結合を作る．水分子1つに対して，最大4つの水分子が水素結合を作り4面体構造をなすことができ，水の中では，この水素結合が3次元的なネットワークを作っていると考えられている（図2b）．氷では規則正しいネットワーク構造をなしているが，液体の水ではいくつかの水素結合

第1章 水を科学する

が切れ，乱れたネットワーク構造をなしていると考えられている[8]．このような水の構造の詳細なモデルと物性との対比については，これまで様々な努力がなされてきたが，近年分子シミュレーション手法の発展などにより，より具体的な描像が得られるようになってきた．たとえば，水素結合ネットワークでつながった水分子の集合体（クラスター）の様々なサイズ（2個から280個[7]程度まで）のものが報告されている．

水分子の O-H の伸縮振動（対称，非対称）の赤外吸収極大位置は，水素結合距離が短くなるに伴って，低波数（周波数）側にシフトすることが知られている[9]．液体水の赤外吸収帯は 3400 cm^{-1} 付近に非常に幅広く（図2a），上記の水の構造モデルと対比すると，平均水素結合距離の異なる様々な水分子クラスターが混在していると解釈することができる．氷では，赤外吸収極大

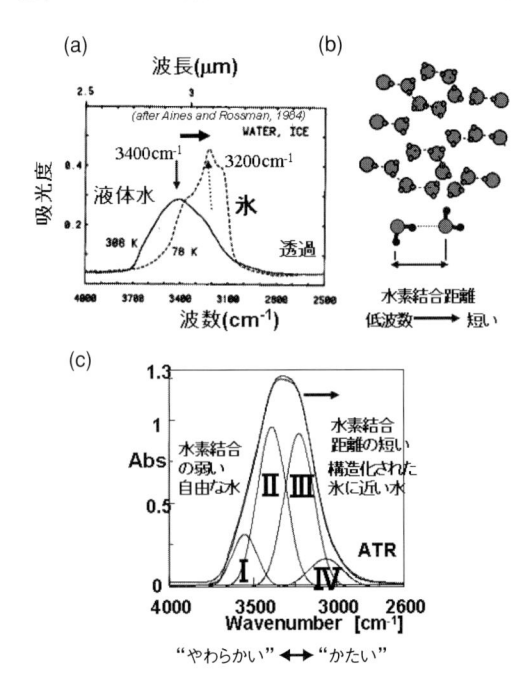

図2 (a) 水と氷の赤外吸収スペクトル（透過法），(b) 水の水素結合ネットワークモデル，(c) 水の赤外吸収帯（減衰全反射 ATR 法）の4成分モデルと「かたい」水

位置が $3200cm^{-1}$ 付近へ移動し（図2a），水素結合距離がより短くなっていると考えられる．我々は，液体水の $3400cm^{-1}$ 付近の幅広い赤外吸収帯を，平均水素結合距離の異なる4つの成分の混合で表すことができると考えている[5]（図2c）．

最近の分子シミュレーションや実験では，疎水性の表面や細孔中では，水分子は通常の液体水より氷に近い秩序だった構造をとっているとされている[10]．このような氷に似た制約された構造の水は，バルクの水（自由水）とは異なる物性を持つと考えられるので，ここでは，これを「かたい水」と呼ぶことにする（図2c）．このような構造化された水は数 nm 程度の領域のみに現われ，「超」薄膜水の特異な物性だと考えられてきた．しかし，後に述べるように，結晶の表面構造によっては，約 200nm 程度の薄膜水から，このような「かたい」性質が目立つようになる[5]．

3. 地球内部の水の分布—水は結晶粒界に存在する！？—
3.1 岩石中の水の存在形態

さて，地球を構成する多結晶体物質すなわち岩石中では，これまでの赤外分光などによる観測結果に基づくと，水の存在形態は以下のように分類される（多結晶石英での例）[4,5]（図3）．

(1) 結晶構造内部の欠陥や転位に伴う OH（石英では Si を不純物の Al が置換したため Al-OH となったものなど）（$3380cm^{-1}$ 付近）
(2) 結晶中にとりこまれた流体包有物としての水（常温では液体の水に近い）（$3400cm^{-1}$ の幅広い吸収帯）
(3) 多結晶体の広い結晶粒界などの間隙に存在する水（間隙水；間隙に存在する分子状の水 H_2O）（$3400cm^{-1}$ の幅広い吸収帯）
(4) 多結晶体結晶粒界などの表面の OH 基（3550-$3600cm^{-1}$ 付近）
(5) 多結晶体の結晶粒界に水素結合で束縛されている薄膜状の水（結晶粒界薄膜水；かたい）（3350-$3200cm^{-1}$）

このような様々な形態の水のうち，欠陥や転位に伴う水は，鉱物の塑性変形・流動に重要と考えられており，地球構成物質の「水軟化」の原因と推定

第1章 水を科学する

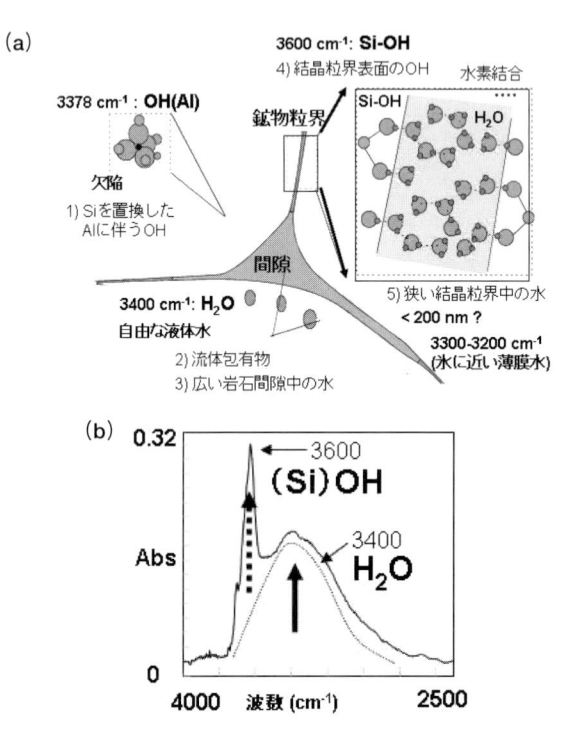

図3 (a) 岩石中の水の存在形態（珪質岩石の例），(b) 珪質岩石中の水の赤外吸収スペクトル

されている．また，間隙水や薄膜水は，物質の拡散や，また拡散が律速する圧力溶解による岩石の変形に重要と考えられている[5]．

3.2 地球深部物質中の水の分布

これら岩石中の水の分布を調べる手法として最適なものが，顕微赤外分光法である．顕微鏡下で岩石等の薄片試料を観察しながら，岩石中の水の状態と量を非破壊で測定できるためである．我々は，この手法の多結晶体への適用を続け，様々な岩石で分析を行ってきた[1-5]．最近では，地球深部の下部マントル物質中に，海水の5倍程度もの水が蓄えられる可能性を指摘した[11]．従来は地球深部物質の純粋な単結晶中にはあまり水が入らない場合が

第 9 節　水の物理化学と地球・生命のダイナミクス

多いとされてきたが，実際にプレートとともにもぐりこんでいく実在の岩石を超高圧高温状態にした下部マントル鉱物（ペロブスカイトやウスタイト）には，2000-3000ppm もの水が検出された．それは実在の岩石に存在する多様な不純物が，これら鉱物の中に OH を伴う欠陥として存在するためと考えられる．

　また，我々は実際にプレートが地下 200km 程度までもぐりこんだと推定される岩石（超高圧変成岩）中の水の分布を調べたところ，やはり鉱物（輝石など）中の欠陥として 2000 - 3000ppm 程度の水が含まれ，地球表層から地球深部へ多量の水が運ばれていることが確認できた[12]（図1）．これらの研究から，地球表層から内部への水の循環が定量化できるようになり，約 10 億年後には地球表層の水は枯渇してしまうとの予測もある[13]．

3.3　地球浅部物質中の水の分布

　一方，地球浅部の地殻中では，我々の顕微赤外分光測定の結果，変成度（主に温度，すなわち深度）が上昇するにつれ，多結晶石英中の水の量が減少した[5]．この変成岩中の水の分布を石英の平均粒径と対比した結果，含水量は粒径が増大するにつれ反比例的に減少し，1辺の長さが D の正 6 面体の結晶の集合体での単位体積あたりの粒界表面積 $3D^2/D^3 = 3/D$ を用いて，$3/D$ の関係式の粒界幅 $W = 10nm$ の理論曲線と非常によく一致した．したがって，多結晶石英集合体中の水は，主にその粒径に応じた粒界に保持されているという説明が可能となる[5]．地殻中の水が，このような結晶粒界に保持されているとすれば，地殻の水分布の定量的予測が，岩石組織から可能となろう．

3.4　結晶粒界面の水はかたい！？

　多結晶石英の結晶粒界移動実験で得られた試料の透過電子顕微鏡観察では，実験条件に応じて 10 から数百ナノメータ程度の幅の粒界が観察され，それら異なる幅の粒界の卓越する試料での顕微赤外スペクトルの水の吸収帯は，粒界幅の狭いものほど低波数（3290cm^{-1} 付近）側へシフトしていた[5]．氷の赤外スペクトルは，液体の水（自由水）（3400cm^{-1} の幅広い吸収帯）に比べて

低波数（3200cm^{-1}付近）側へシフトすることが知られており（図2a），これは，水分子間の水素結合距離の減少によると考えられる．したがって，岩石中の狭い粒界内の水は，水素結合距離の短い「かたい」ものと想像される．

4. 人工薄膜水の赤外スペクトル

多結晶からなる地球内部物質の動的過程においては，上記のような結晶粒界に存在する薄膜の水が重要な役割を果たしていると考えられる．したがって，この薄膜水の物理化学的な性質を直接測定することが必要である．そこで，まず人工的に薄膜水を作成して，その赤外スペクトルを測定した[3-5]（図4）．

まず，カバーグラスを2枚用い，この間にアルミ箔をはさんでくさび状薄膜を作る．このカバーグラス間に純水をはさんで，クリップ等でとめた．これを顕微赤外分光計の試料台におき，水の部分や水と空気の界面部分などを選んで，赤外スペクトルを測定した（図4a）．その結果，水の厚い層での赤外吸収ピークは3400cm^{-1}付近で自由水に近く，吸光度も1.1から0.5程度であったのに対して，水と空気の界面では吸収強度が減少し（薄膜水と考えられる），それとともにピーク位置が低波数側に，みかけ上3250cm^{-1}までシフトした．これは，吸収ピーク位置が低波数ほど，水素結合距離が短い水と考えられ，薄膜水の構造がより氷に近い「かたい」ものとなったことを示唆する．吸収ピーク位置を横軸に，そこでの吸収強度（吸光度）を縦軸にプロットしてみると，吸光度が1.1から0.5程度までは，波数は3400cm^{-1}付近であるが，その後吸光度が0.2程度では3350cm^{-1}程度までシフトし，吸光度が0.1未満では3250cm^{-1}程度まで至っている（図4b）．この赤外吸光度を，ランバート・ベールの法則により薄膜水の厚さに換算すると，赤外吸収ピーク位置は，厚さ約2.5ミクロンから1ミクロン程度までは自由水と同じ波数だが，500ナノメータ程度では3350cm^{-1}程度までシフトし，厚さ200ナノメータ未満では3250cm^{-1}程度まで至っている．したがって，数百ナノメータよりも狭い薄膜水の構造は，より氷に近い，「かたい」ものとなっている．白雲母や石英に対して同様の実験を行うと，薄膜水の「かたさ」は，異なる

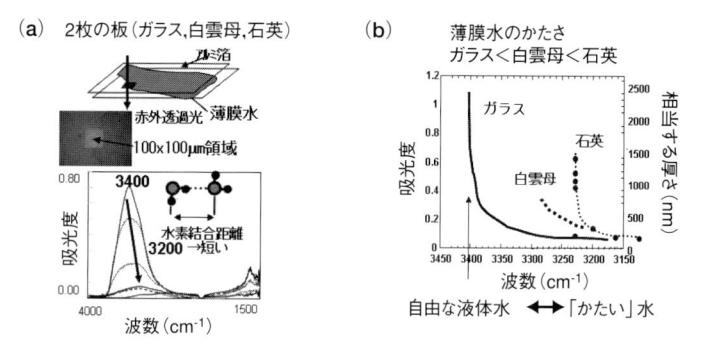

第9節　水の物理化学と地球・生命のダイナミクス

図4　(a) 人工薄膜水の赤外吸収スペクトル，(b) 薄膜水の赤外吸収極大位置と吸収強度

物質間の薄膜水によって異なることが示唆された．

　さらに詳細に薄膜水の赤外スペクトルを調べるため，ユトレヒト大学のグループと共同で次のような薄膜水その場観測セルを開発した[5,14]．CaF_2窓（平板結晶）の下にピラミッド型のNaCl結晶をおき，まわりをNaCl飽和溶液で満たし，NaCl結晶を下から変位を制御しながら加圧する．するとNaCl先端部分（CaF_2平板結晶との接触部分）に応力がかかり化学ポテンシャルが増大して，NaCl結晶が溶液に溶解する（圧力溶解という）．溶解したNaClは溶液内を拡散して別の場所でNaCl結晶に付着する．これが塩が埋没して岩塩になっていく過程である．砂から砂岩への過程も同じである．このような圧力溶解がくり返されると，接触部分に数百から50nm程度の厚さの薄膜水が生成する．そこで，この接触部分を赤外顕微鏡下で測定すると，薄膜水の赤外スペクトルの空間分布と時間変化が得られるのである．このような測定によって，NaClの（111）面では約200nm程度から薄い薄膜水では，赤外吸収帯のうち3250cm^{-1}付近の「かたい」成分が相対的に増大し，一方（100）面では変化が無いことが明らかとなった[5,14]．

　次に，顕微赤外分光計に冷却加熱ステージを設置して，CaF_2結晶板にはさまれた薄膜水の赤外吸収スペクトルを，室温から−50℃まで測定した[15]．3200cm^{-1}ピーク高さ/3400cm^{-1}ピーク高さの比を求めてみると，液体の水では約0.6，氷では約1.5となった（図5a）．室温から薄膜水を冷却していく

第1章　水を科学する

と，3200cm^{-1}/3400cm^{-1}ピーク高さ比は約0.6付近でほぼ一定であるが，−15℃から−25℃付近で急激に1.5程度に増加する．一方，この薄膜水を加熱していくと，3200cm^{-1}/3400cm^{-1}ピーク高さ比は約1.5程度を推移するが，0℃付近で急激に減少して約0.6に戻る（図5b）．この3200cm^{-1}/3400cm^{-1}ピーク高さ比の0.6から1.5への変化を，液体水から氷への相転移と考えると，薄膜水の転移温度（凝固点）は−15℃から−25℃まで低下していることになる．純水薄膜の厚さが約200nmの場合は，赤外吸収帯は図5cのように3400cm^{-1}から3200cm^{-1}まで広がった非常に幅広いものとなった．3200cm^{-1}/3400cm^{-1}ピーク高さ比は，20℃で約1であり，冷却してもその値はほとんど変化しなかった．この値は，液体水の値0.6と氷のそれ1.5の中間の値であり，液体水と氷の中間の構造，すなわち氷に近い水と考えることができる．この氷に近い薄膜水は冷却しても凍らない，すなわち相転移しないと考えられる．

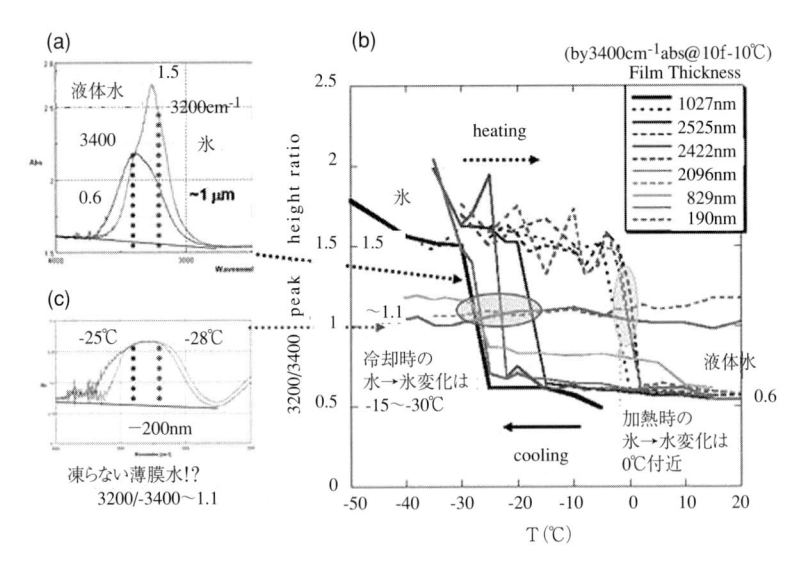

図5　(a) 2枚のCaF$_2$結晶板にはさまれた約1000 nmの純水薄膜のOH伸縮振動吸収帯（液体水と氷）と3200 cm^{-1}/3400 cm^{-1}ピーク高さ比，(b) 薄膜水の3200 cm^{-1}/3400 cm^{-1}ピーク高さ比の冷却・加熱（20℃から−50℃まで）による変化，(c) 約200 nmの厚さの薄膜水のOH吸収帯（−25℃と−28℃）

このように薄膜水は，約 200nm 程度からその構造が「かたく」なり，かつ物質の表面構造にも制約されることが赤外スペクトルから示唆された．分子シミュレーションによる疎水性表面や細孔[10]，粘土表面水の研究によると，構造化された水の層は数 nm 程度と計算されている．しかしながら，分子シミュレーションにより計算できるサイズは今のところまだ 10nm 程度であり，また周期境界条件に制約されているので，実際の系を再現できていない可能性がある．いずれにせよ，地球内部の結晶粒界には，このような薄膜の「かたい」水が存在することは明らかである．

5. 水の「かたさ」に対する水溶液の組成と温度の影響

このような水の「かたさ」には，薄膜の厚さや物質の表面構造のみならず，溶存するイオン種や温度なども大きな影響を及ぼす．たとえば，減衰全反射赤外分光法（ATR-IR）により，様々な濃度の NaCl 水溶液，炭酸水溶液などの測定を行い，純水との差スペクトルを求めると，NaCl が濃いほど OH 赤外吸収帯の高波数側の「やわらかい」成分が増大する．一方，炭酸水溶液ではその逆に低波数側の「かたい」成分が増大する[5,6]（図2c）．実際，NaCl 水溶液は岩石表面への接触角が小さくぬれやすく，CO_2 を含む水溶液（炭酸が溶存する）では接触角が大きくぬれないと考えられている（図1b）．接触角が大きなぬれない粒界では，流体がつながりにくく流れにくく，また拡散も遅いと考えられ，このような物質移動特性の基礎は，溶存物質による水溶液の構造と性質の変化にあると言えよう．

6. 地殻内部薄膜水の物性と地震発生

上記のような数ないし数百ナノメータ程度の幅を持つ結晶粒界にはさまれた「かたい」薄膜水の物性は，液体自由水のそれとは異なると推定される．このような構造化された水では，拡散係数，透水係数などが小さくなることが想像されるほか，粘性，電気伝導度，核磁気共鳴法における水素原子核のスピンの緩和時間などの物性が異なることが期待される．

これまで，地下約 10km の地震震源域では，しばしば電気比抵抗と弾性波

伝播速度の異常等が観測され，地震発生には地殻深部の水とその飽和度が関与していると想像されてきた．上述した結果に基づけば，地震発生に関して次のような作業仮説が提案できる[4,5]．地殻深部で温度上昇に伴い結晶の粒径が増大するにつれ，含水量が低下し，粒界の幅も減少し，水の連結度も低下する．やがて，孤立した「かたい」結晶粒界薄膜水が卓越し，粘性が高く，水が流れにくくなり，電気伝導度や弾性波伝播速度も大きく変化する．このような岩石は，プレートの沈み込み等で蓄積される歪みを塑性変形等でまかないきれなくなり，破壊が起こって地震発生につながると考えられる．流体の化学組成の違いも，地震発生過程などの地球のダイナミクスに大きな影響を与えていると考えられる．このように従来マクロな力学過程からとらえられてきた地球のダイナミクスは，水の構造や物理化学的性質といったミクロな視点からとらえ直すことができる．

7. 生体における水

さて，これまで述べてきた構造化されたかたい「薄膜水」は，地球内部の他にも，たとえば生体内にも存在するのだろうか？ここでは，サボテン組織中の水と人間の皮膚表皮中の水についての検討例を示す[5,6]．

サボテンの1種 *Echinopsis Tubiflora* の組織に対して，赤外顕微鏡用減衰全反射 ATR セルを外周部から中心の維管束部分までの3点に密着させ，測定を行った．測定結果の純水との差スペクトルにおいて，$3110cm^{-1}$ と $3400cm^{-1}$ のピーク高さの比は，サボテンの維管束周辺で 0.669，周辺部で 0.657，0.658 となり，純水の 0.627 に比べ大きくなっていることがわかった．比較のために，湿潤地域の植物である葉牡丹 *Brassica oleracea* を水平方向に切り，導管部分の組織を同様にして測定したところ，その $3110cm^{-1}$/$3400cm^{-1}$ ピーク比は 0.617 で純水よりもやや小さかった．すなわち，湿潤地域の植物（葉牡丹）中の水は，自由水よりも構造化されておらず，乾燥地域の植物（サボテン）中の水は自由水よりも構造化されている．これがサボテンが乾燥に強い原因の1つである可能性がある．

一方で，10代から20代女性の手指などの皮膚の表皮の水分について，減

衰全反射赤外分光法で測定してみた．各ピーク高さは肌の主要な成分タンパク質による1540cm^{-1}のピーク高さに規格化した．水分（3400cm^{-1}のピーク高さ）は，13歳ではタンパク質の約1.5倍のピーク強度をもっているが，20歳になるにつれ急激に減少し，22，23歳では3400cm^{-1}のピーク強度がタンパク質の約0.1程度になっている．3400cm^{-1}付近の水は，いわゆる液体の自由水であると考えられ，そのタンパク質に対する相対量が年齢とともに急激に減少していることになる．また，肌の水分量が少ない人ほど，3200cm^{-1}/3400cm^{-1}比が大きくなっていることがわかった．3200cm^{-1}付近の水は，より水素結合の短い構造化された「かたい」水，すなわちここでは生体分子に束縛されたいわゆる「結合水」と考えられる．

8. 今後の展開

このように，水の物理化学，特に薄膜水の物性は，地震などの地球のダイナミクスや生体においても大きな役割を果たしていると考えられるが，その詳細はまだまだ不明であり，今後さらに以下のような研究を続けていく必要がある．

(1) 非線形顕微分光法の開発とサブミクロン領域での水測定

通常の顕微赤外分光法は空間分解能が10ミクロン程度であり，結晶粒界あるいは物質表面サブミクロンスケールの水の状態を直接には確認できなかった．筆者らは試料近傍のみに発生する近接場光を用いた顕微赤外分光法を開発し，天然・人工試料の数百nm程度以下の領域での水の測定を試みてきた[5]．しかしながら，この方法は試料の表面状態に影響を受けやすく，近接場光以外の散乱・反射光の成分の寄与が大きく，精密な定量測定は困難であった．そこで，光の波長の回折限界を超える（空間分解能を上げる）もう1つの方法として，光の掛け算で波長が半分になる2光子励起を用い，パルスレーザーと白色光で励起することにより，強い共鳴ラマン散乱を短時間で測定できる非線形ラマン分光法を用いて，岩石や生体中の水の状態と分布をナノスケールで測定することを試みていきたい．

(2) 物質表面薄膜水の物性

様々な物質の表面薄膜水の赤外スペクトルを測定し，結晶の種類・方位等がスペクトルに及ぼす影響をさらに検討する．また，固体に対する水溶液の接触角を測定して，水溶液のイオン濃度や，固体表面の粗さなどの影響を調べる．その他，電気伝導度，音波伝播速度，粘性，凝固点，核磁気共鳴，拡散係数，浸透率等の測定も試み，薄膜水の物性の総合評価を行う．また，これら物性と薄膜水の熱力学的な性質との対比も行う．

(3) 岩石・水界面薄膜水の物理化学と地球物質循環

地球内部での溶解・沈殿などの化学反応の多くは，岩石・水界面薄膜水を介して起こると考えられる．そこで，界面薄膜水の物性が，溶解度などの化学的性質に及ぼす影響を評価し，従来自由水に対して体系化された地球内部物質循環の基礎としての熱力学と反応速度論を根底から見直し，薄膜水の物理化学に基づいた新しい体系を創っていきたい．

このような薄膜水の新しい性質は，地球科学・生命科学の根幹に係わる重要な新しい知見であり，様々な物理化学的性質を調べて，物質科学・地球科学・生命科学を再構築していく必要がある．

参考文献

1) 中嶋悟『地球色変化―鉄とウランの地球化学』近未来社，(1994)．
2) 飯山敏道，河村雄行，中嶋悟共著『実験地球化学』東京大学出版会，(1994)．110-233．「分光学」「反応速度学」「物質移動学」の章．
3) 中嶋悟編著『水・岩石相互作用の機構と速度』「月刊地球」海洋出版，(2000)．419-495．
4) 中嶋悟「水の物性と地球ダイナミクス―地球内部のかたい水と地震の発生？―」日本物理学会誌，**57**，(2002)．746-753．
5) Nakashima, S, Spiers, C.J., Mercury, L., Fenter, P and Hochella, Jr., M.F. *Physicochemistry of Water in Geological and Biological Systems. - Structures and Properties of Thin Aqueous Films -*, Universal Academy Press（Tokyo），(2004)．
6) 中嶋　悟編著『新しい地球惑星生命科学』「月刊地球」海洋出版，(2004)．501-562．
7) M.F.Chaplin: *Biophys. Chem.* 83, (2000)．211．(http://www.sbu.ac.uk/water/)
8) 大峰巌：『物理学辞典』培風館 (2005)．水の項；Ohmine,I.and Saito,S. *Acc. Chem. Res.* 32, (1999)．741．

9) Nakamoto, K. et al. *J.Am.Chem.Soc.* 77, (1955). 6480.
10) 古賀研一郎, X.C.Zeng, 田中秀樹, 化学 54, (1999).41.
11) Murakami, M., Hirose, K., Yurimoto, H., Nakashima, S. and Takafuji, N. *Science*, **295**, (2002). 1885.
12) Katayama, I., Nakashima, S. and Yurimoto, H. *Lithos*, **86**, (2006). 245.
13) Nakashima, S, Maruyama, S., Brack, A. and Windley, B.F. *Geochemistry and the Origin of Life*, Universal AcademyPress (Tokyo). (2001).
14) De Meer, S., Spiers, C.J. and Nakashima,S. *Earth and Planetary Science Letters*, **232**, (2005). 403.
15) 中嶋悟, 石川謙二, 谷篤史, 吉田力矢, 大阪大学低温センターだより, 138, (2007). 13.

第10節
地球惑星深部の水と水素

理学研究科　宇宙地球科学専攻

近藤　忠

1. はじめに

　地球は「水の惑星」と呼ばれ，表層の約7割を占める海洋が様々な惑星の中でも特徴のある外観を呈している．太陽系の中でも H_2O が液体として存在できる条件は大変限られており，その大部分は固体で存在すると考えられる．H_2O は最も高い宇宙元素存在度を誇る水素の酸化雰囲気での形態と考えられ，始原的隕石に見られる含水相や，幾つかのガリレオ衛星，彗星の核の主成分として観察される氷，外惑星からカイパーベルト天体に至るまで，H_2O は宇宙空間で普遍的に存在する成分の一つと考えられる．

　地球表層の比較的低温低圧で存在する水の場合には，超臨界状態で様々な鉱物を流体中に溶存させていた場合でも，岩石に対する大きな密度差から表層に向かって輸送される傾向を持つ．しかし地球深部での鉱物は，高温高圧下での共存相と様々な化学反応を起こし，岩水鉱物を形成して水を貯蔵している．これらの岩水相は多くの場合，より深部条件で脱水反応をおこして水を放出すると考えられるので，深くなるほど水をより深部に運ぶのは難しい．しかし，ほんのわずかな水があると，地球内部では岩石の融点や拡散現象に大きく影響し，相転移境界を移動させ，破壊強度を大きく変えるため，地震発生やマグマ生成だけでなく，マントルの流動特性までも劇的に変化させる．今日でも地球深部での水の存在形態と，鉱物の物性変化への影響を調べる研究は絶えない．最近の研究からは，地表付近の明らかな岩水鉱物以外にも，地球深部で相当量の水が蓄積されている可能性が実験的に示唆されている．ここでは，地球マントル以深の水の存在形態に関して高圧高温実験から得られている最近の主なトピックスと研究成果に関して紹介し，今後の研究の展望に関しても言及する．

2. マントルの水
2.1 上部マントル中の水

地球深部に含まれる水は，大きく分けて岩石の粒間などに存在する間隙水と，鉱物の構造中に取り込まれた結晶水とが考えられているが，ここでは結晶構造中に存在する水に関して紹介する．図1には，地球深部に存在すると考えられる主な水の形態を示した．地球は中心部で360GPa（10^9Pa）に達する極限環境を持ち，幅広い温度・圧力条件を内部に実現しているため，物質の存在形態も地表とは大きく変わる．地表で海水との間に様々な含水鉱物を形成して地球深部へと水を運ぶ海洋地殻は，沈み込み帯からマントルに至る過程で，含水鉱物の大部分が脱水反応を起こして，「ドライ」な鉱物に変わるので，マントル深部には組成式にHを含む主要鉱物が存在しない．これは上部マントルの大部分を占めると考えられているかんらん石（$(Mg,Fe)_2SiO_4$：α相）中に，観測として水がほとんど含まれないことからも知られている．しかしながら，かんらん石の高圧多形であるウォズレアイト（β相）[1]に3wt%もの水が入りうることが分かってから，更に高圧側のリングウッダイト（γ相）にも，同程度の水を含み得ることが実験的に確かめられており，スーパーハイドラスB相，含水G相等，沈み込む海洋地殻中で脱水せずに安定化しているいくつかの含水鉱物が知られている．これらの含水鉱物は地下約400〜700kmに位置する遷移層と呼ばれる領域まで水を運ぶと考えられ[2-3]，沈み込む海洋地殻を除けば遷移層はマントル中で最も水の成分濃度が高い領域と言える．岩石中に水が入ると一般的には地震波など弾性波の速度低下が起こるため，マントル深部に水を運ぶ経路が，地震学的観測（トモグラフィー）からも示唆されており[4]，実験と整合的な結果が得られている．構造式にHを含まないかんらん石の高圧多形中の水は結晶構造中で主にMg^{2+}などの陽イオンを水素置換して存在していると考えられているが，水は岩石の融点を著しく下げる効果があり，遷移層でこれらの水は結晶中ではなく，マグマとして融体中に存在している可能性も実験的に指摘されている[5]．

第1章 水を科学する

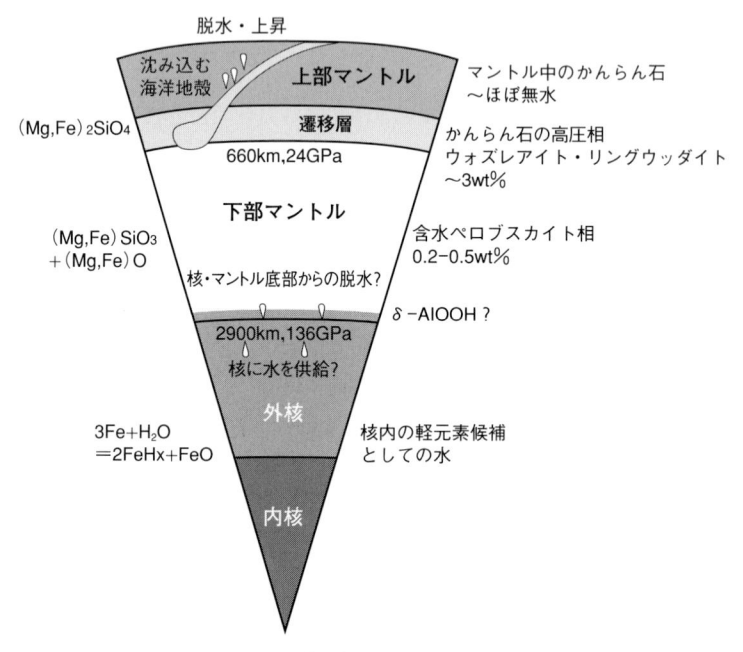

図1 地球深部における水の存在

　岩水鉱物が脱水してマントル中に水を放出した場合，H_2O の圧力に対する融点勾配とマントルの予想されている温度構造の比較から，マントル条件で水は流体であると思われてきたが，いくつかの実験データはより高い温度の融点を示していることから，地球深部で H_2O は固体であるとの説[6]もあり興味深い．このように海洋を持つ表層に近い上部マントルから遷移層にかけての水循環は，様々な水のリサイクル過程が考えられ，現在でも研究が進行中である．

2.2　下部マントルの水

　下部マントルの主成分はかんらん石が高圧分解相転移したときに形成される Mg 珪酸塩ペロブスカイト $MgSiO_3$（以下，ペロブスカイトと称する）とマグネシウム酸化物 MgO と考えられており，これらの鉱物中に水はほとんど入

らない．したがって，下部マントルはこれまでドライであると考えられていた．しかし，ペロブスカイトは多席固溶体であるので，FeやAl成分を加え，より現実的な多成分系にした場合には，これらの鉱物中に0.2〜0.4wt%程度の水を結晶構造中に取り込めることが実験的に確認されている．ペロブスカイトは下部マントル重量の8割を占める鉱物であると考えられ，マントルの代表的組成であるパイロライトモデルでの実験結果からは，下部マントル中に海水の約5倍の水を蓄えている可能性があることが指摘された[7]．これに加えて更にMORB（中央海嶺玄武岩）組成岩石の影響を考慮した最近の実験でも，平均すると海水の2.5倍程度の水が下部マントルに入っている可能性を示しており[8]，地球内部最大の体積分率を誇る下部マントルの貯水層としての能力の高さが伺われる．

　一方，明らかな岩水相として地球深部に存在する可能性がある鉱物中で，最もマントルの深部まで岩水相としての安定領域を持っている相が，ダイアスポア（AlOOH）の高圧多形となるδ-AlOOH相[9-10]（以降δ相と称する）である．δ相はSiO_2の高圧多形の一つである$CaCl_2$構造相[11]（変形ルチル構造，約50GPaより高圧側で安定化する）とほぼ同様の酸素の充填構造を持っていることから，高圧下での広い安定領域が予測されていた．また，静的圧縮実験ではこれまで知られている最も大きな体積弾性率を持つ岩水鉱物であることがわかった[12]．一方，第一原理計算法を用いた相の安定性の評価からは，マントルの圧力下で他の岩水鉱物と同様に水素位置が隣接する酸素原子間の間で対称化を起こす事が予想されており[13]，この水素結合の変化による圧縮挙動の急激な変化が期待されている．δ相に対して最近我々が行ったレーザー加熱ダイヤモンドアンビルセルと放射光によるその場観察実験を用いた研究からは，このδ相が100GPa，2000K領域でも安定に存在して脱水しないことより，マントル最深部に水を輸送する可能性のある鉱物として注目している．

3. 地球核の水

　地震波速度構造から得られている核の密度と，高圧実験から得られている

鉄の相当条件での密度差から，地球核には外核で10％程度の軽元素が含まれると考えられている[14]．この候補としては元素存在度の高い酸素や硫黄の他，マントルとの反応で供給される可能性が高い珪素，そして最も軽く豊富な元素である水素がある．常圧での純鉄にはほとんど水素が入らないが，約4GPaより高圧では急激に鉄中に水素が固溶して，鉄水素化物FeH$_x$（$0 \leq X \leq 1$）を作る[15-16]．候補となっている多くの軽元素は，地球核のような超高圧条件で鉄との間に定比化合物を形成するのに対して，水素は侵入型として鉄の高圧相であるhcp構造を持つε相の格子間に入る．この結果，一定量以上の水素が入った鉄の高圧相はdhcp構造を持つようになり，高圧下のX線回折実験からその存在を確認することができる[17]．鉄水素化物は常圧に凍結回収することができず，高圧条件でのみ観測が可能であるために，様々な測定を困難にしてきた．また，超高圧条件で水素を封入した実験を行うには，ダイヤモンドアンビルセルを用いた実験が必要であるが，水素と接しているダイヤモンドアンビルが室温下圧縮過程でも破壊されることも多く，高温では経験的に更にその確率が高い．これらの実験的困難のために実際の核条件に至る金属中の水素研究は皆無に近く，今後の技術的改善が待たれている．

　一方，高圧力下での水素源として，水を用いる実験はマルチアンビル型高圧発生装置など比較的大きな試料容積を扱える装置を用いた精密な実験が行われてきた．初期地球条件では鉄と隕石から脱水した水が反応し，10GPa程度までの低圧側では水酸化鉄FeOOHが形成されるが，FeH$_x$の安定領域に入る高圧側では鉄と水が直接反応してFeOとFeH$_x$を形成することがわかっている[18-20]．また，高圧下で溶融状態の鉄にも，多量の水素が固溶できることが実験的に示されている[21]．最近の研究では，約80GPaまでの実験において，水と鉄から直接FeO及びFeH$_x$が生成することが知られており[22]，現在の核条件でも水が地球核に取り込まれることを示唆している．これらの高圧実験では低温下での直接反応が観測されていないが，これが反応速度論的な影響なのか，熱力学的にFe＋H$_2$Oが安定なのかは確認されていない．後者の場合には，低温の地球核を想定すると，中心核からの脱水反応が起こり得ることを意味している．また，FeH$_x$の精密な圧縮曲線は放射光を用いたX

線回折実験によって 80GPa 程度まで得られており[23]，Fe 原子の格子を見ているX線回折法では，構造変化が見られないにも関わらず，30〜50GPa に圧縮曲線の不連続が観測されている．理論的予測からはこの圧力付近で磁性―非磁性転移が示唆されているが[24]，近年X線核共鳴散乱法によって相当する磁性転移が 22GPa 付近で起こるとの結果が得られており[25]，圧縮曲線の異常は高圧下で水素の固溶量や水素―金属間の結合変化が起こっていることを示していると考えられる．いずれにしても，これらの研究は，初期地球条件で地球核中に水が取り込まれた可能性が高く，現在でも地球核が一定量の水（水素）を含んでいることを示唆している．

4. 木星型惑星の主成分としての水素

地球型惑星に比べて木星より外側の軌道を持つ惑星は巨大惑星であり，その内部条件は地球型惑星よりはるかに高い温度と圧力を実現していると考えられる．図2に示すように，氷はこれらの天体でもその重要な構成成分としての役割を担っている．木星は太陽系最大の惑星であり，太陽に最も近い化学組成を持っていることが知られている．その主成分は水素とヘリウムであり，数 TPa 領域に至る圧力を内部に実現していると予測されている．木星は表層の複雑な対流圏の構造以外にも，強力な固有磁場を持つことや，表面からの大きな熱放出等の特徴的な性質を持っており，内部構造も地球型惑星とは全く異なることが予想されている．図3には模式的な水素の状態図を示した．図からわかるように，主成分となる水素の挙動に対する超高圧力下の予想は，木星や土星の内部条件下で水素が液体状態で金属化していることを示している．木星や土星の中心部には岩石と共に H_2O が核構成物質として存在すると考えられ，この条件では H_2O も金属化している可能性がある．

さて，固体の金属水素は高温超伝導体である可能性があり，純粋な物性物理学的観点からも，水素の圧縮挙動に関する研究は，ダイヤモンドアンビルセルを用いた静的圧縮実験で精力的に行われてきた．現時点で室温下での水素の金属化は約 340GPa もの圧力まで確認されていないが[26-27]，衝撃圧縮実験によって高温状態での液体水素が金属化を起こしたと報告されている[28]．

第1章 水を科学する

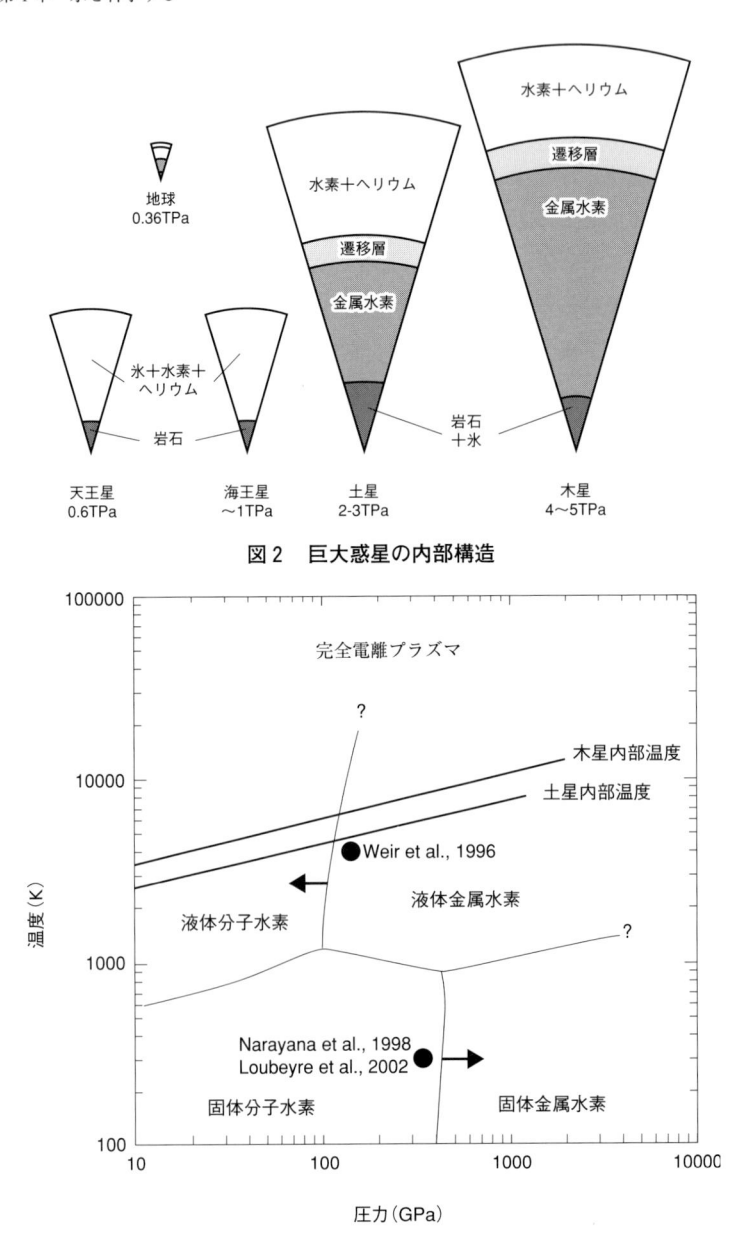

図2 巨大惑星の内部構造

図3 水素の模式的状態図

第10節　地球惑星深部の水と水素

　木星の内部環境は地球型惑星に比べてはるかに高温高圧側にあるために，実験的にその環境に近い条件を実現できるのは，現在，衝撃圧縮法による実験のみである．大阪大学レーザーエネルギー学研究センターは，核融合に用いられる重水素の高密度状態を実現する技術を生かし，木星内部の水素の状態を実験室内に再現できる国内でもほぼ唯一の研究機関であろう．共同利用研化した現在では，地球惑星科学・物性物理学的観点から水素の高密度状態の挙動に興味を持つ国内の様々な研究者が集まって，木星内部の遷移層に至る，水素のサブTPa（10^{12}Pa）領域までの圧縮実験を開始しており，近年中にその結果が得られる見込みである．

　一方，金属化に至らない木星表層付近の低圧側での水素—ヘリウム混合系に関する実験もまだ十分な実験データは得られておらず，水素—ヘリウム混合流体の二層分離領域や，固化条件，各相の成分変化に関しても精密な相変化の実験が行われている．図4にはダイヤモンドアンビルセル中で観察した水素—ヘリウム混合相の圧力変化の例を示した．二成分混合流体の単相が，圧力下で水素が濃集した流体相とヘリウムが濃集した流体相の二相共存領域を経て，各相が固化していく様子が見られる．水素固体中にわずかに溶けているヘリウムが圧力と共にその固溶度を下げ，水素固体中から析出して来る

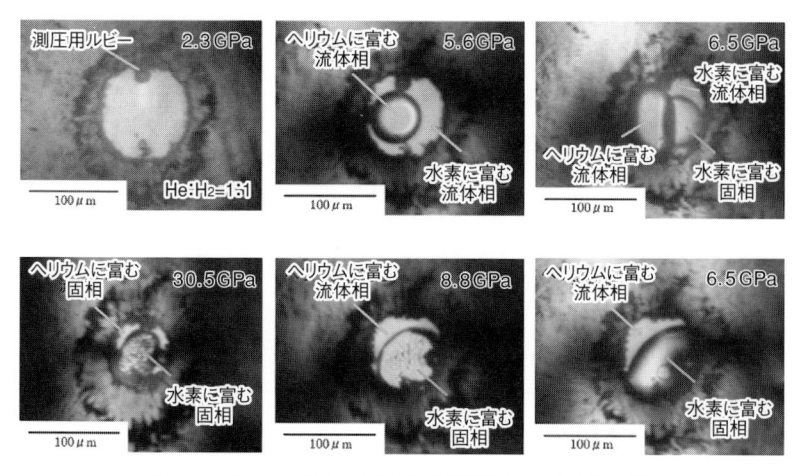

図4　水素—ヘリウム混合系の高圧下における相分離

様子が観察されている．二相共存状態は高温下で更にその安定領域を拡大することが観察されており，巨大ガス惑星の対流圏の構造に力学的な影響を与えていると考えている．

5．氷天体の内部構造

天王星や海王星などの大型惑星だけでなく，ガニメデ衛星のエウロパやガニメデ，また，彗星も氷天体として有名である．氷天体の主成分としては H_2O 以外にメタン，アンモニア，二酸化炭素，窒素等があり，表面の温度圧力条件からハイドレート等の固体の状態で存在していると考えられる．これらの固体を総称して「氷」と呼ぶ．図5には高圧力下での H_2O の状態図を示した．H_2O には現在，固相だけでも14もの相が発見されており，宇宙空間の低温低圧状態から惑星内部の高温高圧状態に至るまでに惑星内部の温度構造と関連する相は多い．海王星の内部のような更に超高圧・高温下では，水素結合が2.1で述べた岩水鉱物中のOH基同様，隣接する酸素間との結合の対称化を起こし，惑星内部の温度構造に応じて超イオン伝導状態もしくは

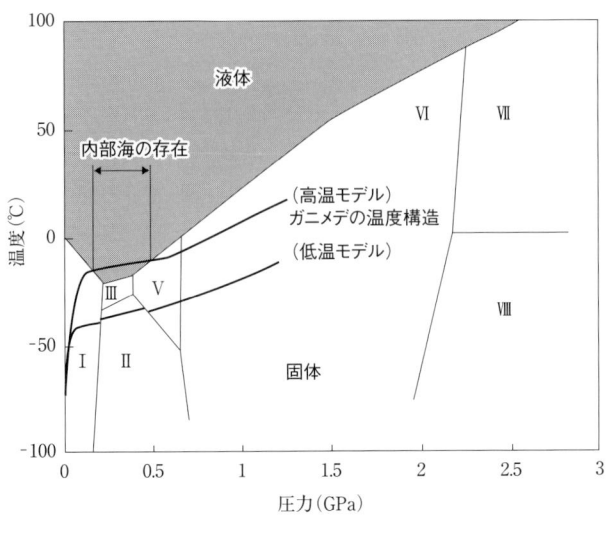

図5　H_2O の状態図

第 10 節　地球惑星深部の水と水素

金属状態に変化していくという理論的予想が得られている[29]．氷の超イオン伝導状態は実験的にも証拠が得られており[30]，巨大氷天体の内部構造を理解する上で重要であると考えられる．

　また H_2O は初期融点勾配が負であるという珍しい性質を持っており，これが氷天体内部に「内部海」を生み出す原因として古くから知られている．内部海は天体内部の温度構造によって存在しない可能性もあるが，エウロパやカリストなどの氷衛星にも固有磁場が存在することから，内部海に溶け込んだ様々な硫酸塩や炭酸塩が内部でイオン化し，内部海の対流が地球外核のダイナモ作用に相当する役割を持っているという考えもある[31]．

　さて，氷は氷河に見られるように流動性が高い固体で知られるが，氷天体内部でも地球のマントル対流と同様に，氷を主成分とする層が流動を起こしている可能性が高い[32]．氷天体内部のように低応力・低歪みの条件での流動機構は，原子拡散による変形機構である拡散クリープ以外に，粒径に依存する粒界すべりの機構が考えられる[33]．天体内部のダイナミックな現象は相図と重力安定だけでは決まらず，流動特性がその天体の進化過程を大きく左右すると考えられており，まだ今後の展開が期待される研究分野の一つである．

6．今後の展開

　これまで見てきたように，水（水素）は地球惑星科学の分野でも普遍的で大変重要な物質である．惑星内部での物質の状態を研究するには，高温高圧下での観察（その場観察）が不可欠となり，現在，放射光実験施設での強力線源による X 線その場観察実験が主流となっている．しかしながら，回折法では X 線散乱能の低い水素の挙動を直接観察することはできず，結晶構造のフレームを構成するホスト原子の変化から間接的に構造中の水素位置や水素の結合変化を推察している．水素が関与する結合の変化を高圧下で観察する他の方法として有力なのが，分光学的手法（本書，中嶋の解説を参照）と中性子回折法による水素の直接観察である．分光学的手法に関しては，ダイヤモンドアンビルセルという光学窓を持った高温高圧装置を用いることに

よって，古くから含水鉱物や超臨界状態の水に関して様々な研究が行われてきたが，地球深部条件でのその場観察や，水素の挙動に関する動的な観察に対してはまだ十分な技術開発がなされておらず，今後の課題となっている．

水素（実際には重水素置換する）は中性子に対する散乱断面積が比較的大きく，回折実験からの結晶構造解析によってその位置が確認できる．高圧下中性子回折実験は現時点で世界最高性能を誇るイギリス・ラザフォードアップルトン研究所の ISIS やフランス・グルノーブルの ILL 等を主とする海外の施設を用いることが多く，国内での反応炉等を使った実験は限られている．しかし，米国・オークリッジで稼働を始めている中性子実験施設である SNS（Spallation Neutron Source）と並んで，国内でも強力パルス中性子源施設である J-PARC（Japan Proton Accelerator Research Complex）が原研東海村に建設されており，2008 年より運用が開始される．高温高圧下でのその場観察実験に関しても，水素結合の変化が予想される圧力値を考えて，60GPa 以上の圧力を発生できる中性子用の新たな大容量高圧装置の開発と，中性子集光光学系を基軸とする研究開発計画[34]がスタートしており，惑星内部条件下での水素や水に対して，結晶中の水素位置や水素結合の状態変化など，これまで得られていなかった情報が近い将来に明らかにされることを期待したい．

参考文献

1) Inoue, T., H. Yurimoto and Y. Kudoh, Hydrous modified spinel, $Mg_{1.75}SiH_{0.5}O_4$: a new water reservoir in the mantle transition region, *Geophys. Res. Lett.*, 22, 117–120, 1995
2) Ohtani, E., Litasov, K., Hosoya, T., Kubo, T., and Kondo, T., Water Transport into the Deep Mantle and Formation of a Hydrous Transition Zone, *Phys. Earth Planet. Inter.*, 143–144, 255（2004）
3) Ohtani, E., Recent progress in experimental mineral physics: Phase relations of hydrous systems and role of water in mantle dynamics, American Geophysical Union Monograph, 321（2005）
4) Kawakatsu, H., and Watada, S., Seismic evidence for deep water transportation in the mantle, *Science*, 316, 1468（2007）
5) Sakamaki T., Suzuki A., Ohtani E., Stability of hydrous melt at the base of the Earth's upper mantle, *Nature*, 439, 192（2006）
6) Bina, C.R., and Navrotsky, A., Possible presence of high-pressure ice in cold subducting

slabs, *Nature*, 408, 844 (2000)
7) Murakami,M., Hirose, K., Yurimoto,H., Nakashima, S., and Takafuji, N., Water in Earth's lower mantle, *Science*, 295, 1885 (2002)
8) Litasov, K., Ohtani, E., Langenhorst, F., Yurimoto H., Kubo, T., Kondo T., Water solubility in Mg-perovskites, and water storage capacity in the lower mantle, *Earth Planet. Sci. Lett.*, 211, 189 (2003)
9) Suzuki, A., Ohtani, E. and Kamada, T., A new hydrous phase δ-AlOOH synthesized at 21 GPa and 1000°C, *Phys. Chem. Mineral*, 27, 689 (2000)
10) Kudoh, Y., Kuribayashi, T., Suzuki, A., Ohtani, E. and Kamada, T., Space group and hydrogen sites of delta-AlOOH and implications for a hypotheticl high pressure form of Mg$(OH)_2$, *Phy. Chem. Mineral*, 31, 364, (2004)
11) Andrault, D., Fiquet, G., Guyot, F., Hanfland, M., Pressure-Induced Landau-Type Transition in Stishovite, Science, 282, 720 (1998)
12) Vanpeteghem, C.B., Ohtani, E., and Kondo, T., Equation of state of the hydrous phase δ-AlOOH at room temperature up to 22.5 GPa, *Geophys.Res.Lett.*, 29,10.1029 /2001GL014224 (2002)
13) Tsuchiya,J., Tsuchiya, T., Tsuneyuki, S., Yamanaka, T., First principles calculation of a high-pressure hydrous phase, delta-AlOOH, *Geophys. Res. Lett.* **29**, 1909 (2002)
14) Poirier, J. P., Light elements in the Earth's outer core: A critical review, *Phys. Earth Planet. Inter.*, *85*, 319-337, (1994)
15) Antonov, V. E., Belash, I. T., Degtyareva, V. F., Ponyatovskii, E. G., and Shiryaev, V. I., Obtaining iron hydride under high hydrogen pressure, *Sov. Phys. Dokl.*, *25*, 490 (1980)
16) Fukai, Y., Mori, K., and Shinomiya, H., The phase diagram and superabundant vacancy formation in Fe-H alloys under high hydrogen pressures. *J. Alloys Comp.*, *348*, 105 (2003)
17) Badding, J. V., Hemley, R. J., Mao, H.-K., High-pressure chemistry of hydrogen in metals: In situ study of iron hydride, *Science*, **253**, 421 (1991)
18) Fukai, Y., The iron-water reaction and the evolution of the Earth, *Nature*, *208*, 174 (1984)
19) Suzuki, T., Akimoto,S., Fukai, Y., The system iron-enstatite-water at high pressures and temperatures - formation of iron hydride and some geophysical implications, *Phys. Earth Planet. Inter.*, *36*, 135 (1984)
20) Yagi, T., and Hishinuma, T., Iron hydride formed by the reaction for iron , silicate, and water: Implications for the light element of the Earth's core, *Geophys. Res. Lett.*, *22*, 1933 (1995)
21) Okuchi, T., Hydrogen partitioning into molten iron at high pressure: Implications for Earth's core, *Science*, *278*, 1761 (1997)
22) Ohtani, E., Hirao, N., Kondo, T., Ito, M. and Kikegawa, T., Iron-water reaction at high pressure and temperautre, and hydrogen transport into the core, Phys. Chem. Minerals., 78, 77 (2005)

第 1 章　水を科学する

23) Hirao, N., Kondo, T., Ohtani, E., Takemura, K. and Kikegawa, T., Compression of iron hydride to 80 GPa and hydrogen in the Earth's inner core, *Geophys. Res. Lett.*, 31, 10.1029/2003GL019380（2004）
24) Elsässer, C., Zhu,J., Louie, S. G., Meyer,B., Fähnle, M., Chan, C. T., *Ab initio* study of iron and iron hydride: II. Structural and magnetic properties of close-packed Fe and FeH, *J. Phys. Cond. Matter*, *10*, 5113（1998）
25) Mao, W. L., Sturhahn, W., Heinz, D. L., Mao, H-K, Shu, J., Hemley, R. J., Nuclear resonant x-ray scattering of iron hydride at high pressure, *Geophys. Res. Lett.*, 31, 10.1029/2004GL020541（2004）
26) Narayana, C., Luo, H., Oroloff, J. & Ruoff, A. L. Solid hydrogen at 342 GPa: no evidence for an alkali metal, *Nature*, 393, 46（1998）.
27) Loubeyre, P., Occelli, F., LeToullec, R., Optical studies of solid hydrogen to 320 GPa and evidence for black hydrogen, *Nature*, 416, 613（2002）
28) Weir, S. J., Mitchell, A. C. & Nellis, W. J. Metallization of fluid molecular hydrogen at 140 GPa, *Phys. Rev. Lett.* 76, 1860（1996）
29) Cavazzoni, C., Chiarotti, G.L., Scandolo, S., Tosatti, E., Bernasconi, M., Parrinello, M., Superionic and Metallic Statesof Water and Ammonia at Giant Planet Conditions, Science, 283, 44（1999）
30) Goncharov, Goldman, Fried, Crowhurst, Mundy, Kuo, Zaug, Dynamic Ionization of Water under Extreme Conditions, Phys. Rev. Lett., 94, 125508（2005）
31) Tyler, R.H., Maus, S., Lühr,H., Satellite observations of magnetic fields due to ocean tidal flow, Science, 299, 239（2003）
32) Durham, W.B., Kirby, S.H. and Stern, L.A., Creep of water ices at planetary conditions: A compilation, J. Geophys. Res., 102, 16293（1997）
33) Kubo,T., Durham, W.B., Stern, L. A., Kirby, S. H., Grain size-sensitive creep in Ice II *Science*, 311, 1267（2006）
34) 学術創成研究「強力パルス中性子源を活用した超高圧物質科学の開拓（代表者　鍵裕之）」平成 19-23 年

第2章　水を活用する

　水の惑星地球において，人類を含めたありとあらゆる生命は，水の存在なしにはありえない．また，文明の発展も，水の活用と深く関わっている．灌漑設備を利用した農業活動，上下水施設の設置による都市形成，水の浮力を利用した航海・海運，河川の流体エネルギー，さらには水蒸気タービンを動力源とした産業活動の進展など，新たな水の活用が人類の歴史を形成してきたとも言うことができよう．また，水を利用した冷却や洗浄などは，日常の家庭生活から大規模な重化学工業まで，広く用いられている．

　このように，地球上の我々の存在および活動は，水の活用と切り離すことができず，水の活用法にはさまざまな形態がある．しかし，本章では，ミクロな水分子の性質に基づいた水の活用のみを扱う．その内容は次の三つに分類することができる．

　第一は，水分子が水素原子と酸素原子から構成され，また，水分子が互いに水素結合で結びついたネットワークを形成するという性質に基づいて，それを将来の水素エネルギー社会の実現に応用しようとするものである．具体的には，光エネルギーを利用した水の分解による水素の生成，水分子のつくるネットワーク構造を利用した水素の貯蔵と輸送，そして，燃料電池による発電を通しての水素から水への回帰が扱われている．これらは，最近，その重大さがクローズアップされている地球環境の問題と，やがて枯渇する化石燃料という大問題に対する，積極的な取り組みと位置づけられよう．

　第二は，水分子の反応性，とくに水分子に含まれる酸素の利用に関するものである．植物の光合成により，炭化水素化合物が生成するとともに，水が分解されて大気中に酸素分子が放出されたことが地球上の生命活動のエネルギー源を提供することとなった．このような酸素分子を酸素源とする化学反応を化学工業において利用することは，環境にやさしいグリーンケミストリーとして注目され，多くの研究が行われている．この章で扱われる反応

は，さらに酸素原子の起源を水分子にまで遡った，水分子による酸化反応である．光を照射したり，水中から溶存酸素分子を除去したりすることにより，水が引き起こす特異な反応と現象が紹介されている．

　第三の部分では，水分子が作り出す環境によって，その中に存在する化合物の特性や構造が大きな影響を受けることによって生じる，新たな機能や特性が扱われている．生体内に見られる，精緻で巧妙な，細胞膜や蛋白の構造や機能においても，それらの周囲に存在する水分子が大きな役割を果たしている．ここで扱われている内容は，そのような自然の仕組みを人工的に再現し，応用するための試みと位置づけることもできよう．また，水分子の存在により形成される分子集合体構造，分子の配列，さらにはpHという小さな環境変化による分子構造の変化は，新たな人工機能を開発するための糸口にもなる可能性がある．

　我々が無意識に扱うことが多い水について，とくにそのミクロな構造と機能に関心を向け，それらを積極的に利用することによって，水が活躍する科学と技術の領域がますます広がることが期待される．

第 1 節
ガスハイドレートの構造と環境科学的利用

基礎工学研究科　物質創成専攻　化学工学領域
大垣一成，菅原　武

1. はじめに

　地球環境・エネルギー資源問題は，持続的社会発展を実現するためには避けて通れない人類共通の最重要課題である．これらの課題において，水素エネルギー・太陽光エネルギーは近い将来の「キーエネルギー」であり，水やCO_2は過去・現在・未来にわたる「キー物質」であろう．水素の貯蔵・輸送に水を利用する構想は文字通りキーワードを重ね合わせた展開性のある科学技術ということができる．本節では，水……もっと狭くいうと……水素結合が織り成す単純な構造物中の空隙に水素を閉じ込め，貯蔵・輸送する技術開発のための基礎研究を紹介し，その実現可能性について，今後の研究課題とともに検討する．

　我々がこの魅力的物質—Gas Hydrate—に着目することになったきっかけは，1980 年代，CO_2Hydrate 層で封鎖された液体 CO_2 貯蔵庫を深海底に設置するための基礎研究を開始した時点にさかのぼる．その後，深海底地中に存在する天然ガス Hydrate からの天然ガス採掘（CO_2 による置換法）技術に展開し，さらに，従来から行われている液化天然ガス輸送に代わる天然ガス Hydrate 輸送法の開発，水素エネルギー社会実現の鍵を握る水素の貯蔵・輸送技術開発へと展開してきた．この他にも Gas Hydrate については，蓄冷熱・ガス分離・造水など従来技術の改良にとどまらず，水素結合が構成する Hydrate Cage の超微小空間を反応場として利用する基礎研究も開始されており，多方面にわたって Gas Hydrate の特徴を利用する新規な技術開発が期待される．

　本節では，まず Gas Hydrate の構造と安定性に及ぼす Guest 分子の影響，熱力学的安定性と相平衡関係，Guest 分子の Hydrate Cage 占有性，高圧力に

第 2 章　水を活用する

より引き起こされる構造相転移現象など，基礎的な Gas Hydrate の科学的性質を紹介する．次に水素の純粋および混合 Hydrate を取り上げ，それらの特徴について触れ，より穏和な条件で水素 Hydrate の生成・分解操作を可能にする補助剤（Tetrahydrofuran を補助剤とする混合系を例に）の効果を紹介する．最後に，より有効な新規補助剤探索の指針やこれまでの成果と問題点を明らかにする．

2. Gas Hydrate の構造と安定性

　Gas Hydrate に関する最初の研究は 200 年ほど前にさかのぼるが，研究が大きく進展したのは石油化学プラントのパイプ輸送における閉塞防止対策……液化 Ethylene 内に混在する微量の水が輸送中に Gas Hydrate を生成し，パイプ閉塞事故が多発したため……が引き金となったと考えられている．分析技術や周辺科学の発展も手伝い飛躍的な発展を呈した．多数の Guest 分子の発見や結晶構造などが明らかにされ，水の構造や水素結合の本質を探る格好の研究対象と考えられるようになった．さらなる大きな発展は，20 世紀終盤に起こった地球温暖化問題・エネルギー資源問題に連関して，Gas Hydrate を積極的に利用しようとする我が国の研究がきっかけとなった．その意味では，最近の Gas Hydrate に関する我が国の研究は世界をリードしてきたという見方もできる．本項では，第一期研究発展時期に明らかにされた Gas Hydrate の構造を中心に解説する．

2.1　Guest 分子サイズと結晶構造

　これまでに 120 を超える Guest 分子について，適当な温度圧力条件で Gas Hydrate を生成することが知られている．これらの Guest 分子は，水分子が構成する水素結合構造物である Hydrate Cage の空隙を占有し，水分子との間で van der Waals 的相互作用をしながら安定化する．適当なサイズの Cage を占有した Guest 分子は並進運動以外の自由度がほぼ保障されており，数種類の Cage の組み合わせにより結晶構造が形成される．基本的には Guest 分子のサイズによって占有状態が決定されるといってもよいが，実際には温

度・圧力・混合組成などにより，占有する Cage の種類や占有率，さらには結晶構造も変化する．とりわけ高圧力域における Gas Hydrate の構造については課題も多く，最近 10 年間を見ても「常識」が覆される発見が数多く見受けられる状況にある．

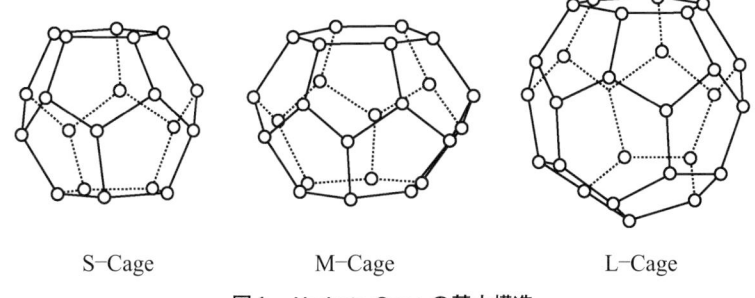

2.2　Gas Hydrate Cage の構成と種類

　共通的にすべての結晶構造に存在する Hydrate Cage は，H_2O 分子 20 個からなる 5 角形 12 面体の最も小さな空隙を持つ Cage（以降 Small Cage を略して S-Cage）で，内部の空隙直径はおおよそ 0.5-0.51nm とされ，同じ S-Cage であっても後述する結晶構造によりサイズが若干異なるものと考えられている（このわずかな差異が水素分子を包接する際には重要な結果をもたらす）．24 個の H_2O 分子が，5 角形 12 面と 6 角形 2 面（Cage の上面と底面）の 14 面体を構成したものが Middle Cage（以降 M-Cage と表現する）で，文字通り上述の S-Cage より少し大きな空隙を持ち，その直径は約 0.58nm である．さらに H_2O 分子が 4 個追加された Hydrate Cage は 5 角形 12 面と 6 角形 4 面の 16 面体構造であり，空隙径も約 0.67nm と大きく，Large Cage（以降 L-Cage）と呼ばれている．以上 3 種類の Hydrate Cage の模式図を図 1 に示す．図中丸印は H_2O 分子中の O 原子の位置を示すもので，稜線はいわゆる分子間水素結合に対応する．

S-Cage　　　　　M-Cage　　　　　L-Cage

図 1　Hydrate Cage の基本構造

この他にも比較的最近になって見つかった新しい結晶構造に存在するものが，4角形3面と5角形6面，6角形3面からなる12面体のS'-Cage（上述のS-Cageより空隙径がほんのわずか大きい）と，少し縦長で空隙径の最も大きいU-Cage（5角形12面，6角形8面の20面体構造）が知られており，特にU-Cageの占有性に関する研究は最大Guest分子の探索と連関し興味深い．

2.3 構造Ⅰ型の結晶構造

構造Ⅰ型と呼ばれるGas Hydrateの単位格子を図2に示す．この体心立方格子（$Pm3n$，格子定数は1.2nm）は2個のS-Cageと6個のM-Cageで構成されたもので単位格子あたりのH_2O（Host分子）の分子数は46個である．したがって，Guest分子GがすべてのS隙を占有する場合の化学式はG 5.75 H_2Oと表現され，S-Cageが空隙のままでM-Cageのみを占有する場合はG 7.67 H_2Oとなる．たとえば，Xe，CO_2，CH_4 Hydrate結晶は構造Ⅰ型として知られており，C_2H_4やC_2H_6 HydrateはS-Cageを占有しない構造Ⅰ型とされる．なお，c-C_3H_6は構造Ⅰ型Gas Hydrateを生成する最も大きなGuest分子であることもわかってきた．ただし，これらは比較的穏和な圧力域で呈する構造であり，占有状態が変化したり構造相転移が起こることから，決して普遍的なものではない．

図2　構造Ⅰ型結晶構造

2.4 構造Ⅱ型の結晶構造

構造Ⅱ型の結晶構造は，図3に示すように16個のS-Cageと8個のL-Cageで構成されるDiamond構造の立方格子（$Fd3m$，格子定数は1.73nm）である．単位格子あたり136個のH_2O分子を持っているので，先ほどの表現を用いるとすべての空隙をGuest分子Gが占有すればG 5.67 H_2O となり，L-Cageのみを占有するとG 17 H_2Oの化学式となる．構造Ⅱ型を生成するGuest分子は2種類に分類されc-C_3H_6よりも大きいサイズではC_3H_8が知られておりL-Cageのみを占有する．逆にXeより小さいGuest分子のN_2などは両方のCageを占有する．特に小さいサイズのGuest分子にとっては，構造Ⅰ型のS-Cageより0.01nmほど小さい空隙が魅力的であり，かつ大きなL-Cageを複数のGuest分子が占有する可能性もあり，ガス輸送や貯蔵技術開発の上で重要な研究対象となっている．

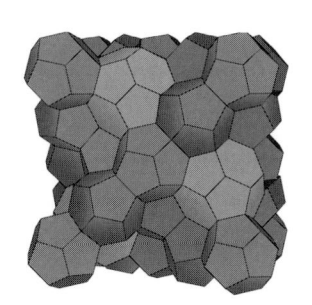

図3　構造Ⅱ型結晶構造

2.5 構造H型の結晶構造

構造H型のGas Hydrateは上記と異なり，基本的に混合Gas Hydrateといってもよい（例外的に超高圧力域の純粋Gas Hydrateもある）．すなわち，S-Cageを占有可能なGuest分子（Help Gasと呼ばれる）が小さなCageを棲み分け的に占有することにより，単独ではGas Hydrateを生成しないほど大きな分子を取り込む大きな空隙を用意して安定化する．構造H型結晶は比較的新しく発見され（1987年），3個のS-Cageと2個のS'-Cageおよび1個のU-

Cage からなる Hexagonal 単位格子（$P6/mmm$）であり，34 個の H_2O 分子で構成される．単位結晶格子と Hydrate Cage の概略図を図 4 に示す．Help Gas 分子 L と大きな Guest 分子 G の理想結晶構造の化学式は，G 5L 34 H_2O と表される．構造 H 型構造の科学的興味としては，最大サイズの Guest 分子の探索が挙げられるが，応用研究の見地からすると，平衡圧力の大幅な降下（純粋な Help Gas Hydrate に比べて）に注目する研究が多い．これは穏和な操作条件の有利性に重点を置いており，たとえば CH_4 Hydrate を利用する輸送システムでは，CH_4 を Help Gas として利用することにより，純粋 CH_4 Hydrate よりかなり低い操作圧力を実現する．

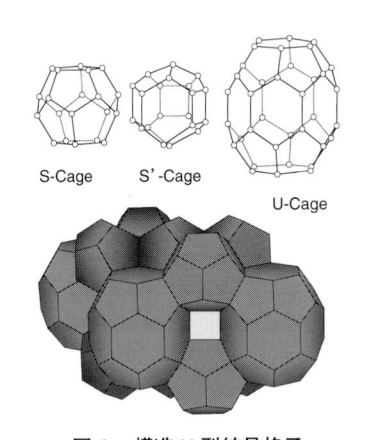

図 4　構造 H 型結晶格子

3. Guest 分子の Cage 占有性

各種の Hydrate Cage を Guest 分子がいかに占有するかを明らかにすることは，この研究分野における基礎的な課題である．一般に，Guest 分子のサイズより大きな Cage 空隙部を占める（基礎占有）とされ，Guest 分子のサイズと結晶構造との関連は図 5 に示すような結晶構造に分類される．図中縦軸が Guest 分子サイズの目安（van der Waals 直径）であり，小さいものから順番に，構造 II 型，構造 I 型，再び構造 II 型そして構造 H 型へと推移する（既に述べ

たように，この構造分類は比較的低い圧力域の情報を基に決定されており，普遍的なものではない）．純粋 Gas Hydrate の場合，これまで基礎占有で説明される条件下での研究がほとんどであった．最近特に混合 Hydrate や高圧力域での研究が盛んになり，占有状態も条件により種々変化することがわかってきた．

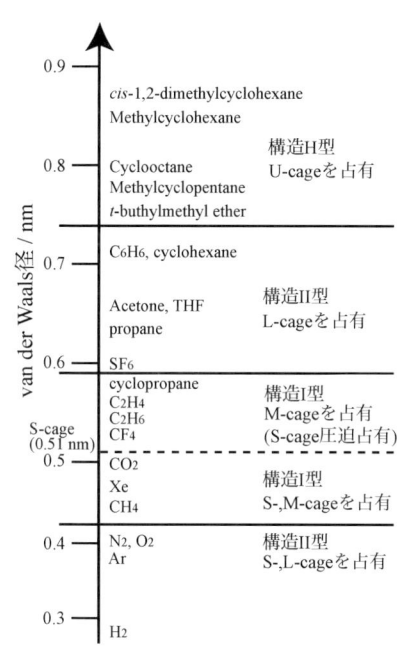

図5　各 Guest 分子のサイズと結晶構造

3.1　棲み分け占有

サイズの大きく異なる Guest 分子同士が混合 Hydrate を生成する場合，それぞれが異なるサイズの Cage を完全に棲み分けて占有する．たとえば上述の構造 H 型結晶では，Help Gas と呼ばれる小さな Guest 分子が S および S'-Cage を占有し，単独では Hydrate 結晶を生成しないほど大きな分子が U-Cage を占有する．Help Gas としての役割を果たす分子としては，Xe, CH$_4$, H$_2$S 等が知られており，これら Help 分子の助けを借りると，Dimethylcyclohexaneのような大きな分子がU-Cageを占有する．これまでにも熱力学的安定境界曲線の傾きの変化から構造H型の存在を報告したものや，NMR測定による構造解析から構造H型の存在を報告したものなどいくつか存在する．その他，構造Ⅱ型結晶に属する水素混合Hydrateもこのカテゴリーに分類され（この場合，水素はHelp Gasとは呼ばず，水素Hydrateを安定化する大きなGuest分子のことを補助剤と呼んで区別する），通常の条件では水素分子は共存する大きな空隙には入らず，小さなCageのみ占有するものと考えられている．

3.2 競争占有

比較的サイズが似たGuest分子が構成する混合Gas Hydrateでは，共通のCageを競争的に占有し，温度・圧力・混合組成など熱力学的環境によって，各Guest分子の各Cageに対する占有比が定まる．混合Gas Hydrate系の相平衡関係は，気液平衡関係と同様に取り扱われるのが一般的であるが，各Guest分子が数種類のHydrate Cageをどのような割合で占有しているのかを実験的に確かめることは容易ではない．我々は，顕微Raman分光分析により結晶全体にわたって組成を解析し，図6に示すように，理想Hydrate（すべてのCageがいずれかのGuestを包接しているHydrate）が仮定できる条件での占有比を報告した．

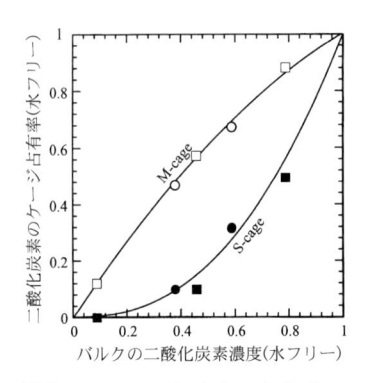

図6　CO_2とCH_4混合HydrateにおけるSおよびM-Cage中の混合組成

3.3 圧迫占有

S-Cage 径より大きいとされる Guest 分子（C_2H_6 や C_2H_4 等）は，S-Cage が完全に空の状態でも M-Cage あるいは L-Cage のみを占有して安定化する．ところが Raman 分光法を用いた研究により，C_2H_6 も C_2H_4 もかなりの高圧力下で S-Cage を圧迫的に占有することが判明した．Raman 測定のために長時間掛けて高圧力で熟成した C_2H_6Hydrate の単結晶写真を図 7 に示す．

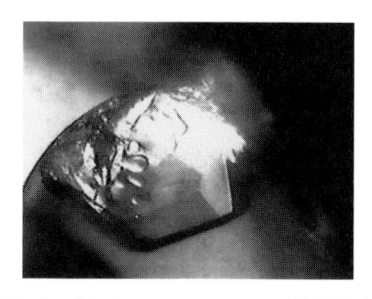

図7　高圧力下で熟成した C_2H_6 Hydrate の単結晶（約 5 mm 径）

圧迫占有された Cage は通常の状態に比べその水素結合に歪みが加わり構造が若干変形する．この変形を Raman 分光分析で検出し，得られた水分子間 O-O 伸縮振動エネルギーの圧力依存性を図 8 に示す．これまでに測定した構造 I 型結晶の結果は，わずかな圧力依存性を示す A 型（Xe, CH_4, CO_2 など比較的小さい Guest 分子からなる Gas Hydrate）と，ほとんど一定の B 型（C_2H_6, C_2H_4, c-C_3H_6 など比較的大きく，一般には M-Cage のみを占有すると考えられている Gas Hydrate）とに大別できる．比較的小さいサイズの Guest 分子が包接された Gas Hydrate 結晶は圧縮性があるものと解釈できる．また，構造 II 型の結晶における O-O 伸縮振動エネルギーは，構造 I -A 型結晶に比べ約 5 カイザー高くなる．これは，構造 II 型中の S-Cage サイズが構造 I 型の S-Cage よりわずかに小さいことを裏付けるものと考えられる．逆に構造 H 型の場合の O-O 伸縮振動はレッドシフトする．

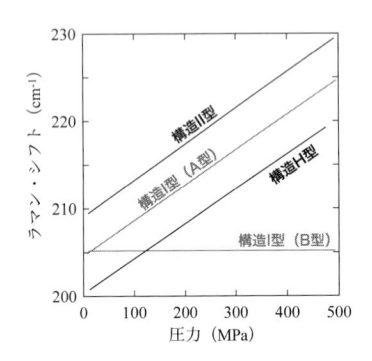

図8　各結晶構造における水分子間 O-O 伸縮振動の圧力依存性

　圧迫占有が顕著な c-C_3H_6 Hydrate は，構造 I 型結晶を構成する最も大きな Guest 分子と考えられており，低圧力域では M-Cage のみを占有する．ところが 200MPa 以上の高圧力になると，Guest 分子内振動の Raman ピークに分岐（M-Cage 占有のみならず S-Cage 占有も加わっている）が観察されるようになり，高圧力になればなるほど S-Cage 占有割合が増加する．圧力上昇に対する Raman ピーク強度比（M-Cage 占有に対する S-Cage 占有の比）の変化を図 9 に示す．

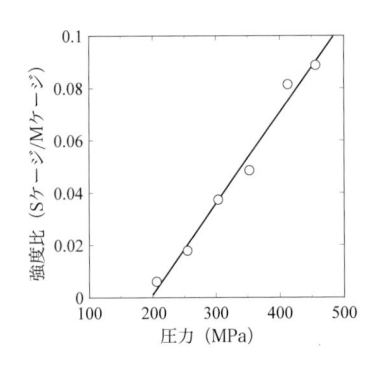

図9　構造 I 型結晶の S-Cage に対する c-C_3H_6 分子の圧迫占有と圧力依存性

第 1 節　ガスハイドレートの構造と環境科学的利用

4. Gas Hydrate 結晶の構造相転移

熱力学的環境の変化により，大きな Hydrate Cage は，より安定な Hydrate Cage へと変化する．同時に Cage の配列変化が引き起こされ，Gas Hydrate 結晶の構造相転移が起こる．本項では，構造相転移を主に支配する熱力学変数により，圧力支配，温度支配，組成支配に分類して概説する．

4.1　圧力支配構造相転移

高圧力が容易に発生できるダイアモンドアンビルセル（以降 DAC と省略）を用いていくつかの重要な測定がなされており，その内の一つが圧力支配の構造相転移である．またロシアの Dyadin の研究グループは独特な実験装置を用いて，CH_4 や希ガス類 Hydrate 系の安定限界曲線を数 GPa まで測定し，多くの構造相転移圧力を報告している．最近，DAC 法と X 線や中性子回折を組み合わせた報告も出されており，たとえば N_2 Hydrate の構造相転移が 0.84GPa で起こることを Raman 分光により主張するものや，CH_4 Hydrate が 0.6GPa 付近で起こる（安定限界曲線の傾き変化より）とするもの等が報告されているが，研究者によっては結晶構造の種類そのものが相違したり，転移点にも不一致が見受けられる．これは，固体―固体の平衡を取り扱うことの一般的な困難さに加え，DAC の内容積が極めて小さいことも原因の一つではないかと考えられる．しかし，より本質的には Hydrate Cage を持たない結晶（たとえば侵入型固溶体のように全く任意の量論比で固化するものなど）を Gas Hydrate と見なすのかどうかについてまだ議論が残っているのも事実である．いずれにせよ Dyadin らの結果は，Guest 分子による Hydrate 構造の分類法が当初考えていたほど容易でないことを示した点で先導的であると言える．

4.2　温度支配構造相転移

高圧力というより，わずかな温度変化によって引き起こされる（厳密には圧力も変化するのではあるが）構造相転移は，多くの場合，構造 H 型の Gas Hydrate 系で観察される．上述のように構造 H 型 Hydrate は，Xe や CH_4 などの Help Gas 存在下で生成し，大きな Guest 分子を包接して安定化する．純

粋な Help Gas のみからなる Hydrate（構造 I あるいは II 型結晶）の安定限界曲線と比較して，構造 H 型では低圧側にシフトする．温度に対する圧力変化は構造 H 型の方がわずかに大きいため，ある温度で両曲線が交差する．交差温度よりわずかに温度を上昇させると，構造 H 型 Hydrate は構造 I 型へと構造相転移する．このような現象を，温度に極めて敏感なため温度支配の構造相転移と呼ぶことにする．構造 I 型への転移が意味することは，構造 H 型結晶格子中の U-Cage が破壊され大きな分子が結晶外に押し出され，Hydrate 結晶は Help Gas 分子の純粋 Gas Hydrate に転移するということである．

4.3 組成支配構造相転移

混合 Hydrate 系においては，混合組成が支配する構造相転移が観察されることがある．CH_4 と c-C_3H_6 の混合 Hydrate 系の構造相転移を，Raman 分光分析により確認した例を図 10 に示すが，両方の Guest 分子とも純粋状態では構造 I 型結晶となる温度条件下にも関わらず，ある混合組成範囲内で構造 II 型結晶に転移するという点で興味深い．c-C_3H_6 分子の環呼吸振動モードに由来するピークは，Hydrate 相中の c-C_3H_6 濃度が高濃度の時 1191 カイザーに現れている．これは純粋 c-C_3H_6 Hydrate と同じ位置であり，この分子が構造 I 型結晶の M-Cage を占有しているときのエネルギー状態に対応している．Hydrate 相 CH_4 濃度の増加に伴い，1184 カイザーへシフトすることが観察される．このレッドシフトは，c-C_3H_6 が M-Cage より大きな空隙の L-Cage を占有していることに対応するものであり，CH_4 分子の C-H 伸縮振動モードの結果とも一致する．さらに CH_4 濃度が増加すると再び M-Cage 占有となる．この一連の変化は，CH_4 濃度増加に従い，混合 Hydrate が構造 I 型から構造 II 型に転移し，再び構造 I 型結晶に戻ることを示すものである．その他の混合系でも同様な組成支配の構造相転移が報告されており，これらの事実も従来の常識を覆す研究結果である．

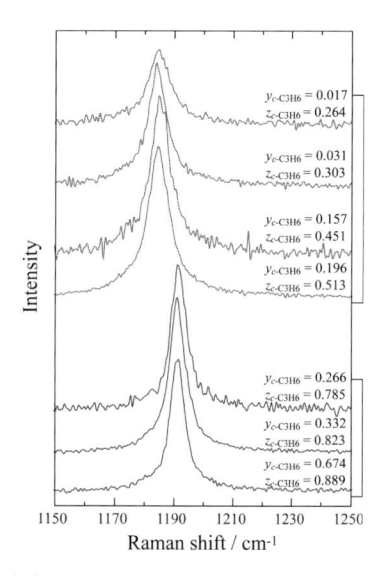

第 1 節　ガスハイドレートの構造と環境科学的利用

図 10　組成変化による構造相転移（CH_4＋c-C_3H_6 混合系）

5. 水素 Hydrate の熱力学的安定性

　最近，水素 Hydrate を利用する水素の貯蔵・輸送・車への搭載などに関する技術開発が注目されるようになってきたが，水素 Hydrate に関する基礎的研究はまだ緒についたところである．特に，水素純粋 Hydrate は超高圧力域においてのみ安定であるため，実験手法としても DAC 法のように非常に微小空間での取り扱いとなること，さらに固相間の相平衡の問題など平衡状態を議論する上で十分な情報を得にくい現状にある．さらに超高圧力域であるが故に生じる圧力支配の構造相転移，場合によっては Hydrate Cage の崩壊や侵入型固溶体の出現など複雑な問題が山積している．本項では，超高圧力域の水素の純粋 Hydrate を最初に紹介し，次に補助剤添加により平衡圧力を降下させた水素混合 Hydrate について議論する．

5.1　水素純粋 Hydrate の平衡関係

　水素純粋 Hydrate の安定性に関する最初の系統的な研究は Dyadin らに

よって行われ，氷点温度付近において 100-360MPa の圧力範囲で安定に存在し，氷との固溶体の存在を報告しているが，結晶構造については触れていない．その後 DAC 法を用いた Mao らによる超高圧力域での報告があり，構造 II 型結晶を形成するとされ，同時に S-Cage 中に 2 個，L-Cage 中に 4 個の水素分子が包接されると主張した．超高圧力域ではあるが，水素分子の貯蔵・輸送媒体として Gas Hydrate 利用の可能性があると述べている．彼らの論文が Science 誌に掲載されたこともあり，これを機に水素 Hydrate の利用に関する応用研究が盛んになってきた．Dyadin らの測定結果を基に，平衡曲線（3 相共存線）を氷の構造相転移点・融解曲線と共に図 11 に図示する．水素純粋 Hydrate の平衡曲線は氷の融解曲線より高温・低圧力域にシフトし，Ar Hydrate と Ne Hydrate の平衡曲線の中間にあり，より高温・高圧力域では厳密な意味での Hydrate Cage は存在しない．Mao らの測定結果は 3 相平衡状態を保持しておらず，侵入型固溶体の可能性もあり，彼らの結果についてはさらに詳細な検討が必要と思われる．いずれにしても純粋な水素 Hydrate を安定に保持するためには数百 MPa 以上の圧力を利用しなければならず，現段階では汎用的な水素貯蔵技術として利用するには困難を伴う．

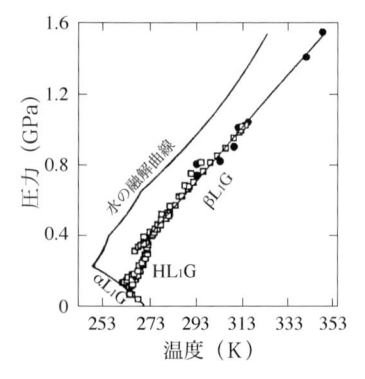

図 11 水素純粋 Hydrate の 3 相平衡曲線（β 相は古典的な意味では Hydrate と呼ばないこととした）

5.2 水素混合 Hydrate の平衡関係

前項で述べたように,数百 MPa(場合によっては数 GPa)の超高圧力の高圧容器を車に搭載することは現実的でなく,いかにこの操作圧力を降下させるかが最も重要な課題と言える.そのために注目されたのが水素混合 Hydrate で,現在のところ最もよく研究されているのが Tetrahydrofuran(以降 THF と省略)を補助剤とする混合 Hydrate である.本項では純粋 THF Hydrate の熱力学的安定性とそれを用いた水素混合 Hydrate について述べる.

5.2.1 THF Hydrate の安定性

有機溶媒にも水にもよく溶ける五角形の環状 Ether 系溶媒 THF は,Acetone と同様に氷点より少し高温でその飽和蒸気圧以下でも Gas Hydrate を生成する.THF Hydrate は構造 II 型結晶で,THF 分子は L-Cage のみを占有し,S-Cage は空隙のままで安定化する.したがって理想化学式は THF 17 H_2O となり,THF:H_2O の物質量比 1:17 の混合物は化学量論的水溶液と呼ばれる.化学量論的水溶液は 277.45K より低温であれば簡単に Gas Hydrate を生成するので,一般の冷蔵庫でも THF Hydrate は作成できる.

三相共存線(THF Hydrate,水溶液と気相が平衡状態)の実測結果について,温度と圧力の関係を図 12 に,また水溶液組成(THF モル分率 0.056 が化学量論的水溶液に対応する)と平衡温度との関係を図 13 に示す.図中 H_{II} は構造 II 型の THF Hydrate 相,L は液相で下添え字 1 は化学量論比より H_2O 濃度が高い水溶液をまた下添え字 2 は THF 濃度が高い水溶液であり,G は気相を表す.たとえば曲線 HL_1G は THF Hydrate と化学量論比より THF 濃度が低い水溶液および THF と H_2O の混合気体からなる 3 相が平衡にある状態を表す.3 相共存が出現する最高温度が 277.45K でそのときの混合比は化学量論比となっている.化学量論的水溶液では,THF Hydrate の生成・分解に関係なく水溶液組成が一定であり,そのまま気相を消失させ昇圧していくと図中の $H_{II}L_1=L_2$ の曲線(3 相共存ではないが,化学量論組成を保持したままの 2 相平衡状態)に沿ってほぼ垂直に数百 MPa まで変化する.もちろん化学量論比と異

なる組成の水溶液では平衡温度が低温側にシフトするもののほぼ同様の現象を呈する．

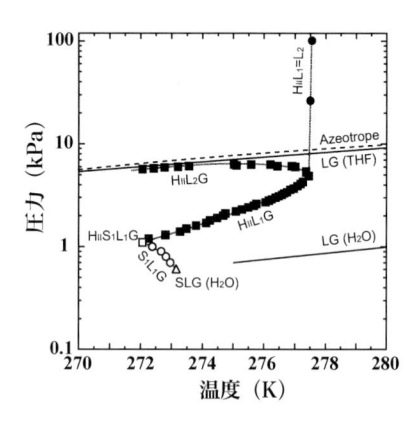

図 12　THF Hydrate の 3 相平衡曲線

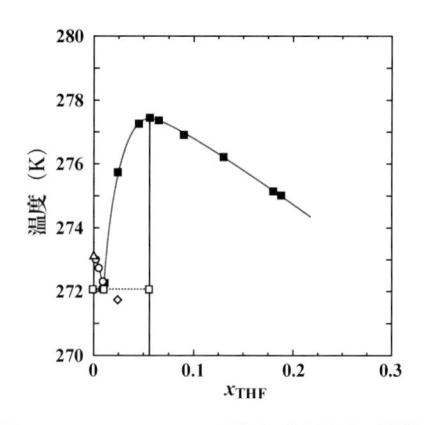

図 13　THF Hydrate の平衡組成と温度の関係

5.2.2　水素＋THF 混合 Hydrate の構造と Cage 占有性

構造 II 型の結晶格子は THF 分子が占有している 8 個の L-Cage 以外に，空隙のままとなっている 16 個の S-Cage が存在する．加圧した水素流体中にこ

のHydrate結晶を投入すると，水素分子にとっては若干大きすぎるかもしれないS-Cageに拡散侵入していき，空隙部を棲み分け占有し水素混合Hydrateとなって安定化する．この概念図を図14に示す．この水素吸蔵過程において，THF Hydrateを構成する水素結合は切断されず，したがって構造II型結晶は保持されたままであることもこの混合Hydrateの特徴の一つである．また補助剤としてのTHFは，CH_4などとも協同して混合Hydrateを生成し，CH_4純粋Hydrateの平衡圧力を大幅に降下させる．しかし，例外的な水素の場合と異なり脱着過程では水素結合の破壊を伴う．

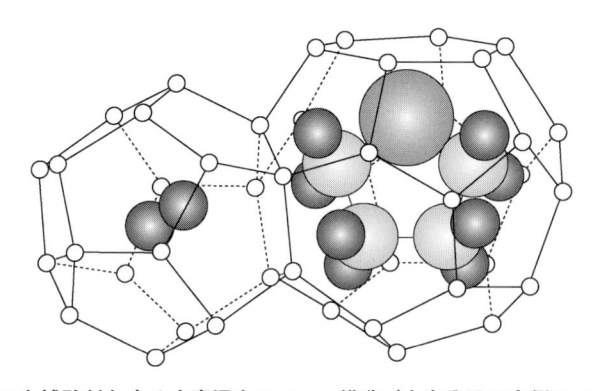

図14 THFを補助剤とする水素混合Hydrate構造（水素分子は左側のS-Cageを占有している）

5.2.3 水素混合Hydrateに対する最近の報告

最近報告されたTHFを補助剤とする水素混合Hydrateの測定結果には矛盾する点がいくつか存在する．言い換えればそれだけ測定が困難であるとも言える．まず，Sloanらの研究グループは2004年のScience誌で，数十MPaの圧力下で水素はS-Cageのみを占有し，平均1.5個の水素が包接されていると報告した．また2005年のNature誌でRipmeesterらの研究グループは，化学量論比よりTHF濃度の低い水溶液から生成したHydrateでは，水素はL-Cageをも占有し，Hydrate全量に対する水素質量が約2.0wt%であるとしている．再びSloanらは，化学量論的水溶液から生成した水素混合Hydrate

では，60MPa の圧力で水素の飽和量は約 1.0wt％であると報告している．この水素貯蔵量 1.0wt％はすべての S-Cage に水素分子が 1 個包接されることを意味している．先の複数占有および L-Cage 占有と矛盾する結果を提出している．さらに彼らは Ripmeester らの条件で同様の測定をしたところ，水素貯蔵量は水溶液濃度に依存しなかったと主張している．我々の追試実験（2007 年）では，化学量論比以外の濃度の水溶液から生成させると，平衡曲線が低温側にシフトするものの，水素分子は S-Cage のみを占有することを Raman 分光法から明らかにした．したがって現時点では，水素の最大貯蔵量は 1.0wt％を支持する結果となっている．しかし，水素貯蔵量に対する圧力の影響と Gas Hydrate の粒子サイズの影響なども考慮する必要があり，これらの点については現在検討中である．

6. 新規補助剤の探索

Gas Hydrate を利用する水素貯蔵法では，最も重要な視点が安全性であることは当然であるが，操作温度が高く，操作圧力が低く，かつ貯蔵量が大きいことが望まれる．これまでの研究成果から，THF を補助剤とする場合は操作温度が 5 ℃付近，操作圧力は 30MPa 程度で貯蔵量が約 1wt％前後と見積もるのが妥当であり，THF を補助剤にする限りこれらを大きく凌駕する好条件は期待できないと思われる．もちろん貯蔵量の増加を最優先ということになれば，さらに高圧力域を利用することは可能である．しかし，より穏和な条件で，かつ水素を十分に包接するためには，やはり THF に替わる新規な補助剤の探索が鍵となる．

6.1 水素包蔵量の増加と操作条件の緩和の可能性

これまでの研究成果から，水素混合 Hydrate による水素貯蔵において，やはり単位体積あるいは単位質量あたりの水素貯蔵量をいかに増加させるかが最も難解な課題と考えられる．

穏和な圧力域で「水素を包接する Cage はもっぱら S-Cage であり，かつ水素分子の単独占有である」ことはかなり確実な事実と考えられる．この事実

によればS-CageをDiamond単位格子あたり16個保有する構造II型結晶が有利と考えるのが妥当で，おそらくTHFを補助剤とする混合Hydrate（同じ構造II型）と貯蔵力はほぼ同程度と考えられる（飛躍的な改善は期待できない）．

また，水素分子のS-Cage複数占有についても期待できないのではないかと思われる．ただし，水素分子にとって構造I型中のS-Cageの空隙は大きすぎ，構造II型中のS-Cageは占有できるという極めて微妙なレベルの現象であることから，大きなサイズのCage（構造I型ならM-Cage, 構造II型ならL-Cage）を占有する補助剤分子と共有あるいは競争的に占有できる可能性はまだ残っているかもしれない．Ripmeesterらの「化学量論比より低いTHF濃度の水溶液から生成したHydrateが大きな貯蔵力を持つ」としたのは水素がTHFと競争的にL-Cageを占有することを考えたことによる（残念ながら追試実験でこの事実は確認できなかった……おそらく彼らの結果は正確ではないと思われる）．

これまでに紹介してきたHydrate Cage以外にもサイズの異なる空隙を持つものが存在するため，水素分子に最適な空隙や複数占有するCageで構成される結晶構造を生成する補助剤の探索が重要課題だと考えている．

6.2 Hydrate骨格に入り込む補助剤

Phenol類やAmine類はその親水基を使って，Hydrate Cageの水素結合の一部に入り込み骨格を形成しながら疎水部を空隙部に包接する．特に複数の疎水基を持つAmine類は高温においても安定なHydrateを生成し，かつこれまでとは異なる種類の空隙と結晶構造となるものと思われる．直鎖Alkyl基4本を持つAmineは，図14に示すように1本のAlkyl基をそれぞれ4個の空隙部に侵入させ，N原子を本来のO原子の位置に配置させ，N原子と結合するHalogen族原子の種類により安定限界温度を大幅に変化させるという特徴を持つ．そこで，Butyl基（Alkyl鎖の長さは重要で，Hydrateを生成させるために適当な長さを選定した結果である）を4本持つAmine類を補助剤候補に選定した．期待する最大の特性は，まずTHF Hydrateより高温側で使用できることおよび貯蔵量が大きい（Butyl基を包接するCageを水素が共有することを予

想)ことの2点である．例として Amine 類 Hydrate 結晶構造の模式図を図15に示す．Tetragonal 結晶格子を構成するこの Hydrate は，単位格子に4個のL（厳密にはL'）-Cage と 16 個の M-Cage および 10 個の S-Cage を内包している．また4本の Butyl 基は3個の M-Cage と1個の L'-Cage を占めている．水素分子が S-Cage に加え，M や L'-Cage を Butyl 基と共有できるかどうかが最大の興味であり，現在検討中である．

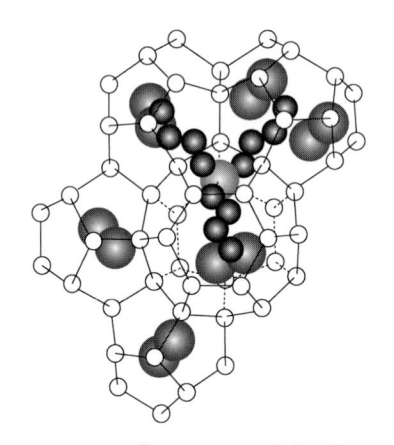

図 15 Amine 類 Hydrate の構造の概念図

また Amine 類のうち Halogen 族原子を Br として水素混合 Hydrate を調製すると，THF を補助剤とする場合に比べその平衡曲線が約 8K 高温側にシフトすることを確認した．さらに異なる Halogen 族原子で置換した補助剤を用いると 24K の高温側シフトを示し，ほぼ室温付近で水素混合 Hydrate を取り扱うことが可能となった．もうひとつの課題である貯蔵量の問題については現在検討中であるが，当初予想した L' と M-Cage における Butyl 基と水素分子の共存に関しては否定的な結果しか得られていない現状にある．最近掲載された論文（2007年）では我々が使用した補助剤を用いて画期的な貯蔵力があったと報告されているものの，操作条件など不確かな点が多く，現在検討中である．

7. 今後の課題

　水素 Hydrate について，我々の研究結果を中心にかなり詳細にわたってその科学的知見を述べ，明らかにさせねばならない問題点や疑問点についても触れてきた．また THF を補助剤とする水素混合 Hydrate 系の特徴（やはり貯蔵能力が十分とは言えないことを含め）についても述べてきたが，脱着過程における有利性について，本節では触れなかった．この有利性は，THF を補助剤とする水素 Hydrate の脱着時の Enthalpy 変化が非常に小さいことから，水素の脱着は Hydrate Cage の水素結合を破壊することなく起こっていることが予想される．実際のプロセスでは，温度をほぼ一定にして，圧力変動のみで THF Hydrate への水素の脱着操作が可能ということになる．

　最近，水素 Hydrate より数年先駆けて研究されていた天然ガス Hydrate の貯蔵・輸送システムの実用化に向けての企業が誕生した．冒頭で述べたように，持続性社会を目指す科学技術におけるダブルキーワードである水素 Hydrate もまた早急に実用化させなければならない．現在のところ適切な補助剤探索が最も有効な結果をもたらすものと期待しているが，同時に「水で水素を封じ込める」ことの意味を考え，貯蔵力の不十分さを許容する社会的コンセンサス確立にも努力する必要性を感じている．

参考文献

1) Davy, H.: *Phil. Trans. Roy. Soc.*（*London*）, **101**（1811）1.
2) Hammerschmidt, E.G.: *Ind. Eng.Chem.*, **26**（1934）851.
3) von Stackelberg, M.: *Naturwiss.*, **36**（1949）327.
4) Sloan, E.D. Jr.: *Clathrate Hydrates of Natural Gases*,（Dekker, 1990）.
5) Hirai, H. et al: *J. Phys. Chem. A*, **104**（2000）1429.
6) Ripmeester, J.A. et al: *Nature*, **325**（1987）135.
7) Mehta, A.P. and E.D. Sloan Jr.: *J. Chem. Eng. Data*, **38**（1993）580.
8) Mehta, A.P. and E.D. Sloan Jr.: *J. Chem. Eng. Data*, **39**（1994）887.
9) Khakhar, A.A., J.S. Gudmundsson and E.D. Sloan Jr.: *Fluid Phase Equilibria*, **150–151**（1998）383.
10) Davidson, D.W. et al: *J. de Physique*, **48**（1987）537.
11) Ripmeester, J.A. and C.I. Ratcliffe: *J. Phys. Chem.*, **94**（1990）8773.
12) Sum, A.K., R.C. Burruss, E.D. Sloan Jr.: *J. Phys. Chem. B*, **101**（1997）7371.

13) Adisasmito, S., J. Frank and E.D. Sloan Jr.: *J. Chem. Eng. Data*, **36** (1991) 68.
14) Song, K.Y. and R. Kobayashi: *J. Chem. Eng. Data*, **35** (1990) 320.
15) van Hinsberg, M.G.E., M.I.M. Scheerboom and J.A. Schouten, *J. Chem. Phys.*, **99** (1993) 752.
16) Dyadin, Y.A., E.Y. Aladko and E.G. Larionov: *Mendeleev Commun*, (1997) 34.
17) Dyadin, Y.A. et al: *Mendeleev Commun*, (1997) 32.
18) Dyadin, Y.A. et al: *Mendeleev Commun*, (1997) 74.
19) Vos, W.L. et al: *Phys. Rev. Lett.*, **71** (1993) 3150.
20) Makogon, T.Y., A.P. Mehta and E.D. Sloan Jr.: *J. Chem. Eng. Data*, **41** (1996) 315.
21) Subramanian, S. et al: *Chem. Eng.Sci.*, **55** (2000) 1981.
22) Subramanian, S. et al: *Chem. Eng.Sci.*, **55** (2000) 5763.
23) Mao, W. et al: *Science*, **297** (2002) 2247.
24) Florusse, L.J. et al: *Science*, **306** (2004) 469.
25) Lee, H. et al: *Nature*, **434** (2005) 743.
26) Strobel, T.A. er al: *J. Phys. Chem. B*, **110** (2006) 17121.
27) Chapoy, A., R. Andrson and B. Tohidi: *J. Am. Chem. Soc.*, **129** (2007) 746.

第 2 節
光触媒を利用した水の分解

大阪大学太陽エネルギー化学研究センター
池田　茂，松村道雄

1. はじめに

　水素は古くより将来のエネルギー源として期待されてきたが，環境問題への関心の高まりとともに，最近大きく注目されるようになっている．と言っても，現状では水素は，天然ガスやナフサなどの化石資源を原料として製造されており，クリーンかつ地球温暖化の防止に貢献できる水素エネルギーシステムは技術的に未完成の状態である．このような背景から，太陽エネルギーを利用して水から水素を製造する方法が期待されている．なかでも，光触媒を用いた水の分解反応は，もっとも活発に研究が行われている技術の一つである．本節では，この光触媒水分解の最近の研究について，我々の研究を交えて述べる．

2. 研究の経緯
2.1 電極反応から光触媒反応へ

　酸化チタン（TiO_2）電極と白金（Pt）電極とを電解質を含む水溶液に浸して，TiO_2電極側にTiO_2のバンドギャップ以上のエネルギーをもつ光（紫外光）を照射すると，TiO_2電極上で酸素の発生，Pt電極上では水素の発生反応がおこり，外部負荷を通して電力が得られる湿式光電池となる．1970年頃に日本で報告されたこの光電気化学電池による水の分解現象は，本多・藤嶋効果と呼ばれる[1]．この実験を契機として，TiO_2粒子を光触媒として用いた水分解の研究が数多くなされてきた．初期の研究では，上記の光電気化学電池を小型化させた形態として，TiO_2光触媒に水素発生の触媒となるPtを担持させた粒子（Pt-TiO_2）が検討されてきたが，これを水に加えて光を照射しても，少量の水素生成が観測されるだけで酸素生成はほとんど起こらない．

おもな原因は，担持させた Pt 上で水素と酸素の逆反応（$H_2 + 1/2O_2 \rightarrow H_2O$）が効率よく起こるためであり，条件を工夫すればこれを抑制して水分解が可能になる．たとえば，佐藤らは，底の平らな容器に Pt-TiO_2 粒子を敷き詰めて，粒子の表面が濡れる程度の水を加えて上部から光を照射すると，化学量論比で水素と酸素が生成することを確認している[2]．懸濁系では，水素と酸素が混合しながら気泡を作るため，Pt が存在すると速やかに水に戻ってしまうのに対して，粒子表面が濡れる程度の薄い水の層があるこの条件では，水素と酸素は拡散によって気相に出ることができるため，水素と酸素が化学量論比で生成する．しかしながら，この系では，反応がある程度進行して気相中の水素と酸素の濃度が上がると，これらが水相へ再溶解して逆反応が起こり，見かけ上反応が停止する．すなわち，定常的な水素と酸素の生成はこの系では達成されない．また，Pt-TiO_2 を高濃度の炭酸ナトリウム（Na_2CO_3）水溶液中に懸濁させて反応を行うと，水素と酸素が効率よく生成することが見いだされている[3]．Na_2CO_3 の添加効果は，溶液の pH や Na^+ イオンによるものではなく，光触媒上への CO_3^{2-} イオンの吸着に起因している．

表1 水を水素と酸素に分解可能な光触媒[*1]

光触媒	H_2 生成触媒	反応条件	H_2 生成速度 ($\mu mol\ h^{-1}$)
TiO_2	Pt	純水	<1
TiO_2	Pt	Na_2CO_3 aq.	570
$SrTiO_3$	NiO_x	NaOH aq.	35
$BaTi_4O_9$	RuO_2	純水	25
$K_4Nb_6O_{17}$	Ni	純水	1,800
$K_2La_2Ti_3O_{10}$	NiO_x	KOH aq.	2,200
$K_3Ta_3Si_2O_{13}$	NiO	純水	370
$NaTaO_3$	NiO	純水	2,200
$NaTaO_3$/La	NiO	純水	20,000
$CaIn_2O_4$	RuO_2	純水	22
$SrSnO_4$	RuO_2	純水	4
$CaSb_2O_6$	RuO_2	純水	3
$ZnGa_2O_4$	RuO_2	純水	12
Zn_2GeO_4	RuO_2	純水	22
β-Ge_3O_4	RuO_2	H_2SO_4 aq.	1,500
GaN：ZnO	RuO_2	H_2SO_4 aq.	1,000
GaN：ZnO	RuO_2	H_2SO_4 aq.	60[*2]
GaN：ZnO	Cr_2O_3, Rh	H_2SO_4 aq.	320[*2]

[*1] 発表年順，[*2] 可視光照射下での活性

第2節　光触媒を利用した水の分解

　Pt-TiO$_2$ を光触媒として用いた系はほかにもいくつか報告されているが，いずれの場合も，生成した水素と酸素の Pt 上での逆反応を完全に防ぐことができない．このため，水の分解反応系では Pt に代わる水素生成触媒が必要となる．堂免らは，NiO$_x$（表面が酸化ニッケル（NiO），内部がニッケル金属（Ni）．硝酸ニッケル水溶液から含浸法により担持させた NiO を 500℃で水素還元，200℃で再酸化して得られる．）を水素生成触媒として，これをチタン酸ストロンチウム（SrTiO$_3$）に担持させた光触媒を用いることで，懸濁系において定常的に水が分解できることを見いだした[4]．完全に酸化された NiO ではまったく活性を示さず，また，完全に Ni であると，先の Pt と同様に逆反応が起こるため，定常的な水素と酸素の生成は見られない．これらのことから，実際に水素生成が起こるのは NiO$_x$ の外側の NiO 表面であり，内部に存在する Ni が SrTiO$_3$ から NiO への励起電子の移動を促進する役割をもつと考えられる．

2.2　材料探索と高効率化

　光触媒系では，光電気化学電池とは異なり，電極として通常用いることが困難な材料群でも使用できるメリットがある．このため，水分解を進行できる多くの新しい物質の研究が進められている．いくつかの代表例を以下に述べる．

2.2.1　BaTi$_4$O$_9$

　BaTi$_4$O$_9$ は TiO$_6$ ユニット二つが互いに連結し，五角形の一辺に三角形が結びついた形状のトンネル空間が存在する特徴的な構造をもつ酸化物である．含浸法で RuO$_2$ を担持させると，このトンネル空間に RuO$_2$ の超微粒子（3nm以下）を配した粒子が得られる．これを水に懸濁させて光を照射すると，水の分解反応が定常的に進行する[5]．トンネル構造形成のため歪んだ Ti-酸素八面体が局所的な分極場を生じ，これにより効果的に電荷分離がおこる結果，水分解活性が発現すると考えられている．

2.2.2 層状構造を有する光触媒

層状ニオブ酸の一種である $K_4Nb_6O_{17}$ は，負電荷を有するニオブ酸層が一次元的に積み重なり，その層空間に K^+ イオンとインターカーレートした水分子が存在するイオン交換性酸化物である．このニオブ酸層は裏表をもち，二種類の層空間が交互に存在している．上記の NiO_x を担持させる処理を行うと，この材料では一方の層空間に Ni 超微粒子が固定化され，水素と酸素が化学量論比で生成する水分解光触媒となる．水の還元による水素生成がこの Ni 上で起こり，水の酸化による酸素生成はニオブ酸層を挟んで反対側の層空間で進行する．水素と酸素の生成が分離されるため，Ni が酸化されず安定で，かつ高活性を示す[6]．

層状ペロブスカイト構造である $K_2La_2Ti_3O_{10}$ は，La と Ti からなるペロブスカイト酸化物に基づいた二次元のアニオン層と層空間の K^+ イオンから構成される．粒子の外表面に NiO_x を担持させることで，水の分解反応が効率よく進行することが見いだされており，外表面の NiO_x 上で水素，層空間内で酸素が生成するという反応モデルが提案されている[7]．

2.2.3 Ta 含有酸化物

工藤らは，Ta をベースとする様々な複合酸化物について系統的に探索し，いくつかの複合酸化物が水分解を効率よく進行させることを見いだした[8]．なかでも，NiO を担持させた $NaTaO_3$ なるペロブスカイト構造をもつ複合酸化物が高活性を示し，特に La を微小量ドープさせると，量子収率 50% を超えるきわめて高効率な水分解光触媒となることが確認されている．La の添加効果は，粒子サイズを小さくする効果と，粒子表面のナノステップ構造形成により酸化サイトと還元サイトが効果的に分離できるようになる効果であると考えられている．この工藤らによる研究がきっかけとなって，Ta ベース材料についての研究が広く行われるようになり，さまざまな構造をもつ Ta ベース複合酸化物が報告されている[9]．

2.2.4　d^{10}型典型金属酸化物

　上述した光触媒は，いずれも酸素八面体で構成される遷移金属酸化物であり，その骨格となる遷移金属イオンは最外殻のd軌道が空のd^0型酸化物であるという共通の特徴をもつ．最近，井上らはd軌道が完全に充填されたd^{10}電子状態の金属酸化物について水分解活性を評価し，Ga^{3+}，In^{3+}，Ge^{4+}，Sn^{4+}，Sb^{5+}を含む様々な酸化物がRuO_2の担持により水分解光触媒となることを見いだした[10]．さらに，d^{10}電子状態の窒化物であるβ-Ge_3N_4においても，RuO_2を担持させることで水分解が進行することを見いだしている[11]．酸化物以外の材料で水分解が達成された最初の例である．

3.　可視光応答化のためのアプローチ
3.1　光触媒の設計といくつかの例

　光エネルギー源を太陽光とする場合には，その大部分を占める可視光を有効に利用できる光触媒が必要となる．しかし，上述のd^0およびd^{10}酸化物は，いずれも可視光領域に吸収をもたず，より高エネルギーの紫外光しか利用できない．これらの水分解が可能な酸化物の多くは，伝導帯下端が水素生成の電位（H^+/H_2：0 V vs. SHE）よりもわずかに高い位置にあり，伝導帯の電位をさらに下げると水素を生成できなくなる．これに対して，価電子帯の上端は，水の酸化電位（O_2/H_2O：＋1.23 V vs. SHE）よりかなり深い位置（約＋3 V (vs. SHE)）にあり，水の酸化に対して十分なポテンシャルをもつ．これは，これらの酸化物光触媒の価電子帯がおもにO2p軌道に由来するためである．可視光応答型の水分解光触媒とするには，価電子帯のポテンシャルを上げる工夫をすればよいことになる．

　可視光に応答する光触媒の探索の第一段階として，不可逆的に消費される酸化剤や還元剤を犠牲試薬とした反応が用いられることが多い．たとえば，反応水溶液中にメタノールなどの電子供与体（還元剤）を添加しておくと，正孔が不可逆的にこれを酸化するために，光触媒中には電子が過剰になって水素生成が促進される．また，Ag^+のような電子受容体（酸化剤）を用いると，伝導帯の電子が消費され正孔による水の酸化が促進される．表2には，

このような犠牲試薬を使った水素あるいは酸素の生成反応に活性な可視光応答型光触媒の例を挙げた．

表2　可視光で水素あるいは酸素を生成できる光触媒の例

光触媒	H_2生成触媒	還元剤	H_2生成速度 ($\mu mol\ h^{-1}$)	光触媒	酸化剤	O_2生成速度 ($\mu mol\ h^{-1}$)
CdS	Pt	K_2SO_3	850	WO_3	$AgNO_3$	65
$SrTiO_3$/Cr, Sb	Pt	CH_3OH	78	TiO_2/Cr, Sb	$AgNO_3$	42
$SrTiO_3$/Cr, Ta	Pt	CH_3OH	70	$BiVO_4$	$AgNO_3$	421
TaON	Pt	CH_3OH	15	Bi_2MoO_6	$AgNO_3$	55
TaON	Pt, Ru	CH_3OH	100	$AgNbO_3$	$AgNO_3$	37
LaTiON	Pt	CH_3OH	25	Ag_3VO_4	$AgNO_3$	17
$CaTaO_2N$	Pt	CH_3OH	23	TaON	$AgNO_3$	660
$Sm_2Ti_2S_2O_5$	Pt	$Na_2S,\ Na_2SO_3$	18	LaTiON	$AgNO_3$	41

可視光照射下での水素生成では，Ptを担持させたCdSが活性であることが古くから知られる[12]が，これは，亜硫酸イオン（SO_3^{2-}）などの犠牲試薬がないと，正孔によって自身が分解（光溶解）し安定ではない．また，WO_3は，Ag^+イオンなどの酸化剤を犠牲試薬とした酸素生成反応に良好な可視光応答性を示すことが知られるが，伝導帯の位置が低いため水を還元する能力を持たない．より安定で，水を還元および酸化できるポテンシャルを有する可視光応答型光触媒を設計する方針として，酸化物光触媒にある種の元素をドーピングさせる試みがある．これは，ベースとなる酸化物のバンドギャップの間に，新たな異種元素の準位を形成させ，そこからの遷移による可視光吸収を水分解に利用するものである．古くから検討されていたコンセプトであるが，こうして形成される可視光吸収の光励起では光触媒活性が発現されず，ドーパントが電子と正孔の再結合中心となり触媒機能を著しく低下させることが多い．しかし，最近になっていくつかの成功例が報告されており，たとえば，CrをSbやTaと共ドーピングさせた$SrTiO_3$やTiO_2が，犠牲試薬を使った水素あるいは酸素の生成反応を可視光で進行させることが見いだされている[13]．

酸化物材料の価電子帯のポテンシャルを上げる別の方法として，O2p 軌道とは異なる軌道に由来する価電子帯をもつ材料群を探索，合成する方針も知られる．表2に挙げた $BiVO_4$，Bi_2MoO_6，$AgNbO_3$，Ag_3VO_4 では，それぞれ Bi6s，Ag4d 軌道が価電子帯の形成に寄与することにより可視光応答性が発現している[14]．また，酸化物光触媒の酸素（O^{2-}）を窒素（N^{3-}）や硫黄（S^{2-}）で部分的に置き換えたアニオン変換型の材料も新しい可視光応答型光触媒として報告されている．これらは，O2p 軌道だけでなく，より浅い準位にある N2p 軌道や S3p 軌道によって価電子帯が形成されるため，可視光域に吸収をもつ[15]．

3.2　二段階方式：水素と酸素の分離生成

植物は，太陽光を吸収する2つの光化学系を数種のレドックス対で連結して，太陽光を化学エネルギーに変換，貯蔵している．このような二段階の方式を光触媒に応用した新しい水分解反応が検討されている．つまり，一方の光触媒で水素生成，もう一方では酸素生成をさせ，これらを連結することで水分解を完成させるものである．犠牲試薬存在下での水素および酸素の生成に類似しているように見えるが，ここでの水素生成と酸素生成の対になる反応は，可逆性をもった酸化還元反応であることが要求される．我々は，酸素生成側の電子受容体として Fe^{3+} イオンを，水素生成側の電子供与体として Br^- イオンを用い，光触媒としてそれぞれ TiO_2，Pt/TiO_2（いずれもルチル型）を用いてこれらを Pt 電極で連結した2室セルでの水の光分解反応を試みた（図1）[16]．一方のセルでは酸素生成と共に Fe^{2+} イオンが生成し，一方では，水素生成とともに Br_2（Br_3^-）の生成が起こる．また，セルに挿入した Pt 電極を介して Fe^{2+} イオンが Fe^{3+} イオンに酸化され，Br_2（Br_3^-）は，Br^- へ還元されることで一つのサイクルが完結することになる．実際に実験を行うと，期待どおりに，水素と酸素の生成が連続的に起こり，水分解システムが完成していることが確認された．また，酸素生成光触媒としてルチル型 TiO_2 を，水素生成側に Pt-TiO_2（アナタース）を用い，酸化還元対としてヨウ素酸-ヨウ化物（IO_3^-/I^-）レドックス系を採用し，これらを水中に懸濁させた比較的

第2章 水を活用する

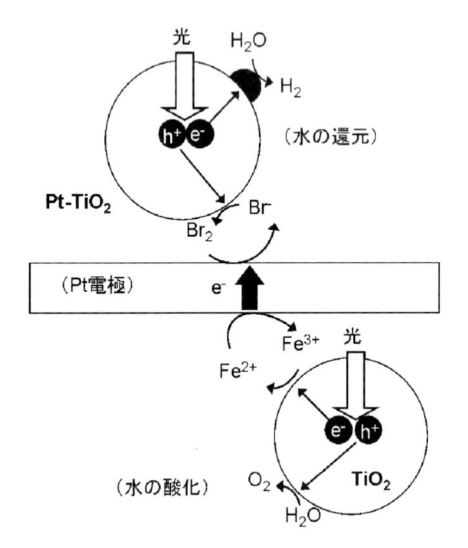

図1 水素・酸素分離生成システムの模式図

シンプルな水分解系も報告されている[17].

炭酸塩の添加などの特殊な条件を除けば，Pt-TiO_2を用いて懸濁系で水分解を進行させた例はこれまでになく，このような二段階の反応にすることで初めて実現できたといえる．このことは，単独では水分解を進行することが難しい光触媒でも，二段階反応系の一方に利用できることを示唆する．実際，Ptを担持させたCr, Ta共ドープ$SrTiO_3$とWO_3をそれぞれ水素生成および酸素生成側の光触媒に用いて上記のIO_3^-/I^-レドックス系に組み合わせると，可視光によって水分解反応が進行できることが確認されている[18].

3.3 可視光による水の完全分解

上記の二段階方式では，1電子の電子移動反応を行わせるのに2光子を必要とするため，エネルギー変換効率の点では大きな無駄が生じる．高効率な太陽エネルギー変換を実現するには，やはり単独で定常的に水を分解できる光触媒の開発が望まれる．ごく最近，d^{10}型光触媒および窒化物光触媒に関わる一連の研究から，GaNとZnOの固溶体にRuO_2を担持させた材料が，単

独で可視光での水分解反応を進行させる新規材料であることが堂免らによって見いだされた[19]．さらに，RuO_2 の代わりに Cr_2O_3 と Rh を共担持させることで，高効率化にも成功している[20]．

4. 水の光分解のための別のアプローチ

国内において光触媒による水分解研究が盛んである一方，欧米では，太陽電池材料と電極とを組み合わせた水の分解系も報告されている．たとえば，太陽電池材料としてよく知られている Si や GaAs などの半導体と電極を組み合わせたものや，色素増感電極と微結晶 WO_3 電極を組み合わせたものが挙げられる．（確立された太陽光発電と水の電気分解を組み合わせた系であるから）当然であるが，いずれの場合も上述の光触媒系に比べると非常に高効率な系となっているとされる．このようなデバイスは，半導体等の材料表面の安定性などに問題があることや，材料や作製にコストがかかるため，経済性を考えると将来性は不透明な部分があるが，現時点の技術では光触媒よりも一歩進んでいるといえる．

5. おわりに

2000年に開催された触媒学会において示された光触媒水分解のロードマップでは，20-30年後の目標として，波長が600-700nm程度までの幅広い可視光を利用できる量子収率30％程度の光触媒を開発することとなっている．大まかな計算をすると，このような機能があれば，数千 m^2 に光触媒を敷き詰めると中規模リフォーマー（水蒸気改質装置）程度の水素生産が可能になると試算され，実用性を検討できるレベルになると思われる．また，このロードマップによると，現時点で400-500nmにおいて20-30％程度の量子収率が達成されていなければならない．しかし，上記の Cr_2O_3 - Rh/GaN：ZnO 系でも3％以下であり，今後ますます加速していかなければならない局面にあるといえよう．

第2章　水を活用する

参考文献

1) A. Fujishima, K. Honda, *Bull. Chem. Soc. Jpn.*, **44**, 1148, 1971; *Nature*, **238**, 37, 1972.
2) S. Sato, J. M. White, *Chem. Phys. Lett.*, **72**, 83, 1980.
3) K. Sayama, H. Arakawa, *J. Chem. Soc. Chem. Commun.*, 150, 1992; *J. Chem. Soc. Faraday Trans.*, **93**, 1647, 1997.
4) K. Domen, S. Naito, S. Soma, T. Onishi, K. Tamaru, *J. Chem. Soc. Chem. Commun.*, 543, 1980; K. Domen, A. Kudo, T. Onishi, N. Kosugi, H. Kuroda, *J. Phys. Chem.*, **90**, 292, 1986.
5) Y. Inoue, T. Niiyama, Y. Asai, K. Sato, *J. Chem. Soc. Chem. Commun.*, 579, 1992; M. Kohno, T. Kaneko, S. Ogura, K. Sato, Y. Inoue, *J. Chem. Soc. Faraday Trans.*, **94**, 89, 1998.
6) K. Domen, A. Kudo, M. Shinozaki, A. Tanaka, K. Maruya, T. Onishi, *J. Chem. Soc. Chem. Commun.*, 356, 1986; A. Kudo, A. Tanaka, K. Domen, K. Maruya, K. Aika, T. Onishi, *J. Catal.*, **111**, 67, 1988; A. Kudo, K. Sayama, A. Tanaka, K. Asakura, K. Domen, K. Maruya, T. Onishi, *J. Catal.*, **120**, 337, 1989.
7) T. Takata, K. Shinohara, A. Tanaka, M. Hara, J. N. Kondo, K. Domen, *J. Photochem. Photobiol. A-Chem.*, **106**, 45, 1997; T. Takata, Y. Furumi, K. Shinohara, A. Tanaka, M. Hara, J. N. Kondo, K. Domen, *Chem. Mater.*, **9**, 1063, 1997; S. Ikeda, M. Hara, J. N. Kondo, K. Domen, H. Takahashi, T. Okubo, M. Kakihana, *Chem. Mater.* **10**, 72, 1998.
8) A. Kudo, H. Kato, *Chem. Lett.*, 867, 1997; *J. Phys. Chem. B*, **105**, 4285, 2001; H. Kato, K. Asakura, A. Kudo, *J. Am. Chem. Soc.*, **125**, 3082, 2003.
9) M. Machida, J. Yabunaka, T. Kijima, *Chem. Mater.*, **12**, 812, 2000; K. Shimizu, Y. Tsuji, T. Hatamachi, K. Toda, T. Kodama, M. Sato, Y. Kitayama, *Phys. Chem. Chem. Phys.*, **6**, 1064, 2004; S. Ikeda, M. Fubuki, Y. K. Takahara, M. Matsumura, *Appl. Catal. A*, **300**, 186, 2006.
10) J. Sato, N. Saito, H. Nishiyama, Y. Inoue, *J. Phys. Chem. B*, **105**, 6061, 2001; *J. Phys. Chem. B*, **107**, 7965, 2003; J. Sato, H. Kobayashi, Y. Inoue, *J. Phys. Chem. B*, **107**, 7970, 2003; J. Sato, H. Kobayashi, K. Ikarashi, N. Saito, H. Nishiyama, Y. Inoue Y, *J. Phys. Chem. B*, **108**, 4369, 2004.
11) J. Sato, N. Saito, Y. Yamada, K. Maeda, T. Takata, J. N. Kondo, M. Hara, H. Kobayashi, K. Domen, Y. Inoue, *J. Am. Chem. Soc.*, **127**, 4150, 2005.
12) M. Matsumura, Y. Saho, H. Tsubomura, *J. Phys. Chem.*, **87**, 3807, 1983; M. Matsumura, S. Furukawa, Y. Saho, H. Tsubomura, *J. Phys. Chem.*, **89**, 1327, 1985.
13) H. Kato, A. Kudo, *J. Phys. Chem. B*, **106**, 5029, 2002.
14) A. Kudo, K. Omori, H. Kato, *J. Am. Chem. Soc.*, **121**, 11459, 1999; H. Kato, H. Kobayashi, A. Kudo, *J. Phys. Chem. B*, **106**, 12441, 2002; Y. Shimodaira, H. Kato, H. Kobayashi, A. Kudo, *J. Phys. Chem. B*, **110**, 17790, 2006.
15) G. Hitoki, T. Takata, J. N. Kondo, M. Hara, H. Kobayashi, K. Domen, *Chem. Commun.*, 1698, 2002; A. Ishikawa, T. Takata, J. N. Kondo, M. Hara, H. Kobayashi, K. Domen, *J. Am. Chem. Soc.*, **124**, 13547, 2002; M. Hara, J. Nunoshige, T. Takata, J. N. Kondo, K. Domen, *Chem. Commun.*, 3000, 2003; A. Ishikawa, T. Takata, T. Matsumura, J. N. Kondo, M. Hara,

H. Kobayashi, K. Domen, *J. Phys. Chem. B*, **108**, 2637, 2004.
16) K. Fujihara, T. Ohno, M. Matsumura, *J. Chem. Soc. Faraday Trans.*, **94**, 3705, 1998.
17) R. Abe, K. Sayama, K. Domen, H. Arakawa, *Chem. Phys. Lett.*, **344**, 339, 2001.
18) K. Sayama, K. Mukasa, R. Abe, Y. Abe, H. Arakawa, *Chem. Commun.*, 2416, 2001; R. Abe, K. Sayama, H. Sugihara, *J. Phys. Chem. B*, **109**, 16052, 2005.
19) K. Maeda, T. Takata, M. Hara, N. Saito, Y. Inoue, H. Kobayashi, K. Domen, *J. Am. Chem. Soc.*, **127**, 8286, 2005; K. Maeda, K. Teramura, T. Takata, M. Hara, N. Saito, K. Toda, Y. Inoue, H. Kobayashi, K. Domen, *J. Phys. Chem. B*, **109**, 20504, 2005.
20) K. Maeda, K. Teramura, D. L. Lu, T. Takata, N. Saito, Y. Inoue, K. Domen, *Nature*, **440**, 295, 2006; K. Maeda, K. Teramura, H. Masuda, T. Takata, N. Saito, Y. Inoue, K. Domen, *J. Phys. Chem. B*, **110**, 13107, 2006; K. Maeda, K. Teramura, D. L. Lu, N. Saito, Y. Inoue, K. Domen, *Angew. Chem. Int. Ed.*, **45**, 7806, 2006.
21) R. Abe, K. Sayama, K. Domen, H. Arakawa, *Chem. Phys. Lett.*, **344**, 339, 2001.

第2章 水を活用する

第3節
太陽光水分解の効率化―光酸素発生反応の機構

東京大学大学院工学研究科
中村龍平
大阪大学大学院基礎工学研究科 物質創成専攻 機能物質化学領域
今西哲士
大阪大学名誉教授
中戸義禮

1. はじめに

　2005年の愛知万博では，燃料電池自動車が展示された．教育の分野においても，最近は，水の電気分解と燃料電池のキットが販売されている．このような状況を見ると，それほど遠くないうちに夢の水素エネルギー時代が到来するように見える．水の電気分解と燃料電池は水素エネルギーシステムを支える根幹の技術なのである．

　現実社会ではこのように華やかな雰囲気が醸し出されているが，この技術には根本的に大きな問題が存在することはあまり指摘されず，またあまり認識されていない．水の電気分解は水素発生（水の還元）と酸素発生（水の酸化）から成り，一方，燃料電池反応は水素の酸化と酸素の還元から成っている．水素に関する反応には白金などの貴金属が優れた触媒となるので，これを電極にすれば反応は可逆的に（ほとんど過電圧なしに）進行する．しかし，酸素発生と酸素還元にはこうした優れた触媒が見いだされておらず，これらの反応には大きな過電圧（活性化エネルギー）が存在し，このために効率が大幅に低下する．図1に水の電気分解の電流―電位曲線を，水素発生，酸素発生の平衡酸化還元電位に比較して示す．これからわかるように，酸素に関する反応の過電圧のため，水の電気分解には1.7V以上の印加電圧が必要であるのに，燃料電池で発生する電圧は0.7V程度となる．これでは，たとえば，太陽電池で発生した電力で水を電気分解して水素を製造し，再びこの水素を

燃料電池で電力に変換したとき，他の過程が完全に進行したとしても，出力は半分以下になってしまう．こういう状況では，この技術が実用化の可能性を持つかどうかが疑わしくなる．

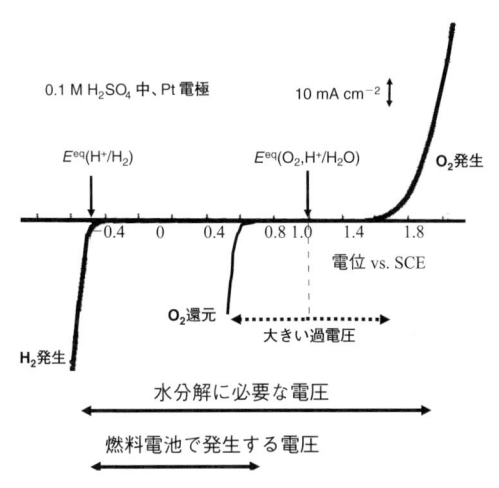

図1 水の電気分解の電流―電位曲線（Pt電極，0.1 M H_2SO_4 中）と水素発生，酸素発生の平衡酸化還元電位（E^{eq}）

以上から，酸素発生と酸素還元に対する有効な電極材料の開発がいかに重要であるかがわかるであろう．しかし，これまでは反応機構が不明であったために，活性な電極材料の開発も手探り状態に終始してきた．我々は長年にわたり水の光分解の機構を研究してきたが，その主な目的はこの問題を解決することにあった．最近ようやく我々は水の光酸化反応の機構を解明することに成功した．光反応と暗反応とでは違いもあるが，この結果は新しい電極材料の開発に新しい指針を与えるものと期待される．また，この結果は最近注目を集めている太陽光利用のための可視光応答性の水分解半導体の開発にも重要な役割を果たすものと思われる．

2. 二酸化チタン（TiO$_2$）電極上での水の光酸化反応の機構

　一般に，反応機構の研究は，反応の中間体が活性・短寿命であって，ごく微量となるため，困難を極める．特に表面反応の機構の研究は，中間体の量がさらに少なくなり，また適用できる実験手法も限られてくるため，一層困難となる．このため表面反応において分子レベルで機構が明らかにされた例は，ごく単純な反応を除けば，非常に少ない．水の光酸化反応も，これが4電子反応という複雑な反応であるため，これまで機構は推論にとどまり，明確なことはほとんどわかっていなかった．

　表面反応について明確な機構を得るためには，表面の構造の原子レベルでの制御，ならびに in situ 分光法の適用による反応中間体のその場検出が必須である．しかし，従来は実験的な困難さから，これらの条件を両方とも満たす研究は行われてこなかった．我々は，表面構造の原子レベルでの制御については，単結晶 n 型二酸化チタン（n-TiO$_2$, rutile）電極が光エッチングによって，ナノ細孔の形成とともに，(100) 面を選択的に露出することを発見し[1]，さらに東京工業大学の鯉沼らとの共同研究により，フッ化水素酸エッチングと熱アニールの方法で，原子レベルで平坦かつ化学的に安定な n-TiO$_2$ (rutile) (110) および (100) 結晶面を形成できることを明らかにした（図2）[2]．一方，in situ 分光法の適用のよる反応中間体のその場検出については，n-TiO$_2$（rutile）電極上の光酸素発生反応の前駆体（表面捕捉正孔）から再結合発光（フォトルミネッセンス）が観測されることを発見し[3]，これをもとに新しく in situ 表面発光分光法を開発し，また in situ 多重内部反射 FTIR 分光法の高感度化を進めて，TiO$_2$ 微粒子の表面反応の中間体の検出に成功した[4]．

　こうした数々の手法の開拓によって解明された n-TiO$_2$ (rutile) 電極上での水の光酸化の新しい機構[5]を，従来から広く仮定されてきた機構[6]に比べて，図3に示す．従来は，水分子や OH$^-$ イオンが TiO$_2$ の価電子帯に光で生成した正孔により直接酸化される，ないし TiO$_2$ などの金属酸化物の表面に広く存在すると考えられる OH 基が正孔により酸化されることによって反応が開始すると仮定されてきた．生じた・OH ラジカルや Ti・OH ラジカルは相互のカップリングにより H$_2$O$_2$ となり，さらにこれが正孔によって酸化され

(100) 結晶面　　　　　　　　(110) 結晶面

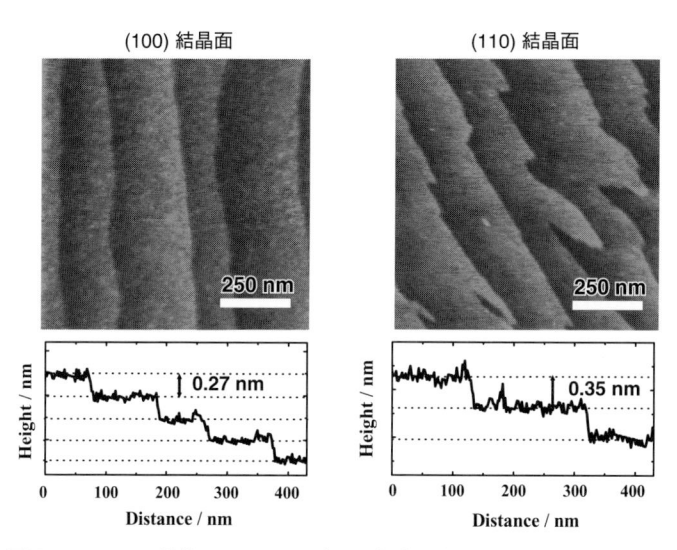

250 nm　　　　　　　　　　　250 nm

0.27 nm　　　　　　　　　　0.35 nm

図2　原子レベルで平坦化したn-TiO$_2$（rutile）(110)および(100)結晶面のAFM像

てO$_2$になる．一方，我々の新しい機構では，光で生成した正孔は表面に来て，まず表面捕捉正孔（surface-trapped hole, フォトルミネッセンスの発光種）となり，ついで表面ブリッジ酸素（Ti-O-Ti）の場でこの正孔に水分子が求核的に攻撃して，結合の解離を伴うOH付加が起こり，中間体ラジカル（Ti-OH・O-Ti）が生成する．この後は，このラジカルが正孔により酸化されて表面過酸化物（Ti-O-O-Ti）となり，これがさらに正孔で酸化されてO$_2$発生に至る．

図4に，n-TiO$_2$（rutile）(110)および(100)結晶面に形成された表面捕捉正孔の表面格子モデルを示す[2,5,7]．結晶面の違いによって，表面捕捉正孔の構造と性質にわずかな差が生じる．図5に，これらの表面捕捉正孔から放出されるフォトルミネッセンスのスペクトルを示す[5,7]．表面捕捉正孔の差に対応して，スペクトルピークにシフトが観測されることがわかる．原子レベルで平坦な表面を用いる実験ができるようになって，このような表面の原子レベルの構造をもとにした反応機構の議論ができるようになった．図6には，in situ多重内部反射FTIR分光法によってその場観測したTiO$_2$（rutile）上における水の光酸化の中間体のIR吸収スペクトルを示す[4]．犠牲酸化剤

第2章 水を活用する

従来の機構（電子移動機構）

$H_2O + h^+ \rightarrow \cdot OH + H^+$

$OH^- + h^+ \rightarrow \cdot OH$

$Ti\text{-}OH_s + h^+ \rightarrow [Ti\cdot OH]_s^+$

$Ti\text{-}OH_s + h^+ \rightarrow TiO\cdot_s + H^+$

新しい機構（Lewis acid-base機構）

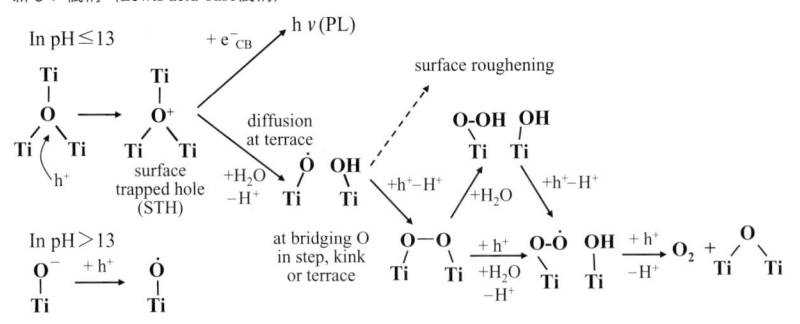

図3　n-TiO$_2$（rutile）電極上での水の光酸化反応の機構

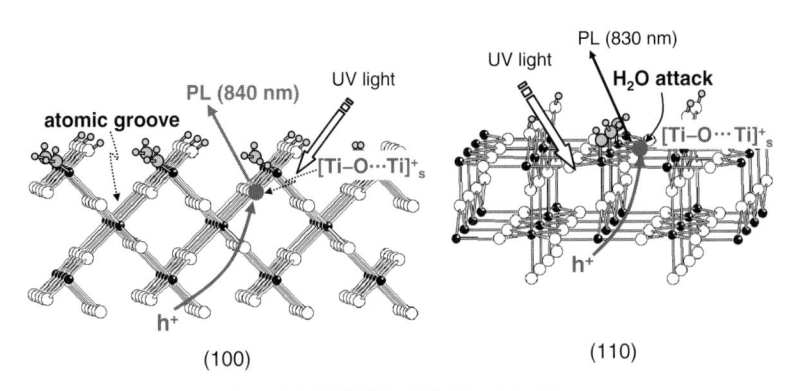

図4　表面捕捉正孔の表面格子モデル

（Fe^{3+}）を含む水に浸したTiO_2微粒子に紫外線を照射すると，838と812cm^{-1}付近に吸収ピークが出現してくる．これらはそれぞれ表面過酸化物 Ti-OOH と Ti-OO-Ti の生成によるものと同定された[4]．

　新しい機構はこのほかにもいくつかの実験事実によって支持されている．先に述べた n-TiO$_2$（rutile）電極の光エッチングによる（100）面の選択的露

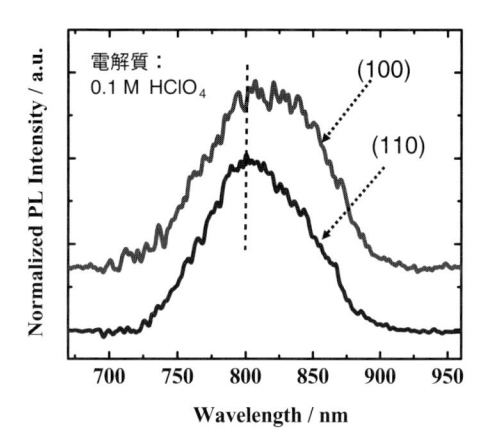

第 3 節　太陽光水分解の効率化—光酸素発生反応の機構

図5　表面捕捉正孔から放出される PL のスペクトル（○ O 原子，● T_i 原子）

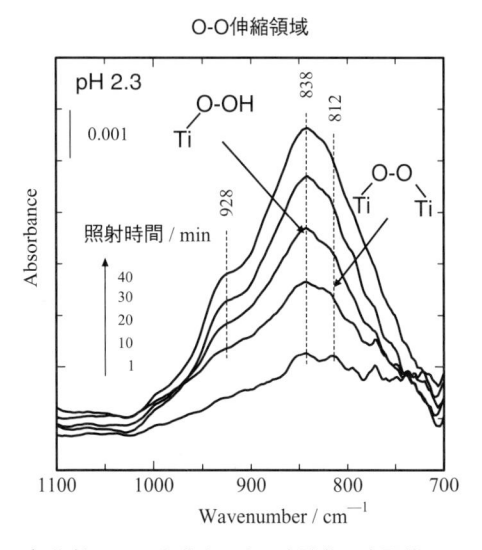

図6　TiO_2（rutile）微粒子上に生成する水の光酸化の中間体の IR 吸収スペクトル

出はこの機構により説明される[8]．また，酸性もしくは中性水溶液中において原子レベルで平坦化した n-TiO_2（rutile）（110）および（100）表面上で水の光酸化反応を起こさせると，表面構造が原子レベルで乱れてくる[5,7]．こ

165

の結果は，新機構が示すように，水の光酸化が表面結晶格子の切断を伴って進行することを示している．構造の乱れは結合の切断を伴った中間体ラジカルから一部副反応が起こるためとして説明される（図3参照）．このような構造の乱れの発生は（結合の切断を前提しない）従来の電子移動説では説明できない．なお，強アルカリ水溶液（pH＞13）中ではこのような構造の乱れが起こらない[5]．これは，この溶液では表面OH基の脱プロトン化によって，非常に酸化されやすいTi-O$^-$が生成し，これが電子移動反応で酸化されて，結合の切断が起こらないためと説明される．もう一つ興味深い結果はフォトルミネッセンス（PL）に対するpH効果である．全反射IR分光法によってpH＜4では表面ブリッジ酸素（Ti-O-Ti）はプロトン化されてTi-OH$^+$-Tiとなっていることが報告されている[9]．これに一致して，PLはpH＜4では非常に強く，pH4を超えると急激に弱くなる．これはpH4あたりでTi-OH$^+$-Tiが脱プロトン化してTi-O-Tiとなり，表面正孔に対する水の求核反応が起こりやすくなるためと説明される[5]．

新しい機構は他の研究者の研究によっても支持されている．まず理論計算によってTi-OHの正孔酸化によるTi・OHラジカルの生成は否定された[10]．電子スピン共鳴（ESR）法による研究もTi・OHラジカルでなくTi-O・ラジカルの生成を報告している[11]．さらに，最近，時間分解レーザー分光法による研究が多く報告されているが，これも我々の新しい機構とよく一致した結果となっている．ごく最近，短寿命の捕捉正孔として，550nmにピークを持つものと350nmにピークを持つものの二つがあることが明らかにされた[12]が，前者は図2の表面捕捉正孔に，後者は［Ti-OH・O-Ti］ラジカルに対応すると考えるとすべてが合理的に説明される[5]．

3． 可視光応答性金属酸化物上での水の光酸化反応の機構

太陽光による水の分解の観点から，最近，紫外光しか吸収しないTiO_2に代わって，可視光応答性の（着色した）金属酸化物上での水の光分解に関心が集まり，活発な研究が行われている．これまでに，種々の他元素（N, C, Sや遷移金属など）をドープしたTiO_2や，SiドープFe_2O_3，WO_3，$BiVO_4$，Ta-

ON，GaN・ZnO 固溶体などが可視光において高い酸素発生活性を示すものとして報告されている．我々も $BiCu_2VO_6$，$BiZn_2VO_6$，$BiTiVO_6$ などの複合金属酸化物が高い酸素発生活性を示すことを見いだした[13,14]．

金属酸化物の粉末や薄膜などの安価な材料を用いた太陽光による水の分解は，電流収集が不要という大きなメリットを有し，高効率の材料さえ発見されれば，太陽電池方式をしのぐ技術となる可能性をもっている．高効率の可視光応答性の金属酸化物の探索には，この化合物の表面における水の光酸化の機構が解明されることが重要である．特に，可視光応答性の金属酸化物では，可視光応答性となるぶんだけ，価電子帯に生じる正孔の酸化力が TiO_2 のそれに比べて弱くなるので，こういう正孔で水がどのように酸化されるのかを明らかにすることが重要である．

もう一度図3の機構に戻って考えてみよう．一般に，これまで半導体電極上での反応には，いわゆる Marcus, Levich, Gerischer らの電子移動理論に基づく電子移動機構が当然のように適用されてきた[6,15]．図3に示す従来の水の光分解の機構もこの電子移動機構である．このようなことになったのは，この機構が半導体物理や光合成などの分子系における電子移動機構と同じであり，半導体電極表面でも同じことが起こると考えるのが自然であったためであろう．

この機構で反応速度を決定するものは，電子移動の前後における電子準位の高低である．半導体電極における水の光酸化の場合には，この反応が起こるためには，水の酸化の平衡酸化還元電位 $[E^{eq}(H_2O_{aq}/HO\cdot_{aq} + H^+_{aq})$, $E^{eq}(HO^-_{aq}/HO\cdot_{aq})$, $E^{eq}(Ti\text{-}OH_s/Ti\cdot OH_s^+)$ など]，あるいは，もっと正確には，電子を放出する H_2O_{aq}，HO^-_{aq}，$Ti\text{-}OH_s$ などの電子準位が半導体の価電子帯の上端にある正孔のそれより上にあることが必要である．図7に，これらの電位および電子準位を TiO_2 のバンドエネルギーに比較して示す[4,5]．これから TiO_2 では上に述べた条件が満たされておらず，従来の水の光分解の機構が不合理であることがわかる．また，先に述べたように，可視光応答性の金属酸化物では，正孔の酸化力は TiO_2 のそれより弱くなるので，なおさら電子移動機構では水の分解は起こらないことになる．

第 2 章　水を活用する

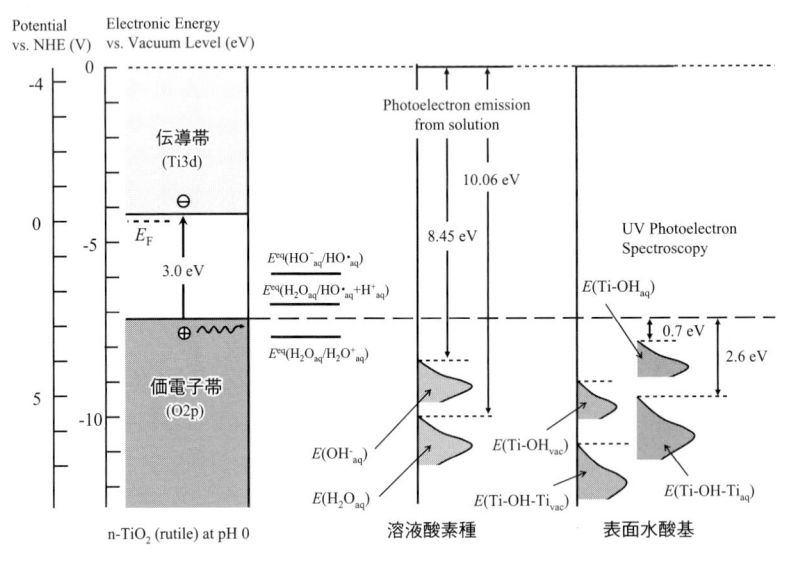

図 7　水酸化に関連する酸素種の酸化還元電位および電子準位と TiO_2 のバンドエネルギー

　一方，新しい機構では，水酸化の酸化還元電位や H_2O_{aq}，HO^-_{aq}，$Ti\text{-}OH_s$ などの電子準位は直接には反応速度に関係しなくなる．新しい機構の反応は，表面捕捉正孔が Lewis 酸，水が Lewis 塩基として働いて進む Lewis 酸・塩基反応である．したがって，反応速度は，これらの酸，塩基の強さ，および，［Ti-OH・O-Ti］のような表面中間体ラジカルのエネルギーによって決められるであろう．特に，このようなラジカルの生成は表面結晶格子のひずみを伴うので，反応サイトでのひずみやすさが重要な因子になるであろう．かくて，新しい機構は，反応の効率化には電極表面の電子的・化学的・形態的構造が重要であることを示し，電極の高効率化に全く新しい指針を提供している．この結果は可視光応答性の活性な材料の探索に重要である．

　最近，可視光応答性の化合物における光酸化反応について興味深いことが明らかになってきた．たとえば，窒素ドープ TiO_2 や TaON のような金属窒酸化物の場合，可視光照射によって水の酸化は起こるのに，水より酸化還元電位が負にある Br^- や SCN^- イオンの酸化は起こらない[16,17]．これは水の酸化

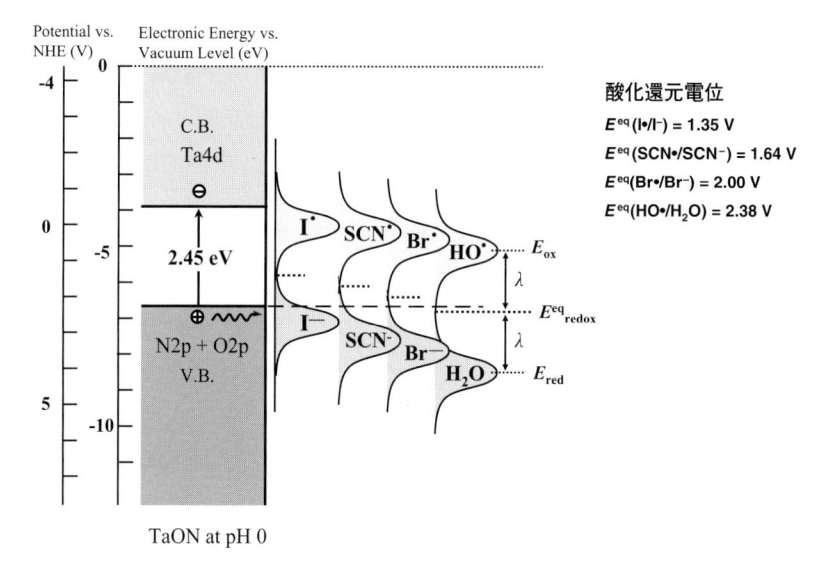

第3節　太陽光水分解の効率化―光酸素発生反応の機構

図8　水，Br^-，SCN^-，I^-の平衡酸化還元電位とTaONのバンドエネルギー

は新しい機構で起こりえるのに，Br^-やSCN^-イオンの酸化は電子移動機構でしか起こりえないためと説明される（図8）．実際に，Br^-やSCN^-イオンより酸化還元電位がさらに負にあるI^-イオンでは可視光照射で酸化反応がおこる．もう一つの例として，窒素ドープTiO_2や炭素ドープTiO_2の場合，可視光励起で水の酸化は起こるのに，メタノールの酸化は起こらない[18]．これもメタノールの酸化が電子移動機構ないしはこれに類似の機構でしか起りえないためと考えられる．これらの例は，新しい機構が電子移動機構より低い活性化エネルギーを持つことを示し，興味深い．

4．おわりに

以上，半導体電極上での水の光酸化について新しい機構を紹介し，これが可視光応答性の水の光分解用材料の探索に有効であることを見てきた．「はじめに」でも述べたように，我々の機構研究は（暗反応である）水の電気分解に有効な材料の探索を根本目標に進めてきたものである．我々はずっと以前，窒化ジルコニウム，窒化ニオブなど，遷移金属の窒化物がアモルファス

状態において水の酸化（酸素発生）に高い活性を示すことを報告した[19,20]．この結果は，今考えると，アモルファス状態では先に述べた新しい機構に好都合なゆがみやすいサイトが表面に多く存在するため高活性になったと解釈することができ，興味深い．いずれにせよ，今回の新しい機構を踏まえて，酸素発生と酸素還元に対する有効な電極材料の開発研究が一層進展することが期待される．

参考文献

1) A. Tsujiko, T. Kisumi, Y. Magari, K. Murakoshi, Y. Nakato, *J. Phys. Chem. B*, **104**, 4873 (2000).
2) R. Nakamura, H. Ohashi, A. Imanishi, T. Osawa, Y. Matsumoto, H. Koinuma, Y. Nakato, *J. Phys. Chem. B*, **109**, 1648 (2005).
3) Y. Nakato, A. Tsumura, H. Tsubomura, *J. Phys. Chem.*, **87**, 2402 (1983).
4) R. Nakamura, Y. Nakato, *J. Am. Chem. Soc.*, **126**, 1290 (2004).
5) A. Imanishi, T. Okamura, N. Ohashi, R. Nakamura, Y. Nakato, *J. Am. Chem. Soc.*, **129**, 11569 (2007).
6) M. R. Hoffmann, S. T. Martin, W. Y. Choi, D. W. Bahnemann, *Chem. Rev.*, **95**, 69 (1995).
7) R. Nakamura, T. Okamura, N. Ohashi, A. Imanishi, Y. Nakato, *J. Am. Chem. Soc.*, **127**, 12975 (2005).
8) T. Kisumi, A. Tsujiko, K. Murakoshi, Y. Nakato, *J. Electroanal. Chem.*, **545**, 99 (2003).
9) P. A. Connor, K. D. Dobson, A. J. McQuillan, *Langmuir*, **15**, 2402 (1999).
10) C. D. Valentin, G. Pacchioni, *Phys. Rev. Lett.*, 97, 166803 (1)-(4) (2006).
11) O. I. Micic, Y. Zhang, K. R. Cromack, A. D. Trifunac, M. C. Thurnauer, *J. Phys. Chem.*, **97**, 13284 (1993).
12) T. Yoshihara, Y. Tamaki, A. Furube, M. Murai, K. Hara, R. Katoh, *Chem. Phys. Lett.*, **438**, 268 (2007).
13) H. M. Liu, R. Nakamura, Y. Nakato, *Chem. Phys. Chem.*, **6**, 2499 (2005).
14) H. M. Liu, R. Nakamura, Y. Nakato, *Electrochem. Solid-State Lett.*, **9**, G187 (2006).
15) A. J. Nozik, R. Memming, *J. Phys. Chem.* **100**, 13061 (1996).
16) R. Nakamura, T. Tanaka, Y. Nakato, *J. Phys. Chem. B*, **108**, 10617 (2004).
17) R. Nakamura, T. Tanaka, Y. Nakato, *J. Phys. Chem. B*, **109**, 8920 (2005).
18) H. M. Liu, A. Imanishi, Y. Nakato, *J. Phys. Chem. C*, **111**, 8603 (2007).
19) M. Azuma, Y. Nakato, H. Tsubomura, *J. Electroanal. Chem.*, **220**, 369 (1987).
20) M. Azuma, Y. Nakato, H. Tsubomura, *J. Electroanal. Chem.*, **255**, 179 (1988).

第4節
水素・酸素から水へのエネルギー産出型反応のための電極触媒設計

工学研究科　応用化学専攻

桑畑　進

1. はじめに

　水素，酸素から水を作ること，ならびにその逆反応は，物質変換およびエネルギー形態変換としての意義は大きい．特に前者の反応についてはエネルギーを産出するものであり，その利用価値の大きさは周知のことである．燃焼による熱エネルギーの利用は大昔から行われているが，電気化学的技術は，反応を完全にコントロールしつつ最大限の効率エネルギーを引き出す燃料電池の構築を可能とした．

　化石燃料の枯渇と環境保護が叫ばれる現在，クリーンなエネルギー生成装置として燃料電池への期待度は極めて大きくなっている．特に，カチオン交換膜を隔膜に用いた高分子電解質燃料電池は，1ユニット当りのセル体積を小型化でき常温でも発電することにより，自動車をはじめあらゆるポータブル機器への搭載が期待されている．

　しかし，実用的な装置を完成させるのには，まだ取り組むべき課題は多い．重要な課題のひとつが電極触媒の開発である．人々が期待する性能を有する燃料電池を実現できる電極触媒は，現在のところ白金のみである．クラーク数が小さく高価な白金を用いている限り，燃料電池の永続的な利用は望めない．そこで，この電極触媒については，1) 省白金化，2) 脱白金化の2つの方向性で研究が行われている．残念ながら，後者についてはまだ目処も立っていない段階であり，前者が当面の研究課題となる．しかし，前者の研究は，電極触媒の作製に用いる白金量を単に少なくするだけでなく，電極触媒の触媒作用原理を解明するというサイエンティフィックな側面もあり，興味深い．

第2章 水を活用する

本節の筆者は，無機や有機物質の単原子層や単分子層の調製とその性質に関する研究を長年行ってきた[1-12]．そして，それらの研究の中で，電極触媒として作用する金属の単原子層アイランドを調製する技術を開発した．本節では，その技術による銀および白金の単原子層アイランドの調製法を紹介するとともに，それらの酸素還元能とアイランドのサイズとの関係について述べる．

2. 銀の単原子層アイランドによる酸素還元反応
2.1 有機チオールの自己集合単分子膜を用いた銀の単原子層アイランドの調製

アルキルチオールは，金表面に化学吸着すると同時に，自ら最大密度となるように組織化して単分子を形成することが知られている．この膜は自己集合単分子膜（SAM）と呼ばれており，有機の単分子層としての研究が活発に行われている．筆者らは，調製したSAMの欠陥サイトを検知すべく，SAMで被覆した金電極表面に銀のアンダーポテンシャル（UPD）を行うという実験を行うことで，偶然にも銀の単原子層アイランドを調製する方法を見いだした．

種々のSAMで被覆した金電極表面に銀のアンダーポテンシャル（UPD）を行うと，図1（i）に示すように，Agの単原子層アイランドがSAMとAu電極との間に形成すること，そのアイランドのサイズは析出時間を長くするにつれて大きくなること，そして，アイランドを形成させた後にチオールSAMを電気化学的に除去できること（図1（ii），（iii））を見いだした[5,6]．

図2は調製したAg単原子増アイランドの走査型トンネル顕微鏡（STM）像である．1原子のAgの直径（0.29nm）に相当する膜厚の析出物が見られることから，間違いなくAgの単原子層が形成しており，そのサイズは析出時間を長くするにつれて大きくなっている．

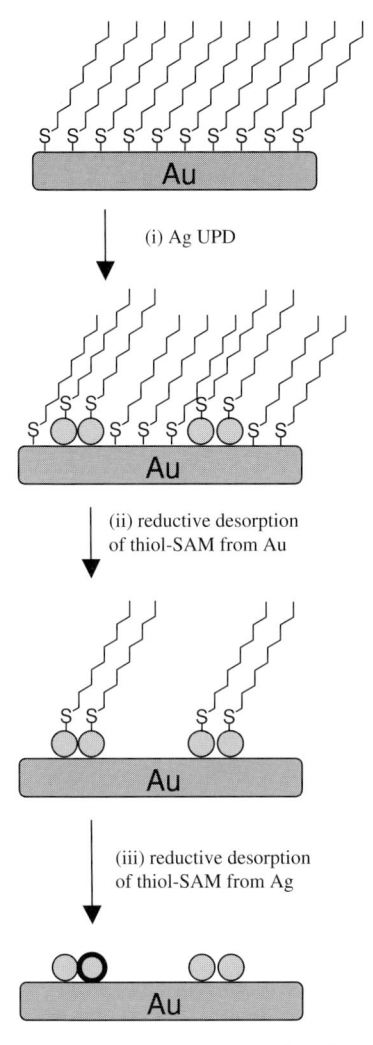

第4節　水素・酸素から水へのエネルギー産出型反応のための電極触媒設計

図1　チオール SAM で被覆した金電極に銀をアンダーポテンシャル析出することによる銀の単原子層アイランドの調製の反応スキーム図

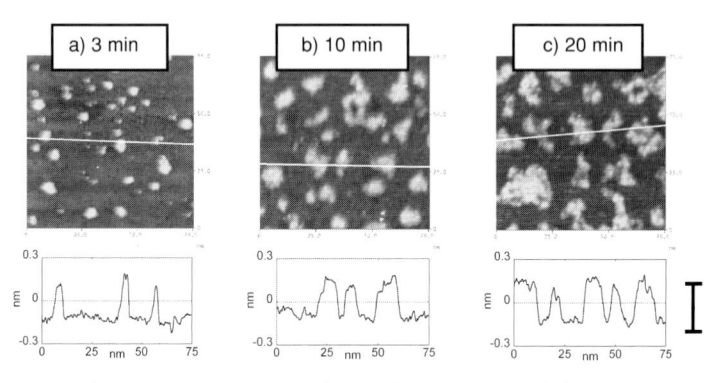

図2 異なる析出時間で調製したAg単原子増アイランドの走査型トンネル顕微鏡（STM）像
それぞれの像の下部には，STM像内に示した白線に沿った断面プロファイルを示す．

2.2 酸素還元反応能と銀単原子層のアイランドサイズの関係

アルカリ水溶液中においてAgは酸素の4電子還元反応を行う触媒であり，Auは2電子還元反応を行う触媒である．そこで，Agを析出させた電極を用いて0.5 M KOH中で酸素還元反応を調べ，Ag単原子層のサイズと電極触媒活性との関係を調べた．単結晶のAuの（111）面を切り出し研磨したものを電極基体に用い，酸素を飽和させた0.5 M KOH水溶液中で電気化学測定を行った．

図3は，銀の被覆率が異なる電極を用いて行ったサイクリックボルタモグラムである．Au電極のボルタモグラムには，O_2の2電子還元反応（$O_2 + H^+ + 2e^- \rightarrow HO_2^-$）に帰属される還元ピーク，ならびに生成した$HO_2^-$を$OH^-$に還元（$HO_2^- + 2e^- + H^+ \rightarrow 2OH^-$）するピークが現れた．一方，Ag単原子層アイランドを析出させ，そのサイズを大きくするにつれて前者の還元ピークは増加し，後者のピークが減少することから，Agアイランド上では通常のAg電極と同様に酸素の4電子還元反応を行えることがわかった．

しかし，その能力は必ずしもAgの被覆率と比例関係ではなく，たとえば被覆率が28%の電極でもほとんど4電子還元能を示さない．そこでこの反応を回転ディスク電極によって解析し，Agの被覆率とAg単原子層アイラ

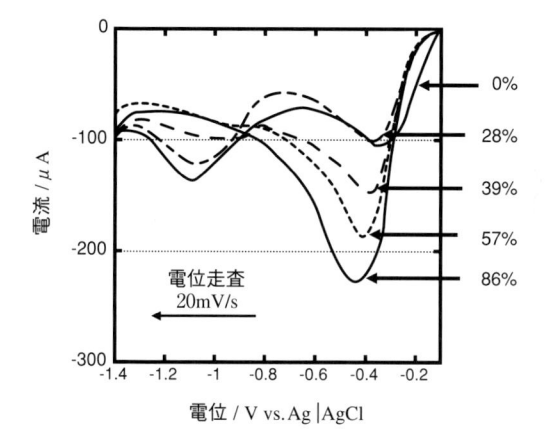

第4節　水素・酸素から水へのエネルギー産出型反応のための電極触媒設計

図3　種々の量のAg単原子層アイランドを析出させた電極の0.5 M KOH水溶液中で測定した酸素還元ボルタモグラム

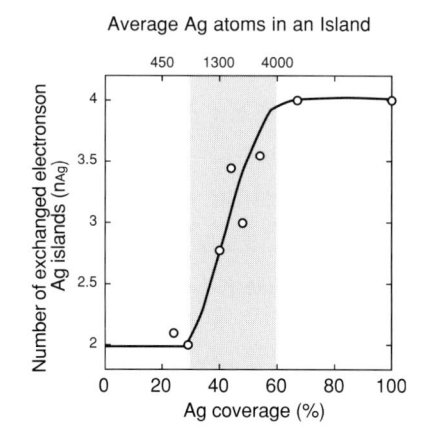

図4　種々の量のAg単原子層アイランドを析出させた電極の0.5 M KOH水溶液中における酸素還元電子数と銀の被覆率（アイランド中に存在する銀の原子数）との関係

ンドの4電子還元能との関係を調べた．図4に示すように，被覆率が30%以下の電極は2電子反応によって酸素還元を進行させ，4電子還元能が全くないのに対し，それより被覆率の増加とともに徐々に4電子還元能が増加することを示す結果となった．すなわち，Agは金属原子が数百個程度まで集合しなければ4電子還元能を発現せず，また，完全な4電子還元能を示すためには数千個の原子が集合する必要があるということが本実験により初めて明らかとなった[11]．

3. 白金の単原子層アイランドによる酸素還元反応
3.1 白金単原子層アイランドの調製

燃料電池といえばPt触媒であるが，Ptの単原子アイランドはこれまでに合成されたことがない．我々は図5に示す方法を開発し，金表面に白金の単原子アイランドを調製することに成功した．最初のステップは，オクタンチオール（OT）とメルカプトプロピオン酸（MPA）の混合SAMを形成し，Au電極にある電位を印加してMPAのみを脱離することである．これによって単原子膜中にナノサイズの孔を調製することができ，OTとMPAの比を変えると孔のサイズを変化させられる[8]．そこへCuの単原子層をUPD反応によって析出させ，それを白金酸が存在する塩酸溶液に浸漬すると，Cuが還元剤として働くことによってPtの単原子層が形成される．その後OTを還元脱離することで裸のPt単原子層アイランドが析出したAu電極を調製することができる．

図6はMPA/OT比が4のSAMを使って調製したPtアイランドのSTM像である．アイランドの平均直径は10nmであり，断面図より，アイランドの高さは0.3nmで，Pt原子の直径とほぼ一致することからPtの単原子層であることがわかる[13]．

3.2 白金単原子層アイランドのサイズと酸素還元反応能の関係

図7に酸素飽和0.1M硫酸水溶液中で測定した裸のAu電極，多結晶Pt電極，Pt単原子層被覆Au電極およびPt単原子層アイランド電極の分極曲線を示す．裸のAu電極はほとんど酸素還元電流が流れず触媒能を示さないの

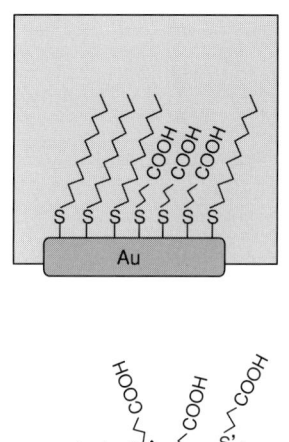

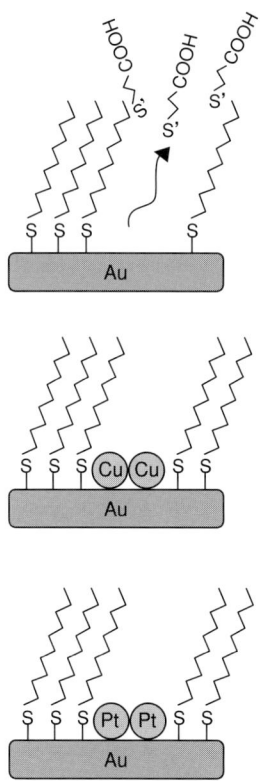

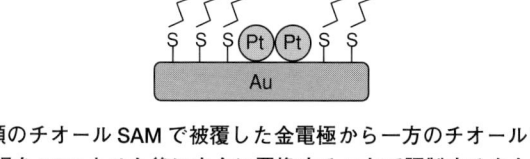

第4節　水素・酸素から水へのエネルギー産出型反応のための電極触媒設計

図5　2種類のチオール SAM で被覆した金電極から一方のチオールを脱離させ，そこへ銅を UPD させた後に白金に置換することで調製する白金の単原子層アイランドの調製の反応スキーム図

第2章 水を活用する

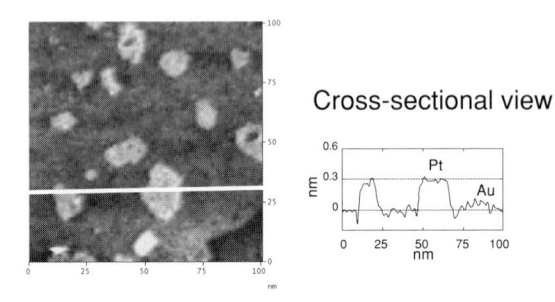

図6 Pt単原子層アイランドの走査型トンネル顕微鏡（STM）像

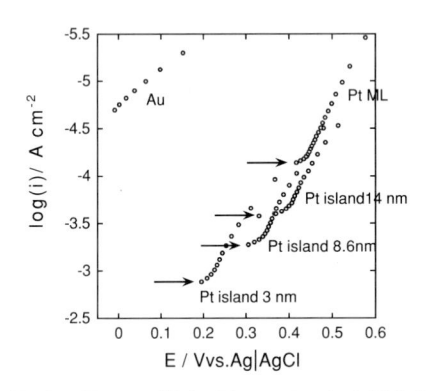

図7 Au電極および異なる量のPt単原子層アイランドを析出させたAu電極の0.1 M H_2SO_4 水溶液中で測定した分極特性（ターフェルプロット）

に対し，Pt単原子層アイランド電極は多結晶PtやPt単原子層電極と同様の還元電流が観察され，サイズの増加に伴って還元電流も増大した．そこで，0.55 V vs. Ag/AgClにおける，Ptの析出面積当たりの電流密度の対数をアイランドのサイズに対してプロットし，触媒能のサイズ効果を検証したところ，図8に示すように5.5 nmのアイランドが最大の触媒能を示し，それより小さいと触媒能が急激に低下した．逆に，5.5 nmより大きくなっても触媒能は低下し，14 nmのものはPt MLのときと一致した．これは，Ptアイランド全体が微小電極の集合体として働いて電極の面積以上の領域に拡散層が広がり，その効果は電極サイズが小さいほど大きいためである[14]．3次元のPt

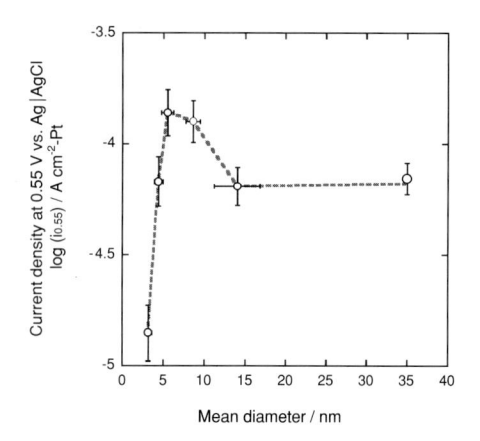

第4節　水素・酸素から水へのエネルギー産出型反応のための電極触媒設計

図8　Pt単原子層アイランド電極による酸素還元反応におけるE=0.55 V vs. Ag｜AgClでの電流値のアイランドサイズに対するプロット

粒子でも触媒能のサイズ効果は調べられているが，表面に露出した結晶面の変化も影響するので，サイズ効果だけを純粋に観測することは不可能である．一方，図8ではサイズ効果のみを純粋に観測しているため，微小化によって触媒能が増加するという，今までに報告されたことのない新しいサイズ効果を発見したといえる．

参考文献

1）Ohtani, M.; Sunagawa, T.; Kuwabata, S.; Yoneyama, H., "Preparation of a microelectrode array by photo-induced elimination of a self-assembled monolayer of hexadecylthiolate on a gold electrode," *J. Electroanal. Chem.*, **396** (1-2), 97-102 (1995).

2）Ohtani, M.; Kuwabata, S.; Yoneyama, H., "Electrochemical oxidation of reduced nicotinamide coenzymes at Au electrodes modified with phenothiazine derivative monolayers," *J. Electroanal. Chem.*, **422** (1-2), 45-54 (1997).

3）Ohtani, M.; Sunagawa, T.; Kuwabata, S.; Yoneyama, H., "Preparation of a microelectrode array using desorption of a self-assembled monolayer of hexadecylthiolate on a gold electrode in cyanide solution," *J. Electroanal. Chem.*, **429** (1-2), 75-80 (1997).

4）Ohtani, M.; Kuwabata, S.; Yoneyama, H., "Voltammetric Response Accompanied by Inclusion of Ion Pairs and Triple Ion Formation of Electrodes Coated with an Electroactive Monolayer Film," *Anal. Chem.*, **69** (6), 1045-1053 (1997).

5）Oyamatsu, D.; Nishizawa, M.; Kuwabata, S.; Yoneyama, H., "Underpotential Deposition of Silver onto Gold Substrates Covered with Self-Assembled Monolayers of Alkanethiols To Induce Intervention of the Silver between the Monolayer and the Gold Substrate," *Langmuir*, **14** (12), 3298-3302 (1998).

6) Oyamatsu, D.; Kuwabata, S.; Yoneyama, H., "Underpotential deposition behavior of metals onto gold electrodes coated with self-assembled monolayers of alkanethiols," *J. Electroanal. Chem.*, **473** (1-2), 59-67 (1999).

7) Kuwabata, S.; Kanemoto, H.; Oyamatsu, D.; Yoneyama, H., "Partial Desorption of Alkanethiol Monolayer from Gold Substrate Modified with Ag and Cu," *Electrochemistry*, **67** (12), 1254-1257 (1999).

8) Munakata, H.; Kuwabata, S.; Ohko, Y.; Yoneyama, H., "Spatial distribution of domains in binary self-assembled monolayers of thiols having different lengths," *J. Electroanal. Chem.*, **496** (1-2), 29-36 (2001).

9) Oyamatsu, D.; Kanemoto, H.; Kuwabata, S.; Yoneyama, H., "Nanopore Preparation in self-assembled monolayers of alkanethiols with use of the selective desorption technique assisted by underpotential deposition of silver and copper," *J. Electroanal. Chem.*, **497** (1-2), 97-105 (2001).

10) Munakata, H.; Kuwabata, S., "Detection of difference in acidity between arrayed carboxy groups and the groups dissolved in solution by reductive desorption of a self-assembled monolayer of carboxy-terminated thiols," *Chem. Commun.*, 1338-1339 (2001).

11) Kongkanand, A.; Kuwabata, S., "Oxygen reduction at silver monolayer islands deposited on gold substrate," *Electrochem. Commun.*, **5** (2), 133-137 (2003).

12) Munakata, H.; Oyamatsu, D.; Kuwabata, S., "Effects of w-Functional Groups on pH-Dependent Reductive Desorption of Alkanethiol Self-Assembled Monolayers," *Langmuir*, **20** (23), 10123-10128 (2004).

13) Kongkanand, A.; Kuwabata, S., "Preparation of Pt Monolayer Islands Using Self-assembled Monolayer Technique," *Electrochemistry*, **72** (6), 412-414 (2004).

14) Kongkanand, A.; Kuwabata, S., "Oxygen Reduction at Platinum Monolayer Islands Deposited on Au (111)," *J. Phys. Chem. B*, **109** (49), 23190-23195 (2005).

第5節
水を反応試薬とする光触媒型物質変換法

大阪大学太陽エネルギー化学研究センター
白石康浩, 平井隆之

1. 背景

　有機合成は化学工業の根本となる極めて重要な技術である．環境に負荷をかけない持続可能な有機合成プロセスには，安全かつ安価な試薬の使用はもとより，常温・常圧のマイルドな反応条件が求められる．最近では，光を駆動力とする選択的物質変換プロセスの開発が注目を集めている．なかでも酸化チタンをはじめとする半導体光触媒を用いる方法は無害であり，かつ水を酸化剤とするクリーンな酸化反応が可能であるため，大きな注目を集めている．しかしながら，酸化力が強いゆえ選択性は低く，選択的な物質変換は極めて困難である．我々の研究では，チタン酸化物を活性種とする選択的な物質変換を行うための光触媒反応系の開発を行ってきた[1-4]．

2. チタノシリケート[3]

　チタノシリケートはTiを含有するシリカゼオライトである．Ti含量が少ない場合，骨格内のTi酸化物種はバルクTiO_2のような6配位構造（$Ti-O_6$種）をとらず，孤立した4配位構造（$Ti-O_4$）を形成する．我々は，$Ti-O_4$種を含有するチタノシリケートが，水中での光照射により，細孔サイズとほぼ等しい大きさの分子の反応を選択的に触媒する，これまでに全く報告されたことのない「分子サイズ認識型の光触媒機能」を発現することを見いだした．

　マイクロ孔（約0.55nm）を有する代表的なチタノシリケート，TS-1（MFI構造）およびTS-2（MEL構造）を光触媒としてフェノール類（25種類）の反応を行った．基質の転化率はTiO_2（anatase）を用いた場合よりも低く，大部分の基質はほとんど反応しないが，一部の基質は反応することがわかった．分子軌道計算により基質の有効分子径EMW（effective molecular width：基質の

第 2 章　水を活用する

短径および長径に直角な径の平均値）を算出し（図 1a, b），基質の転化率との関係を調べた（図 2a, b）．その結果，触媒の細孔径よりも明らかに大きなサイズの基質や小さなサイズの基質は反応しないが，細孔径よりも若干大きなサイズの基質が選択的に反応することが分かった．このような分子径に対する依存性は TiO_2 の場合には見られない（図 2c）．また，シリカゼオライトに Ti-O_6 種を含浸担持した触媒，あるいはゾルゲル法により調製した Ti-O_4 種を含有する非孔質シリカの場合にもこのような分子径に対する依存性は見られない．したがって，チタノシリケートのサイズ選択性はマイクロ孔と Ti-O_4 種が組み合わされることにより発現する機能と言える．

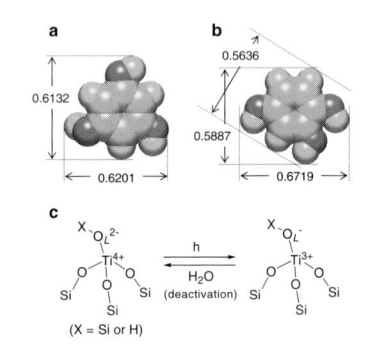

図 1　(a) 1,3,5-トリヒドロキシベンゼン（20; EMW, 0.6132 nm）および（b）1,2,4-トリヒドロキシベンゼン（10; EMW, 0.5762 nm）の短径および長径，および（c）Ti-O_4 種の光励起および不活性化メカニズム

ESR 測定により，チタノシリケートの分子サイズ認識型光触媒機能のメカニズムを明らかにした（図 3）．図 1c に示すように，光励起により生成した ［Ti^{3+}-O^-］* 種は，周囲に存在する多量の水分子の存在により失活しやすい状態にある．そのため，基質が分解されるためには，この短寿命の活性種をとらえる必要がある．細孔内の分子は絶えず拡散している．特に小さなサイズの基質は細孔内をスムースに拡散するため，活性種をとらえにくく分解されにくい．一方，細孔径とほぼ等しいかあるいは若干大きなサイズの基質

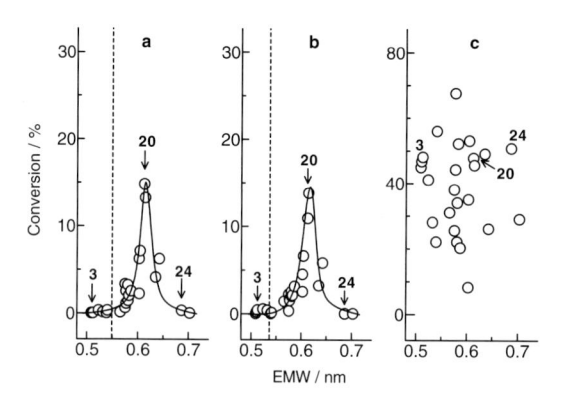

図2 EMWと転化率（0.5 h）の関係［(a) TS-1，(b) TS-2，(c) TiO_2］（破線：触媒の平均細孔径）

【基質（EMWの小さな順に）】1, hydroquinone; 2, benzylalcohol; 3, phenol; 4, 4-chlorophenol; 5, *p*-cresol; 6, 4-chlororesorcinol; 7, 2-chlorophenol; 8, 3-chlorocatechol; 9, resorcinol; 10, 1,2,4-trihydroxybenzene; 11, 3-chlorophenol; 12, 1,2,3-trihydroxybenzene; 13, 2,5-dichlorophenol; 14, 4-chlorocatechol; 15, catechol; 16, *m*-cresol; 17, 2,6-dichlorophenol; 18, 3,5-dichlorophenol; 19, 2,4-dichlorophenol; 20, 1,3,5-trihydroxybenzene; 21, 2-chlorohydroquinone; 22, 5-chlororesorcinol; 23, 3,4-dichlorophenol; 24, 2,6-bis(hydroxymethyl)-*p*-cresol; 25, 2,4,6-trichlorophenol

は細孔内をスムースに拡散できず，一時的に細孔内にトラップされた状態になるため，活性点をとらえやすく分解されやすい．細孔は溶液中で歪んだ構造をとるため，歪んだ状態の細孔にのみ入ることができるような基質ほど細孔内での運動が制約されやすいと考えられる．そのため，図2a，bに示すように，平均細孔径よりも若干大きなサイズの化合物が分解されやすいと考えられる．一方，サイズの極めて大きな化合物は細孔内部へ進入することができず，反応は進行しない．すなわち，チタノシリケートのサイズ選択性は「水の存在による活性点の失活」と「分子の運動を制約するマイクロ孔」の働きが組み合わされることにより発現する極めて特異な機能と言える．

チタノシリケートのこのような特異な光触媒機能は，有害なクロロフェノール類の選択的変換に応用できる（表1）．TiO_2によりクロロヒドロキノン（**21**）を反応させると，-Clの-OHへの置換により1,2,4-トリヒドロキシベンゼン（**10**）が生成するが，芳香環が逐次的に分解され，最終的には水とCO_2にまで分解される．一方，チタノシリケートを用いると，**21**のEMWは

第2章 水を活用する

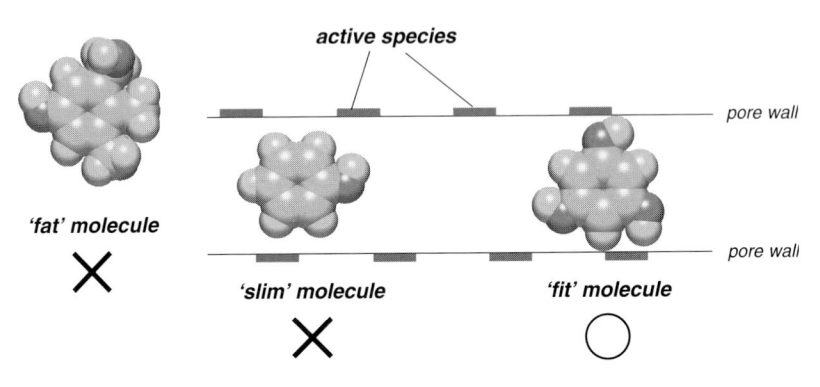

図3 チタノシリケートのサイズ認識型光触媒機能

表1 1,2,4-三置換クロロフェノール類の光触媒反応[a]

run	catalyst	substrate[b]	conv (%)	product[b]	select (%)
1	TiO$_2$		99		1
2	TS-1		67		85
3	TS-2	**21**	74		>99
4	TiO$_2$		92		2
5	TS-1		48		84
6	TS-2	**19**	41	**10**	86
7	TiO$_2$		64		1
8	TS-1		37		80
9	TS-2	**23**	35		81

[a] 反応条件：基質，20μmol；触媒，10mg；光照射，2h；水，10mL；温度，313K [b] EMW：**10**（0.5762nm）；**19**（0.6051nm）；**21**（0.6149nm）；**23**（0.6431nm）

平均細孔径よりも若干大きい（0.6149nm）ため分解が進行する．この場合にも，まず-Clから-OHへの置換が進行するが，この段階で生成した**10**のEMWは活性点をとらえにくい大きさ（0.5761nm）になっているため，それ以上の分解は進行せず，**10**が極めて高い選択率で得られる．同様にチタノシリケートにより2,4-ジクロロフェノール（**19**）および3,4-ジクロロフェノール（**23**）の転化を行った場合にも**10**が高選択率で得られる．すなわち，

チタノシリケートは細孔径よりも若干大きなサイズの化合物を少し小さな化合物に変換する（分子を削る）機能をもつと言え，有害物質を無害化し，かつ再資源化するための有効な光触媒となりうる．

3. メソポーラス酸化チタンの吸着依存型光触媒機能[4]

メソポーラス酸化チタン（mTiO$_2$）は，メソ細孔を有する酸化チタンである．大きな比表面積のため，光触媒反応への応用が多数行われている．我々は，mTiO$_2$が水中において「吸着依存型光触媒機能」を発現することを明らかにした．

アナターゼ含量（$x(=\text{mol}\%)$）の異なる5種のmTiO$_2(x)$，ならびに非孔質TiO$_2$（nTiO$_2(x)$）を触媒として，水中の有機化合物の反応を行った．基質の触媒表面への吸着しやすさの指標である分配比 D（$= (C_0 - C_{eq})/C_{eq}$ [C_0：初期の基質濃度，C_{eq}：平衡時の基質濃度]）を算出し，分配比と転化率との関係を調べた．図4Bに示すように，比表面積やアナターゼ含量の異なるいずれのmTiO$_2$を用いた場合にも，分配比の小さな基質の転化率は小さいのに対し，分配比の大きな基質ほど分解されやすいという興味深い傾向が見られた．アナターゼ相をもたないmTiO$_2(0)$を用いた場合には，反応はほとんど進行しない．したがって，mTiO$_2$のこのような吸着依存型の光触媒活性の発現には「アナターゼ相」と「メソ細孔」の存在が重要な因子であることがわかる．

ESR測定により吸着依存型触媒活性の発現するメカニズムを明らかにした（図5）．本触媒反応系では，アナターゼ相で生成したヒドロキシル（・OH）ラジカルによる基質の直接酸化により反応が進行する．mTiO$_2$の細孔内表面積は外表面積に比べて大きいため，アナターゼ相の多くは細孔内表面に存在し，・OHは主に細孔内で生成する．しかしながら，生成した・OHは，拡散律速に近い速度で細孔壁のチタンと反応することにより，不活性な表面水酸基となる．細孔内で生成した・OHラジカルの拡散距離は2nm以下であり，・OHはバルク溶液へ拡散することなく失活してしまう．したがって，・OHは，細孔内へ入りやすい化合物と反応しやすくなる性質をもつ．一方，化合物の吸着は，表面積の大きな細孔内で起こる．したがって，細孔内

第 2 章　水を活用する

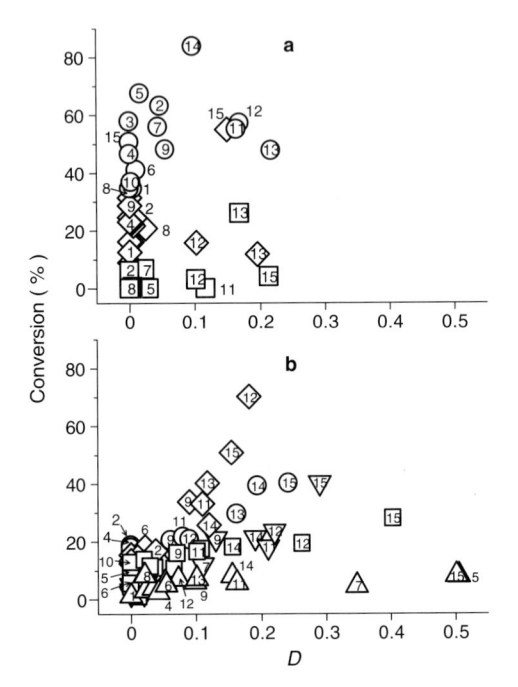

図 4　分配比 D と転化率（0.5 h）の関係　(a) nTiO$_2$ (x)（○, $x=100$；◇, $x=58$；□, $x=0$），(b) mTiO$_2$ (x)（○, $x=65$；◇, $x=61$；▽, $x=57$；□, $x=37$；△, $x=0$）

【基質（EMW の小さな順に）】1, phenol; 2, 2,4,6-trichlorophenol; 3, chlorohydroquinone; 4, 2,4-dichlorophenol; 5, 3-chlorophenol; 6, 4-chlorophenol; 7, 2-chlorophenol; 8, benzyl alcohol; 9, 2,4-dichlorophenoxyacetic acid; 10, p-cresol; 11, phenoxyacetic acid; 12, 1,2,4-trihydroxybenzene; 13, 1,3,5-trihydroxybenzene; 14, 4-chlorophenoxyacetic acid; 15, 2,6-bis(hydroxymethyl)-p-cresol.

の化合物濃度は触媒へ吸着しやすい基質ほど大きくなる．そのため，吸着しやすい化合物は細孔内に進入しやすく，細孔内で生成した・OH と反応しやすくなる．一方，吸着しにくい化合物では細孔内の化合物濃度は低くなるため，・OH と反応しにくくなる．これが吸着依存型の光触媒活性の発現するメカニズムである．

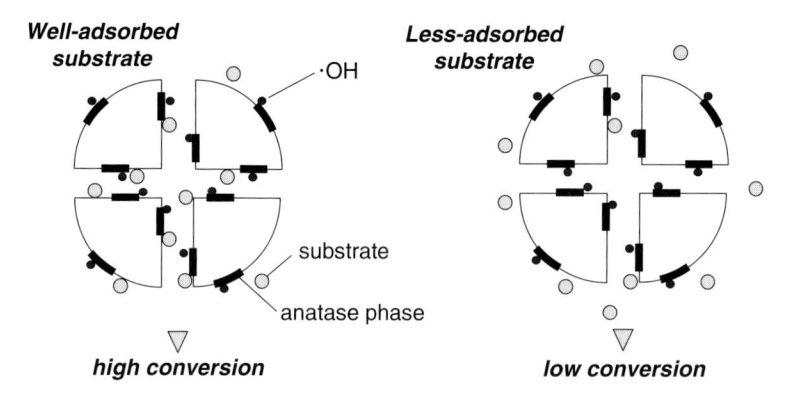

第 5 節　水を反応試薬とする光触媒型物質変換法

Well-adsorbed substrate ・OH　**Less-adsorbed substrate**

substrate
anatase phase

high conversion　　**low conversion**

図 5　mTiO$_2$ の吸着依存型光触媒機能

表 2　クロロフェノキシ酢酸類およびベンゼンの光触媒反応[a]

run	catalyst	reactant	D	convn (%)	product	D	yield (%)	select. (%)
1	nTiO$_2$ (100)		0.17	90		0.01	39	35
2	nTiO$_2$ (58)		0	82		0	28	34
3	mTiO$_2$ (61)	**11**	0.11	89	**1**	0	61	72
4	nTiO$_2$ (100)		0.10	91		0.01	16	18
5	nTiO$_2$ (58)		0	87		0	11	13
6	mTiO$_2$ (61)	**14**	0.12	90	**6**	0	65	72
7	nTiO$_2$ (100)		0.05	60		0	26	43
8	nTiO$_2$ (58)		0	71		0	12	17
9	mTiO$_2$ (61)	**9**	0.09	84	**4**	0	75	89
10	nTiO$_2$ (100)		0.24	26		0.01	2	8
11	nTiO$_2$ (58)		0.28	16		0	1	6
12	mTiO$_2$ (61)	**16**	0.64	23	**1**	0	19	83

[a] 反応条件：基質, 20μmol；光照射時間, 2h；catalyst, 10mg；緩衝水溶液 (pH 7), 10mL；温度, 313K.

このような mTiO$_2$ の吸着依存型光触媒機能は，反応物と生成物との分配比の差を利用する選択的物質変換反応に応用できる（表2）．たとえば，nTiO$_2$（100）を光触媒としてフェノキシ酢酸（**11**）を反応させると，エーテル結合の開裂により対応するフェノール（**1**）を生成するが，逐次的に芳香環の分解を受ける（run 1,2）．しかしながら，mTiO$_2$ を用いると（run 3），分配比の大きな **11** の転化は進行するものの，生成する **1** の分配比は小さく，それ以上の分解は進行しにくくなる．そのため，**1** を選択的に生成させることが可能となる．また，Cl 基の結合したフェノキシ酢酸類を用いた場合にも，同様の傾向が見られ，高選択率でクロロフェノール類（**6**，**4**）を得ることができる（run 6,9）．特に興味深いのは，ベンゼン（**16**）からフェノール（**1**）への直接転化が進行することである．nTiO$_2$ を用いた場合には，逐次的な分解が進行するため，**1** の選択率は極めて低い．一方，**16** は mTiO$_2$ に強く吸着するため（$D=0.64$）ヒドロキシル化が進行するが，生成した **1** はほとんど触媒に吸着しないため（$D=0$），これ以上の反応は進行せず，**1** が極めて高い選択率で得られる（run 12-14）．ベンゼンの直接水酸化は，光触媒をはじめ熱触媒でも極めて困難な有機合成反応であるが，mTiO$_2$ を利用することにより高選択的に進行させることができる．このような mTiO$_2$ の特異な光触媒機能は様々な物質変換反応への応用が期待できる．

4. まとめ

チタン酸化物を活性種とする選択的物質変換はこれまで極めて困難な課題であったが，活性種の形状あるいは触媒構造を利用することにより選択的な物質変換が可能であることがわかってきた．さらなる触媒の改良や新たなアイディアの導入により，新しい機能を有する光触媒の開発が可能であると考えられる．

参考文献

1) 白石康浩，平井隆之，チタノシリケート光触媒によるサイズ認識型物質変換，ケミカルエンジニヤリング，**50**，722-726（化学工業社，2005）

2）白石康浩,平井隆之,チタノシリケート：分子を削る光触媒,光化学, **36**, 27–32（光化学協会, 2005）
3）Y. Shiraishi, N. Saito, T. Hirai, Titanosilicate Molecular Sieve for Size-Screening Photocatalytic Conversion, *J. Am. Chem. Soc.*, **127**, 8304–8306（2005）
4）Y. Shiraishi, N. Saito, T. Hirai, Adsorption-Driven Photocatalytic Activity of Mesoporous Titanium Dioxide, *J. Am. Chem. Soc.*, **127**, 12820–12822（2005）

第6節
シリコンと水との反応およびウエットプロセスによるシリコンの微細加工

大阪大学太陽エネルギー化学研究センター
松村道雄

1. はじめに

　高温においてシリコンと水が反応することはよく知られており，半導体プロセスの酸化膜形成において広く利用されている．それに対して，室温でシリコンが液体の水と反応することはあまり意識されることがない．しかし，この反応はシリコンのウエットプロセスの基本となるものである．また，我々は，そのようなシリコンのウエットプロセスに触媒反応を利用することによって，シリコンへの直接的な微細加工が可能であることを見いだしている．以下に，これら水とシリコンの反応とその応用について紹介する．

2. シリコンと水の反応

　高温におけるシリコンと水の間の反応は次式で表される．

$$Si + 2H_2O \rightarrow SiO_2 + 2H_2 \qquad (1)$$

　水分子の方が酸素分子より SiO_2 膜中を拡散しやすいことから，半導体プロセスにおいて 0.1μm を超えるような厚い酸化膜を形成する場合には，1,000℃程度の温度で，水を酸化剤に用いて行われる．

　しかし，室温付近におけるシリコンと水の反応は，アルカリ条件を除いて，ほとんど問題にされることはなかったと思われる．これは，シリコンの表面は普通約 2nm 程度の自然酸化膜で覆われており，水とシリコンが直接接触することがないことによる．アルカリ液では，酸化膜が溶解するため，水とシリコンの間の反応が進行するようになる．また，フッ酸を含んだ液中でも同様である．これらの場合，シリコンとアルカリ，あるいはシリコンと

第6節　シリコンと水との反応およびウエットプロセスによるシリコンの微細加工

フッ酸の反応と見ることもできるが，水と接触したシリコンが水と反応して溶解を起こしている場合も多くあると思われる．応用的には，これらの過程は，シリコンのウエットエッチングプロセスとして重要である．

室温において，水とシリコンの反応を観測するためには，表面酸化物を除去するとともに，酸化物層の形成を防ぐために水中の溶存酸素も除去することも重要である．酸素の除去には，物理的な方法もあるが，我々は水にごく少量の亜硫酸アンモニウム（ワインの酸化防止剤にも用いられている）を添加することにより効果的に行えることを見いだした．このようにして，酸素を除去した水中にシリコンを浸すと，シリコンと水の反応を観測できるようになる[1]．反応による生成物は，少なくとも反応初期においては，水中に溶解したケイ酸化合物と，微量な水素である．この溶解反応は，形式的には次のように表すことができる．

$$Si + 4H_2O \rightarrow H_2SiO_4^{2-} + 2H_2 + 2H^+ \qquad (2)$$

シリコン表面の化学的安定性は（111）面が最も安定であり，平衡に近い条件でシリコンが溶解すると（111）面が露出しやすい．純水中でシリコンが溶解した場合もそうであり，（111）面を持ったウエハを純水に浸しておくと原子レベルでの平担な（111）面が露出するため，図1に示したようにAFMによって明瞭なステップ・テラス構造が観察される．また，AFMで，溶解過程をその場観察すると，時間とともにステップが後退する様子を観測することもできる．さらに，密閉容器で反応を起こさせると，(2)式によって発生してくる水素の濃度増加をガスクロマトグラフィーで計測することもできる[2]．シリコン試料に（100）面からの傾斜角度が異なるウエハを用いると，傾斜角度の増大とともにステップ密度が増大するが，それによって図2に示したように水素の発生速度が増加することが観測された．これらの結果は，シリコンの水による溶解がステップから進行していることを示している．なお，酸素を含んだ水を用いた場合には，一旦，原子レベルで平坦化した（111）面ウエハを用いても，定常的な溶解は見られない．おそらく，最初にステップが酸化され，やがて表面全体が酸化されて，溶解反応が停止す

第 2 章　水を活用する

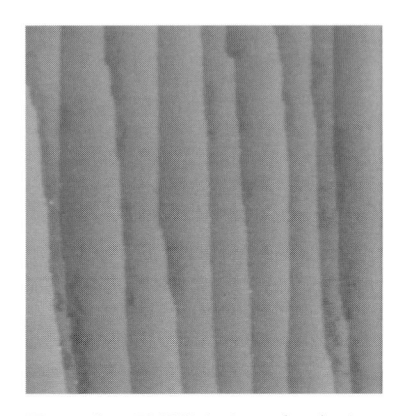

図 1　水で平坦化した Si (111) ウエハの AFM 像

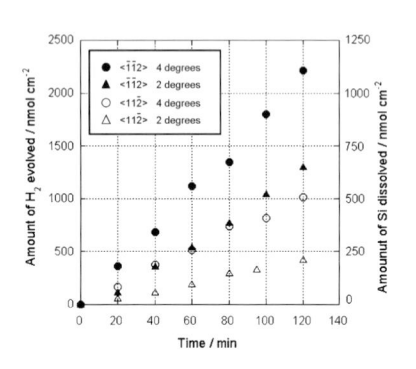

図 2　水に浸した Si (111) ウエハからの水素発生
○，●，△，▲は，真の (111) 面からの傾斜方向と大きさが異なる 4 種類のウエハの結果を示す．

るものと思われる．

　シリコンの水による酸化は，電気化学的にアノード電位を印加するときわめて顕著に起こるようになる．おそらく，その酸化過程が溶解速度を上回るため，アノード電位を印加するとシリコン表面は直ちに酸化膜で覆われてくる．図 1 に示したような表面を原子レベルで平坦化した (111) 面を用いて，電位を一定速度で正の方向に掃引すると，図 3 のように酸化電流にはいくつかのピークが観測された[3]．詳細な解析より，それぞれの酸化ピークは Si-Si の化学結合が表面から順に酸化されることによると帰属された（図中の Peak 1b は最表面の Si-H 結合の酸化）．この結果は，電位を制御することにより，シリコン表面にある特定の表面状態の極薄酸化膜を形成することが可能であることを示している．

　図 2 に示したように，ガスクロマトグラフィーによって水素を定量することにより，ごく微量なシリコンの溶解を検出することができる．図 4 はこの方法を用いて，シリコン（傾斜角約 0.2 度）の溶解速度と液の pH の関係を調べた結果である．pH は，高アルカリ側を除き，純水に微量の酸またはアルカリ液を加えて調整した．酸素を除去した水の場合，黒丸のプロットのよう

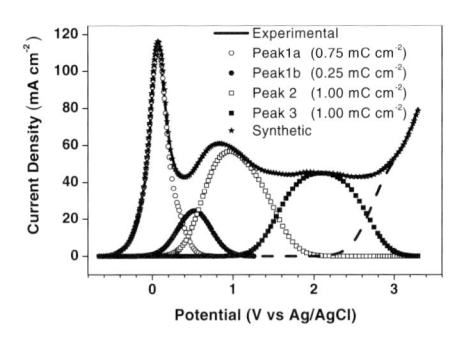

第6節　シリコンと水との反応およびウエットプロセスによるシリコンの微細加工

図3　原子レベルで平坦化したp-Si（111）電極の酸化電流の電流―電圧曲線電位掃印の速度：$0.05\,\mathrm{V\,s^{-1}}$.

に，中性領域（$6<\mathrm{pH}<10$）では，シリコンの溶解速度はpHに依存しない．このことは，中性の水では，溶解の主な反応種が水分子であることを示している．一方，弱アルカリ領域（$10<\mathrm{pH}<12$）では，溶解速度はOH$^-$イオン濃度に対してほぼ一次の依存性を示している．このことは，pHが10を超えると，主な反応種がOH$^-$イオンとなった，あるいは，表面酸化生成物の溶解過程が律速過程でありアルカリではその過程が促進されたことを示唆している．なお，強アルカリ領域（$12<\mathrm{pH}<14$）においてpHの増加とともに溶解速度が低下しているが，この領域でのシリコンの溶解機構が根本的に変化していることが示唆される．白丸は，酸素を含んだ液の場合で，中性付近ではほとんどシリコンの溶解は起こらないが，pHが増すにつれて溶解速度が増大している．これは，酸化物がアルカリ性の水に溶解することにより，シリコンと水の反応が進行するようになったためと考えられる．なお，亜硫酸塩は水中の溶存酸素を除去するのに極めて有効だが，低pH領域では亜硫酸塩は亜硫酸ガス（SO_2）に変化してしまうので，使用できるpH範囲には制約がある．

　液体の水を用いないでも，室温において，シリコンウエハを水蒸気を含んだアルゴン気体中に放置しておくと，ごくわずかだが水素の発生を観測することができる．このことは，室温でも水蒸気とシリコンが反応することを示している[2]．

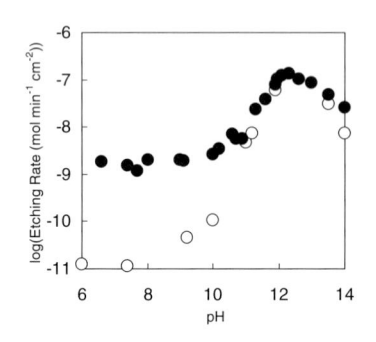

図4　Si（111）面（傾斜角約0.2度）からの水素発生速度のpH依存性
（溶存酸素濃度：○ 8 ppm，● 5 ppb 以下）

3. ウエットプロセスによるシリコンの表面処理と多結晶シリコン太陽電池高効率化

　太陽電池の世界の生産規模は年間約1.2GW（2004年，ピーク発電能力）に相当し，そのモジュールの総面積は1000万 m^2 にも達している．その80％以上が，単結晶または多結晶のシリコンウエハを用いた結晶系シリコン太陽電池であり，その生産規模は今後も増加を続けることが見込まれている．これら太陽電池の特性においては，当然のことながら変換効率が極めて重要であり，太陽電池の製造において，シリコンウエハに対して多くの処理が施されている．なかでも，シリコンウエハの表面反射率を低下させて光の反射ロスを低減させる技術は効率向上の鍵となるものである．シリコンウエハのそもそもの反射率は，波長400〜1100nmにおいて平均すると40％程度と極めて高く，そのままでは反射による大きなロスを生じてしまう．この反射率を低下させるために，太陽電池の表面には微細な凹凸形状をもった構造（テクスチャ構造と呼ばれる）が形成され，さらに反射防止膜でコーティングされている．単結晶シリコンのテクスチャ化処理では，上記のように（111）面が安定で露出しやすいことを利用して，（100）面のウエハを適当な条件で処理して（111）面からなるピラミッド構造が形成されている．

　多結晶シリコンの場合，この方法が使えないため，様々な方法が検討されている．我々は以下のような金属触媒を用いた方法を開発した[4]．以下に

第6節　シリコンと水との反応およびウエットプロセスによるシリコンの微細加工

個々の過程を説明する．

　まず，シリコン表面に銀微粒子を無電解メッキ法により付着させる．具体的には過塩素酸銀と水酸化ナトリウムを溶かした水溶液に室温で約20分間浸す．この処理によりシリコン表面に30から100nm程度のサイズの銀粒子がランダムに析出する．

　次に，フッ化水素酸と過酸化水素水の混合液を用いて数分間ウエットエッチングを行う．銀を付けていない状態ではエッチングはほとんど進まないが，銀があると銀の触媒作用によってエッチングが進むとともに，表面に凹凸構造が形成される．

　この触媒の作用によって，銀の上で過酸化水素の還元反応が進行し，その分，シリコンから電子が引き抜かれる．その結果，シリコン内に正孔（h^+）が生成し，シリコンの酸化的溶解を引き起こすことになる．これが，銀を触媒とするテクスチャ構造の形成の基本反応である．しかし，詳細については，不明な点も多く残されている．特に，このエッチング中，銀粒子はシリコン内部に沈み込みながら筒状の細孔を形成するという極めて特異な振る舞いを示す[5]．

　細孔形成とともに，表面付近にはステイン層（ナノメートルサイズの多孔質シリコン層）が形成される．このステイン層は高抵抗であるために太陽電池の特性に悪影響を及ぼす．そこで，ステイン層を低濃度（1wt.%）の水酸化ナトリウム水溶液で室温にて処理して除去しなければならないが，この時，シリコン内部に形成していた筒状細孔の壁も多少エッチングされて拡大し，反射率低下に適したサイズとなる．

　最後に，表面に残った銀を硝酸にて除去する．なお，この除去された銀を回収して，銀無電解メッキ工程に再利用することも可能だと思われる．

　以上の処理により形成されたテクスチャ構造のSEM像を図5に示した．多結晶の結晶粒によって露出面の結晶方位が異なるため，形成される凹凸形状に違いが見られるが，表面全体に凹凸構造が形成していた．

　このようにして得られた銀微粒子触媒を用いたウェットエッチング処理を施したウエハと，テクスチャ化処理なしのもの，およびアルカリテクスチャ

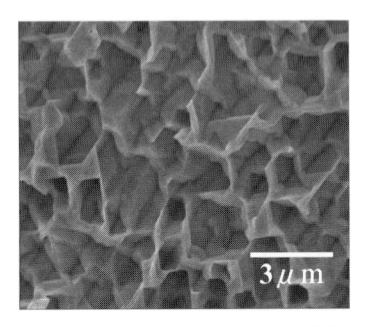

図5 銀微粒子触媒を用いたウェットプロセスによって多結晶シリコンに形成されたテクスチャ構造の SEM 像

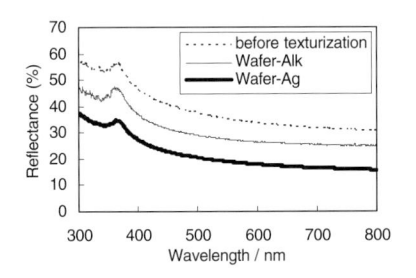

図6 多結晶シリコンウエハの反射スペクトル
---- 無処理，── 従来法，━━ 銀微粒子を用いた新規処理

化処理（従来法）を施したものについて，表面の反射率を比較した．その結果，図6に示すように，銀微粒子触媒を用いた処理によるものが最も低い反射率を示すことが明らかになった．

銀微粒子触媒を用いたウェットエッチングによりテクスチャ構造を形成したウエハを用いて太陽電池セルを作製し特性を評価した．太陽電池の作製は，pn 接合は $POCl_3$ 気相拡散，電極はスクリーン印刷，パッシベーション兼反射防止膜として窒化ケイ素をプラズマ CVD で形成した．比較例としてアルカリテクスチャされたウエハを用いて作製されたセルを用いた．その結果，銀微粒子触媒を用いた方法のものの短絡電流が約 5% 増加していることが確認され，テクスチャ構造の有効性が示された．なお，光電流の増大した

第6節 シリコンと水との反応およびウエットプロセスによるシリコンの微細加工

分だけ，太陽電池の変換効率も向上した．

4. シリコンウエハへの細孔形成現象

　上記の銀粒子を触媒としたシリコンのテクスチャ化処理を，Si（100）ウエハについて長時間（30分）行ったところ，図7に示すように細孔が形成され，その先端には銀粒子が見られた[5]．このような細孔形成過程は，図8に示したように，銀が触媒となってシリコンから過酸化水素への電子移動が起こり，銀と接触した部分でシリコンの酸化と，溶解が起こっていると説明される．ここで面白いことに，銀の微粉末をフッ酸と過酸化水素の混合液に浸すと，すぐに溶解してしまう．これは，過酸化水素によって銀から電子が奪われるために，銀の電位がその溶解電位よりに正になったことによる．しかし，銀粒子がシリコンに付着している場合は，シリコンから銀に電子が補給されるために銀の溶解が防がれて，シリコンの酸化・溶解が起こることになる．このことから予想されるように，銀粒子を触媒とする細孔形成（および図5のようなテクスチャ面の形成）には，銀の付着の仕方が重要であり，それらの形状の制御のためには銀粒子の担持条件の工夫が必要になる．図7に示したような直線的な細孔の底に存在する粒子を観察することにより，直線的な細孔を形成するためには真球状の粒子を用いることが重要であることが明

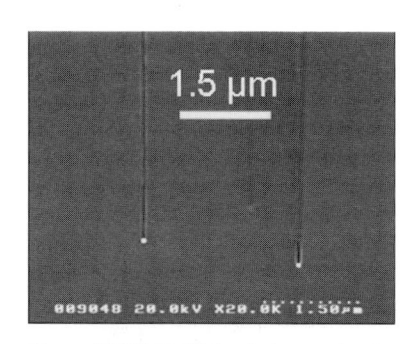

$$H_2O_2 + 2H^+ + 2e^- \rightarrow 2H_2O$$
$$Si + 6HF + 4h^+ \rightarrow SiF_6^{2-} + 6H^+$$

図7　銀微粒子を用いたウエットプロセス（30分）によりシリコン内に形成された細孔の断面SEM像（表面から約40μmの位置）

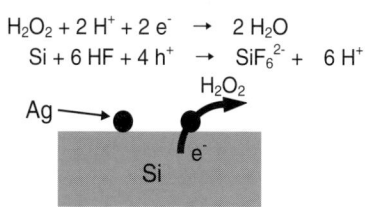

図8　銀粒子を触媒とするエッチングプロセスの模式図

らかになった．

　銀の場合と同様な方法でシリコン上に白金粒子を担持させると，図9（a）に示すような小さな粒子から成る粒子がシリコン上に堆積した．この場合にもフッ酸・過酸化水素の混合液で処理すると，シリコン中に細孔が形成される．この場合の断面 SEM 写真からは，図9（b）のように螺旋状の細孔が形成されたことがわかり，白金粒子が螺旋的に回転しながらシリコン内部に沈み込んだことを示している[6]．また，細孔の壁面には，規則的な筋が観測されるが，これは白金粒子表面の凹凸構造を反映したものであると考えられる．螺旋孔の形成は，白金粒子上の局所的な構造の違いにより，シリコンの酸化・溶解の速度に違いが生じ，それが回転運動を生み出していると考えられる．

　シリコン中に形成される直線的な細孔に金属を充填することができれば，半導体内部の電気配線が可能になり，半導体素子の三次元実装に役立つと期待される．また，螺旋孔に金属を充填できれば，半導体素子内に電気コイルを組み込んだものとなり，新たな半導体デバイスへの応用も期待できる．

　このような応用の可能性とは別にしても，ナノサイズの直線的および螺旋的な細孔現象は，最近大きな注目を集めているナノワイヤやナノコイルの形成の逆過程と見ることができ，興味深い．

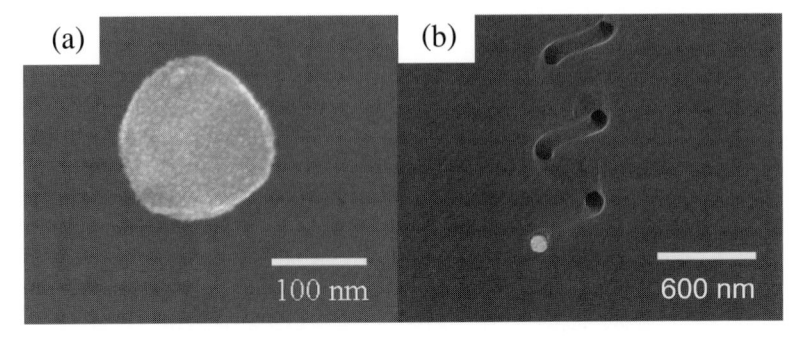

図9　(a) シリコン上に析出した白金粒子，(b) 白金粒子の触媒作用によってシリコン内に形成された螺旋孔

5. おわりに

　シリコンの水溶液による処理は，洗浄，エッチング，めっき等，半導体工業における基本プロセスである．それらの工程において，「水」はあくまで媒体として扱われ，その機能がクローズアップされることはあまりなかったと思われる．しかし，水の役割についての理解を深めることが，これらの工程をより深く理解し，それらをより高度なものに発展させるために不可欠であろう．

　また，これまでの半導体技術の進展は，微細化技術の進展とともにあったということができるが，そこでは，ウエットプロセスを利用しながらも，各種真空プロセスを利用したドライプロセスが中心的な工程であった．しかし，上述の我々の結果は，金属微粒子の触媒作用を利用したウエットプロセスによって，ナノサイズの加工が可能であることを示している．ウエットプロセスの強みである量産性と，ナノサイズの微細加工性を兼ね備えた，新たな加工技術に発展することが期待される．

参考文献

1) H. Fukidome, M. Matsumura, *Jpn. J. Appl. Phys.*, **38**, L1085 (1999).
2) Y. Sawada, K. Tsujino, M. Matsumura, *J. Electrochem. Soc.*, **153**, C854-C857 (2006).
3) F.Bensliman, A. Fukuda. N.Mizuta, M. Matsumura, *J. Electrochem. Soc.*, **150**, G527-531 (2003).
4) K. Tsujino, M. Matsumura, Y. Nishimoto, *Sol. Energy Mater. Sol. Cells*, **90**, 100-110 (2006).
5) K. Tsujino, M. Matsumura, *Adv. Mater.*, **17**, 1045 (2005).
6) K. Tsujino, M. Matsumura, *Electrochem. Solid-State Lett.*, **8**, C193 (2005).

第 7 節
水を活用した金属錯体の組織化と構造制御

理学研究科　化学専攻

今野　巧

1. はじめに

　金属元素は周期表の約八割を占め，そのうちの半分以上が重金属元素である．これら金属元素は，多くの場合イオン状態として存在しているが，孤立したイオン状態として存在するのは極めて稀であり，通常，無機イオンや有機物と結合して金属化合物を形成している．これらの金属化合物のことを広い意味で金属錯体，あるいは結合が配位結合から成り立っていることから配位化合物と呼んでいる．金属錯体は，我々の身のまわりのいたるところに存在している．たとえば，水の中の金属イオンは，その周りを水分子に配位され，アクア金属錯体として存在している．生体内にも様々な金属イオンが存在しているが，これらもやはり単独では存在しておらず，生体内の水分子や無機イオン，あるいはアミノ酸や糖類などに配位されて金属錯体を形成している．また，鉱物中の金属イオンは，酸化物イオンや硫化物イオンなどに配位されており，これら金属酸化物や金属硫化物も広い意味で金属錯体とみなすことができる．

　ここでは，このような金属錯体に関する研究の中から，水を反応溶媒として活用する金属錯体の合成と構造について紹介する．特に，様々な重金属イオンが，単純な含硫アミノ酸（有機配位子）を用いるだけで，多種多様な構造をもつ金属化合物へと段階的に集積化できることに焦点を当てて述べる．このような水を溶媒とする金属イオンの段階的な組織化と構造の高次化に関する研究は，水中からの有害な重金属イオンの除去や生体内における重金属イオンとアミノ酸類との相互作用との関連からも興味がもたれる．また，高次構造中への水分子の取り込みに関する基礎研究，ならびに水素結合による構造制御に関する基礎研究としても重要である．

2. 含硫アミノ酸をもつ水溶性金属錯体

　システインやペニシラミンなどの含硫アミノ酸は，配位性の異なる 3 つの官能基（チオール基，アミノ基，およびカルボキシル基）を有しており，様々な金属イオンに配位できる水溶性の配位子として働く．また，金属イオンの種類や反応条件に応じて，単座-S，二座-N, S，二座-O, S，あるいは三座-N, O, S などの多彩な配位様式をとることができ，配位立体化学の面からも興味がもたれる配位子である（図1）．たとえば，D-ペニシラミン（D-H$_2$pen）をコバルト（Ⅲ）イオンに水中で反応させると，チオール基とカルボキシル基が脱プロトン化し，二分子の D-pen^{2-} が N, O, S の三座でコバルト（Ⅲ）イオンに配位した水溶性の八面体型金属錯体が形成される（図2）[1]．また，ニッケル（Ⅱ）イオンとの反応では，二分子の D-pen^{2-} が N, S 二座で配位した水溶性の平面型金属錯体が形成される[2]．一方，金（Ⅰ）や水銀（Ⅱ）イオンに反応させると，D-ペニシラミンは S 単座でこれらの金属イオンに結合し，水溶性の直線型金属錯体が形成される[3]．

図1　含硫アミノ酸に可能ないくつかの配位様式

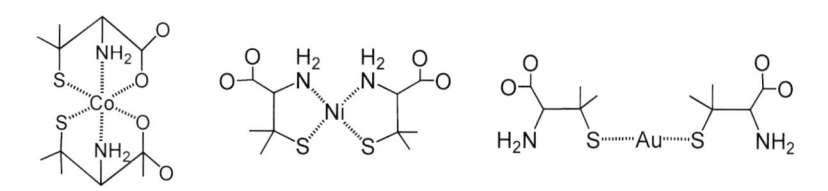

図2　D-ペニシラミンを配位したいくつかの金属錯体の構造

これらの金属錯体中の配位チオラト基（RS⁻）は，比較的強い求核性を有しており，別の金属イオンに結合して硫黄架橋多核構造を形成する傾向にある．そのため，これらチオラト基をもつ金属錯体は，硫黄原子で配位する「錯体配位子」として利用することができる[4]．特に，上記の金(I)や水銀(II)の直線型チオラト錯体は，チオラト基に加えて非配位のアミノ基およびカルボキシル基を有しており，三種六座（N_2, O_2, S_2）の配位部位をもつ水溶性の錯体配位子として働くと期待される．以下に，D-ペニシラミンをもつ直線型の金(I)チオラト錯体を取り上げ，この錯体と各種金属イオンとの水中での反応について述べる．

3. D-ペニシラミンをもつ金(I)錯体と金属イオンとの反応

3.1 コバルト(III)イオンとの反応

2分子のD-ペニシラミネート（D-pen^{2-}）がS単座で金(I)イオンに配位した直線型金属錯体（[Au(D-pen-S)$_2$]$^{3-}$）の水溶液は無色透明であるが，これに塩化コバルト(II)六水和物を空気存在下で反応させると暗赤色の溶液へと変化する．得られた溶液を陰イオン交換カラム（QAE-Sephadex A-25）にかけて食塩水で溶離すると，茶色のバンドと赤紫色のバンドに分かれ，それぞれのバンドの溶離液から暗緑色と暗紫色の結晶が単離される．これらの結晶には，Au原子とCo原子がそれぞれ1：1と3：2の割合で含まれており，単結晶X線解析により，暗緑色錯体は硫黄架橋Au$^I_3$Co$^{III}_3$六核錯体，一方，暗紫色錯体は硫黄架橋Au$^I_3$Co$^{III}_2$五核錯体であると決定された（図3）．両錯体とも，コバルト(III)イオン周りは六配位八面体構造となっているが，前者では，D-pen部位がN, O, S三座で二分子配位しているのに対して，後者ではN, S二座で三分子配位している．これらの硫黄架橋多核錯体には，コバルト周りの幾何配置（配位原子のcis/trans）やキラル配置（Δ/Λ），ならびに架橋硫黄原子の不斉配置（R/S）の違いに基づいて，数多くの異性体が考えられる．しかし，両錯体とも，ただ一種類の異性体のみを生成する．したがって，このD-pen金(I)錯体が，キラル選択的な多核錯体形成に極めて有用な多座の錯体配位子として利用できることがわかる．

第7節　水を活用した金属錯体の組織化と構造制御

ところで，暗緑色の硫黄架橋 $Au^I{}_3Co^{III}{}_3$ 六核錯体は，電荷を持たない分子性の金属錯体である．興味深いことに，この錯体は，結晶中において三角形の錯体分子同士がアミノ基とカルボキシル基間の水素結合（N-H⋯OOC）により相互に連結しあい，二次元シート構造を形成している[5]．また，シート間には，多数の水分子が存在しており，図4に示すような特徴的なハニカム状の水クラスターを形成している．

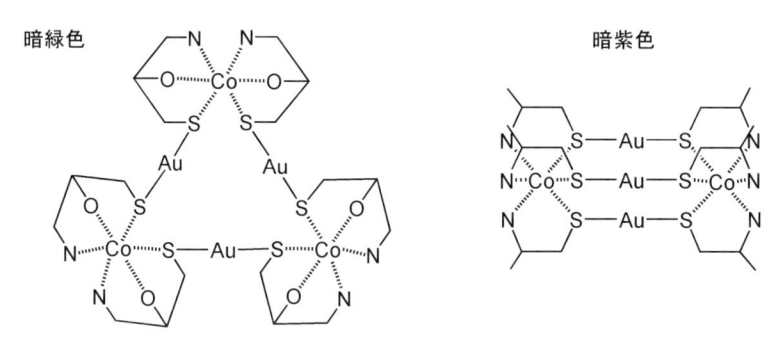

図3　$Au^I{}_3Co^{III}{}_3$ 六核錯体と $Au^I{}_3Co^{III}{}_2$ 五核錯体の骨格構造

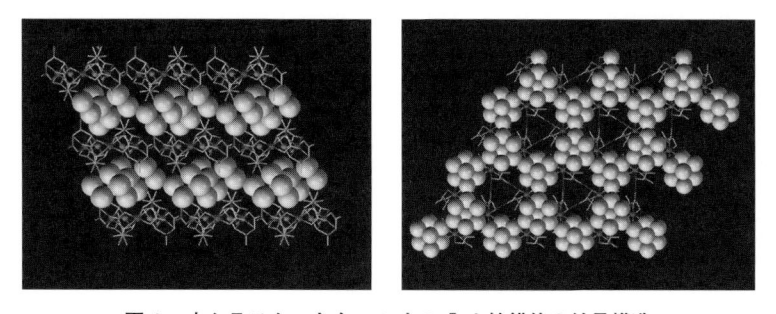

図4　水クラスターをもつ $Au^I{}_3Co^{III}{}_3$ 六核錯体の結晶構造

3.2　ニッケル(II)イオンとの反応

コバルト(III)イオンの場合には，六配位八面体以外の配位構造は極めて稀であるが，ニッケル(II)イオンは，八面体構造のほかに四配位平面構造

や四面体構造をも柔軟にとりうる．D-ペニシラミンをもつ直線型金(I)錯体（$[Au(D\text{-}pen\text{-}S)_2]^{3-}$）の水溶液にモル比1：1で硝酸ニッケル(II)六水和物を反応させると赤色の溶液となり，この溶液から赤色錯体が単離される．この錯体は，単結晶X線解析により，二分子の$[Au(D\text{-}pen\text{-}S)_2]^{3-}$が2つのニッケル(II)イオンを連結した硫黄架橋$Au^I{}_2Ni^{II}{}_2$四核錯体であることが示された（図5)[6]．この錯体において，ニッケル(II)イオンは，2つのD-pen部位にN, S二座で配位され，N_2S_2配位環境をもつ四配位平面構造となっている．一方，金(I)錯体が過剰のモル比3：2で同様の反応を行うと紫色の溶液となり，この溶液から紫色の結晶が単離される．この錯体は，三分子の$[Au(D\text{-}pen\text{-}S)_2]^{3-}$が2つのニッケル(II)イオンを連結した硫黄架橋$Au^I{}_3Ni^{II}{}_2$五核錯体である．また，ニッケル(II)イオンは，3つのD-pen部位にN, S二座で配位され，N_3S_3配位環境をもつ六配位八面体構造となっている．逆に，ニッケル(II)イオンが過剰のモル比2：3で反応させると，赤色の反応溶液が得られ，ここから水色の結晶が徐々に析出してくる．この錯体は，赤色錯体と同様，硫黄架橋$Au^I{}_2Ni^{II}{}_2$四核構造をとっているが，ニッケル(II)イオン周りは，2つのD-pen部位にN, O, S三座で配位され，$N_2O_2S_2$配位環境をもつ六配位八面体構造となっている．この水色の四核錯体には，対カチオンとしてアクアニッケル(II)イオン（$[Ni(H_2O)_6]^{2+}$）が存在している．結晶中において，$[Ni(H_2O)_6]^{2+}$イオン同士は，O-H⋯O水素結合により互いに連結されており，極めて珍しいアクア金属イオンの一次元鎖を形成している．さらに，この一次元鎖が，水素結合により$Au^I{}_2Ni^{II}{}_2$四核錯体を連結しており，全体としては二次元シート構造を形成している（図6）．赤色，紫色，および水色錯体は，ほぼ中性条件化で得られるが，酸性条件下で反応を行うと緑色の水溶液となり，ここから緑色錯体が単離される．この緑色錯体は，紫色錯体と同様，硫黄架橋$Au^I{}_3Ni^{II}{}_2$五核構造であるが，3つのD-pen部位はN,S二座ではなく，O, S二座でニッケル(II)イオンに配位している．その結果，ニッケル周りは，O_3S_3配位環境をもつ八面体構造となっている．

第7節　水を活用した金属錯体の組織化と構造制御

図5　[Au(D-pen-*S*)$_2$]$^{3-}$とNi^{II}から形成される多核錯体の骨格構造と相互変換

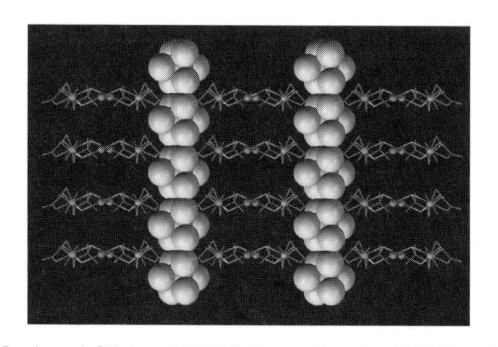

図6　[Ni(H$_2$O)$_6$]$^{2+}$の一次元鎖をもつAu$^{I}_2$Ni$^{II}_2$四核錯体の結晶構造

以上の紫色五核錯体，赤色四核錯体，および水色四核錯体は，Ni^{II}と[Au(D-pen-*S*)$_2$]$^{3-}$のモル比を変えることにより相互変換可能であり，また，紫色五核錯体，赤色四核錯体，および緑色五核錯体は，pH変化により相互変換可能である（図5）．これらの錯体のうち，赤色四核錯体においてのみニッケル（II）イオンは平面構造であり，そのためこの錯体はアキラルで反

205

磁性体である．一方，残りの3つの錯体中のニッケル（Ⅱ）イオンは八面体構造であり，これらの錯体は$Ni^{Ⅱ}$中心キラリティーを有する常磁性体である．したがって，$[Au(D-pen-S)_2]^{3-}$とニッケル（Ⅱ）イオンの組み合わせから，色だけでなく，磁性ならびにキラリティーをも三重にスイッチ可能な配位システムが構築されたことになる[6]．なお，紫色五核錯体と赤色四核錯体は，反応モル比とpH変化に加えて，温度や溶媒によっても相互変換可能であり，ソルバトクロミズムとサーモクロミズムをも同時に示す極めて珍しい系であることも示されている．

3.3 パラジウム（Ⅱ）イオンとの反応

パラジウム（Ⅱ）イオンは，四配位平面型の配位構造をとる代表的な金属イオンである．$[Au(D-pen-S)_2]^{3-}$の無色透明な水溶液に硝酸テトラクロロパラジウム（Ⅱ）酸を反応させると黄色の溶液が得られる．この溶液を陰イオン交換カラム（QAE-Sephadex A-25）にかけて塩化カリウム水溶液で溶離すると，2つの黄色のバンドに分かれ，それぞれのバンドの溶離液から二種類の黄色結晶が単離される．単結晶X線解析により，これらの錯体はともに，二分子の$[Au(D-pen-S)_2]^{3-}$が2つのパラジウム（Ⅱ）イオンを連結した硫黄架橋$Au^{Ⅰ}{_2}Pd^{Ⅱ}{_2}$四核構造であると決定された（図7）．一方の四核錯体は，前述の赤色$Au^{Ⅰ}{_2}Ni^{Ⅱ}{_2}$四核錯体と同様，構成単位である$[M(D-pen-N,S)_2]$ユニットはcis配置であるが，もう一方の四核錯体ではtrans配置となっている．この$trans$-$[Pd(D-pen-N,S)_2]$ユニットをもつ$Au^{Ⅰ}{_2}Pd^{Ⅱ}{_2}$四核錯体は熱力学的に不安定であり，cis-$[Pd(D-pen-N,S)_2]$ユニットをもつ$Au^{Ⅰ}{_2}Pd^{Ⅱ}{_2}$四核錯体に異性化することも見いだされている．

これらの硫黄架橋$Au^{Ⅰ}{_2}Pd^{Ⅱ}{_2}$四核錯体中には，4つの非配位カルボキシル基が存在する．そのため，この四核錯体と他の金属イオンとの反応から高次構造をもつ混合金属化合物が構築できると考えられる．実際，cis-$[Pd(D-pen-N,S)_2]$ユニットをもつ$Au^{Ⅰ}{_2}Pd^{Ⅱ}{_2}$四核錯体に塩化銅（Ⅱ）を水中で反応させると，二次元構造をもつ$Au^{Ⅰ}{_2}Pd^{Ⅱ}{_2}Cu^{Ⅱ}$錯体ポリマーが得られ，一方，$trans$-$[Pd(D-pen-N,S)_2]$ユニットをもつ$Au^{Ⅰ}{_2}Pd^{Ⅱ}{_2}$四核錯体と塩化銅（Ⅱ）との反応

からは，三次元構造をもつ $Au^I{}_2Pd^{II}{}_2Cu^{II}$ 錯体ポリマーが得られている．また，これらの錯体ポリマーはチャネル構造を有しており，その中に特徴的な水分子クラスターが形成されていることも示されている．

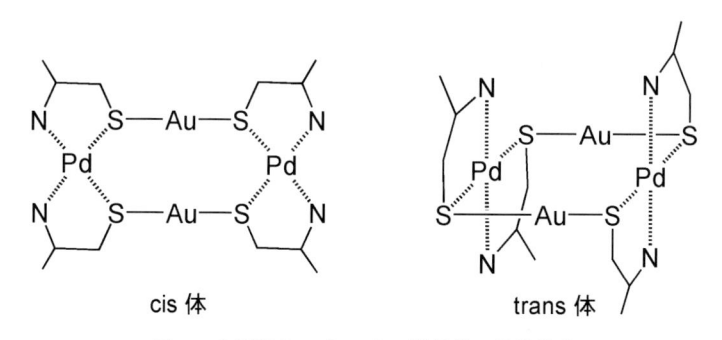

図7　2種類の $Au^I{}_2Pd^{II}{}_2$ 四核錯体の骨格構造

3.4　銀(I)イオンとの反応

　銀(I)イオンは，二配位直線型の配位構造をとりやすい親硫黄性の金属イオンである．まず，$[Au(D\text{-}Hpen\text{-}S)_2]^-$ の水溶液に硝酸銀(I)を反応させると，発光性を有する白色粉末が得られる．この錯体は，中性の水にはほとんど溶けないが，酸性やアルカリ性にすると溶けるようになる．この錯体の分子構造は決定されていないが，各種分析手段により，2つの直線型の銀(I)イオンが硫黄原子を介して二分子の $[Au(D\text{-}Hpen\text{-}S)_2]^-$ を連結した $Au^I{}_2Ag^I{}_2$ 硫黄架橋四核錯体であると帰属されている（図8）[7]．

　この錯体中には，非配位のアミノ基とカルボキシル基がそれぞれ4つ存在しており，第三の金属イオンにキレート配位すると予想される．実際，この $Au^I{}_2Ag^I{}_2$ 四核錯体に塩化銅(II)を水中で反応させると青色の溶液となり，ここから青色結晶が単離されている．この結晶には，Au 原子，Ag 原子，および Cu 原子が含まれており，単結晶 X 線解析により，この錯体は，$Au^I{}_2Ag^I{}_2$ 四核ユニット中のアミノ基とカルボキシル基が Cu^{II} イオンにキレート配位した $Au^IAg^ICu^{II}$ 金属超分子であると決定された．この金属化合物は，

一つの分子中に三種類全ての貨幣金属を含むはじめての例である．興味深いことに，この金属化合物の結晶は，6つの金(I)，8つの銀(I)，および6つの銅(II)イオンを含む+1価の20核超分子ケージと6つの金(I)，9つの銀(I)，および6つの銅(II)イオンを含む-1価の21核陰イオン超分子ケージから構成されており，それぞれのケージの中心には塩化物イオンが内包されている．さらに，これらの+1価と-1価の超分子ケージは1：1の割合で存在し，これらが互いに配位結合および水素結合により連結することにより，巨大な岩塩型格子構造（NaClの約200倍）を形成していることも示されている（図8）[7]．この金属超分子構造の発見は，単純な無機イオン（Na^+やCl^-）を構成単位とする固体化学から巨大な超分子イオンを構成単位とする固体化学への飛躍的な展開につながるものである．

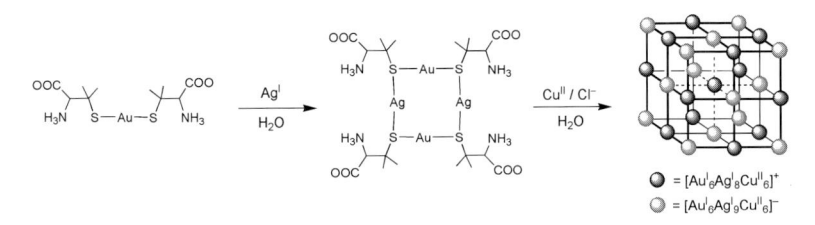

図8 [Au(D-Hpen-S)$_2$]$^-$とAg^{I}およびCu^{II}との段階的反応

4. おわりに

紙面の都合上，D-ペニシラミンと金(I)イオンからなる金属錯体と各種金属イオンとの水中での反応，ならびにこれにより形成される金属化合物の構造についてまとめてみた．この限られた例からわかるように，水を反応溶媒として活用し，単純なアミノ酸を用いるだけで，いろいろな重金属イオンを多種多彩な分子構造へと集積化することが可能である．同時に，金属化合物をテンプレートとする水クラスターの構築や特異な水素結合ネットワークの発現も可能である．今後，アミノ酸と金属イオンの組み合わせを上手に設計することにより，様々な金属イオンや水クラスターの多核構造中への取り

込みや高機能性を有する異種金属化合物の段階的かつ合理的構築が期待できる．

参考文献

1) K. Okamoto, K. Wakayama, H. Einaga, S. Yamada, and J. Hidaka, *Bull. Chem. Soc. Jpn.*, **56**, 165-170 (1983).
2) N. Baidya, M. M. Olmstead, and P. K. Mascharak, *Inorg. Chem.*, **30**, 3967-3969 (1991).
3) a) D. J. Leblance, J. F. Britten, Z. Wang, H. E. H.-Lock, and C. J. L. Lock, *Acta Crystallogra., Sect C*, **53**, 1763-1765 (1997). b) Y. Hirai, A. Igashira-Kamiyama, T. Kawamoto, and T. Konno, *Chem. Lett.*, **36**, 434-436 (2007).
4) T. Konno, *Bull. Chem. Soc. Jpn.*, **77**, 627-649 (2004) (Accounts).
5) T. Konno, M. Hattori, T. Yoshimura, and M. Hirotsu, *Chem. Lett.*, **2000**, 852-853.
6) M. Taguchi, A. Igashira-Kamiyama, T. Kajiwara, and T. Konno, *Angew. Chem. Int. Ed.*, **46**, 2422-2425 (2007).
7) A. Toyota, T. Yamaguchi, A. Igashira-Kamiyama, T. Kawamoto, and T. Konno, *Angew. Chem. Int. Ed.*, **44**, 1088-1092 (2005).

第8節
両親媒性高分子の水溶液中での集合体形成

理学研究科　高分子科学専攻

佐藤　尚弘

　最近，様々な分野で高分子集合体・超分子ポリマーの応用に注目が集まっている[1]．それらのもつ固有の構造や機能性，さらにはその構造や機能性の環境応答性が，従来の高分子と比較して優れた点で，種々の応用が期待されている．両親媒性高分子は，水溶液中で集合体を形成する高分子の代表例で，特に水の精製や回収，水からの物質の回収，保水などへの利用が期待されている．

　本節では，両親媒性高分子を種々の用途で利用する上での基礎となる水溶液中での集合体（ミセル）構造の研究について紹介する．高分子集合体・超分子ポリマーの溶液中での会合数や集合形態の特性化は，それらを応用する上での基礎として重要な作業である．その特性解析には種々の方法があるが，その中で光散乱法は溶液状態のままで特性化が行える利点を有している．これに対して，AFM，STM，電子顕微鏡法などは，観察試料の調製時に，会合状態が変化してしまう可能性が捨てきれない．

1. 種々の両親媒性高分子

　両親媒性高分子は，一般に親水性モノマーと疎水性モノマーを重合させるか，水溶性（疎水性）高分子に疎水性基（親水性基）を導入することにより得られる．2種類のモノマー単位の配列様式により，図1に示すような線状両親媒性高分子が存在し（黒丸：疎水性モノマー単位，白丸：親水性モノマー単位），それぞれ異なった集合体構造をとる．

第 8 節　両親媒性高分子の水溶液中での集合体形成

(a) ブロック共重合体　　　　(b) テレケリック高分子

(c) ランダム共重合体

図 1　種々の両親媒性高分子

2. ブロック共重合体

　両親媒性ブロック共重合体の水溶液中でのミセル構造は，これまでに非常に多くの研究者によって調べられてきた．サイズの違いを別にすると，ブロック共重合体は，低分子の界面活性剤と類似の構造を有しており，そのミセル構造も類似している．図 2 にその典型的な構造を模式的に示す．円筒ミセルは，長くなると屈曲性が現れ，みみず状の形態をとる．また二重膜構造は，膜の端での疎水基と水との接触を避けるために，閉じた球殻構造をとることが多く，そのような球殻ミセルをベシクルと呼んでいる．

　低分子界面活性剤のミセル構造が，親水性部と疎水性部のサイズの比で決まるのと同様に，ブロック共重合体ミセルの構造も，親水性・疎水性ブロックのサイズ比で決まるとされている．ただし，一般にブロック共重合体の疎水性ブロック間の疎水性相互作用は非常に強いので，ミセル構造はしばしば平衡構造をとらず，溶液の調製法や温度履歴などに依存した凍結構造をとることがあるため，低分子界面活性剤と比較して，そのミセル構造（特に円筒ミセルやベシクル）の理解はまだ十分ではない．球状ミセルに関する研究は，参考文献 2 を参照されたい．

球　　　　　円筒　　　　二重膜（ベシクル）

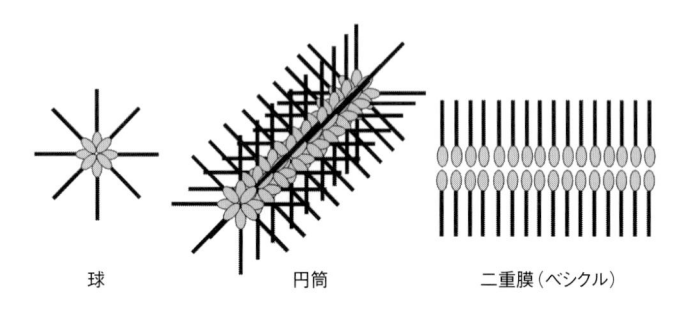

図2　ブロック共重合体の様々なミセル構造

3. テレケリック高分子

　水溶性高分子の両末端を疎水化した両親媒性テレケリック高分子は，レオロジーコントロール剤として利用され，ある臨界濃度以上で水溶液をゲル化させる能力を有する．3元ブロック共重合体もテレケリック高分子の1種と見なすことができ，様々な高分子材料への添加剤として利用されている[3]．

　水溶液中で，テレケリック高分子の両末端疎水基は凝集して，疎水性コアを形成すると考えられる．各テレケリック鎖の両末端疎水基が同じ疎水性コア内に取り込まれると，その鎖はループ鎖となり，単核の花形ミセルが形成される．他方，もしもあるテレケリック鎖の両末端疎水基が異なる疎水性コア内に取り込まれると，その鎖はブリッジ鎖となり，単核花形ミセルの会合を引き起こす．そして，この会合が進み，無限網目が形成されると，水溶液はゲル化する．

　図3には，感熱応答性高分子として有名なポリ（N-イソプロピルアクリルアミド）（PNIPAM）の両末端にオクタデシル基を導入したテレケリック PNIPAM（分子量=47,500）の，25℃水溶液中での z 平均回転半径 $\langle S^2 \rangle_z^{1/2}$ と重量平均モル質量 M_w との両対数プロットを示す（丸印）[4]．$\langle S^2 \rangle_z^{1/2}$ と M_w は静的光散乱法より求めた．高分子濃度は，$(1\sim7)\times10^{-3}$g/cm^3 の希薄溶液のデータで，PNIPAM 水溶液は31℃に下限臨界相溶温度を持つので，25℃では PNIPAM は水溶性である．もしも，このテレケリック PNIPAM が単核花形ミセ

ルを形成しているとすると，$\langle S^2 \rangle_z^{1/2}$ と M_w の関係は，図中の点線に従うはずであるが，実験データはそれよりも上方にずれており，実際には単核花形ミセルがさらに会合していることを示唆している．

同図中の実線は，単核花形ミセルがランダムに会合した場合の理論線である．この実線は，M_w の高い 2 点が少し上にずれているが，ほぼ実験データと一致しており，テレケリック PNIPAM は 1×10^{-3} g/cm^3 の希薄溶液中でも，多核の会合花形ミセルとして存在していることが示された．（M_w の高い 2 点がずれている原因は，会合体内の排除体積効果に起因している．）単位の花形ミセルは，約 18 本の PNIPAM 鎖からなり，高分子濃度が 1×10^{-3} g/cm^3 から 7×10^{-3} g/cm^3 まで増加すると，単位花形ミセルの重量平均会合数 m_w は 1.2 から 3 まで増加する．ただし，会合数分布は広く，$m_w = 3$ のときには，会合数が 10 以上のランダム会合体が 8%程度は存在することが理論より導かれる．

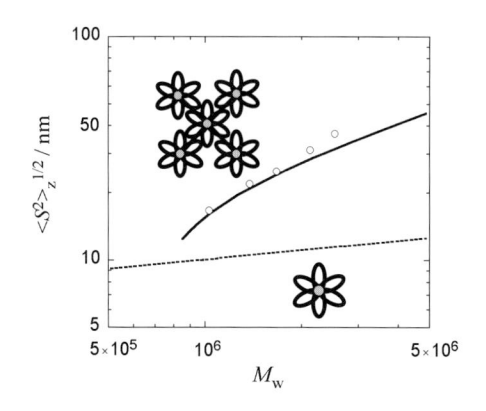

図3 テレケリック PNIPAM の 25℃水溶液中でのミセル構造解析

4. ランダム共重合体

最後に，疎水性モノマー単位が鎖に沿って不規則に配置しているランダム共重合体が，水溶液中で形成するミセル構造について述べる．これまでに，当研究室で研究してきた両親媒性ランダム共重合体を，その略称とともに図 4 に掲げる[5,6]．

第 2 章　水を活用する

　疎水性基としてはドデシル基とヘキシル基の 2 種類，親水性モノマーにはスルホン基および疎水性の異なるアミノ酸残基を有する 4 種類を選んだ（以下，アミノ酸残基を有するモノマー単位をまとめて AX と記す）．疎水基の含量 x（モル分率）は，0.15 から 0.4 の間の試料を用いた．溶媒は，0.05M あるいは 0.1M の塩化ナトリウム（NaCl）水溶液を用い，温度は 25℃ とした．

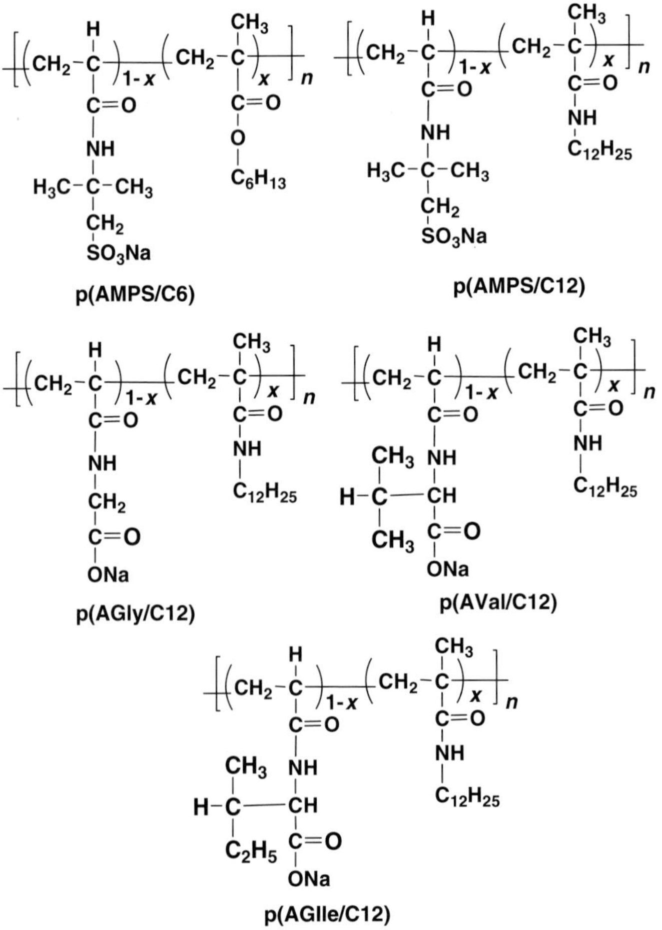

図 4　研究対象とした両親媒性ランダム共重合体

第8節　両親媒性高分子の水溶液中での集合体形成

まず，静的光散乱法より求めた両親媒性ランダム共重合体のモル質量 M_w より，水溶液中では1.3～7本の高分子鎖が会合したミセルとして存在していることがわかった．次に，動的光散乱法より求めたミセルの流体力学的半径 R_H の重量平均重合度（ミセル当りのモノマー単位数）$N_{0,w}$ 依存性を，図5に示す[5,6]．疎水性モノマーを含まないホモポリマー（pAMPS）と比べて，共重合体の R_H はかなり小さくなっており，疎水基が凝集してコンパクトな形態をとっていることがわかる（煩雑を避けるために図中には示していないが，pAX ホモポリマーのデータ点は，pAMPS のデータ点とほとんど重なっている）．

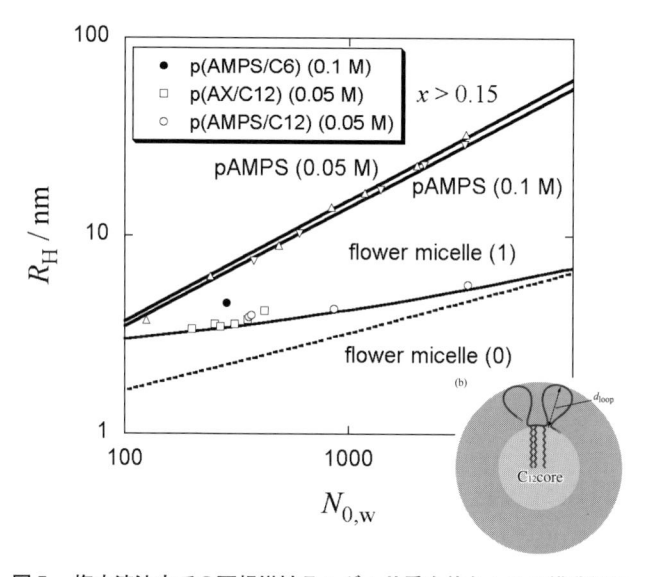

図5　塩水溶液中での両親媒性ランダム共重合体ミセルの構造解析

他方，ミセル内の疎水基が全てひとつの疎水性コア内に取り込まれていると仮定すると，コアの半径 R_{core} は，$(3\pi/3)R_{core}^3 \approx v_{alkyl} \cdot xN_{0,w}$ より計算される．ここで，v_{alkyl} はアルキル鎖の分子体積，x は共重合体中の疎水性モノマーのモル分率を表す．また，ミセルのループ鎖の経路長 l_{loop} は，モノマー単位の経路長 l を使って $l_{loop} \approx l(1-x)/x$ で表されるので，すべての疎水基がコア内

第2章 水を活用する

に取り込まれている「花形ミセルモデル (0)」の R_H は

$$R_H < R_{core} + l_{loop}/2 \tag{1}$$

なる条件を満たすはずである．ところが，図5中に点線で示したこのモデルに対する R_H の最大値は，実測値よりも著しく下方にずれており，実際のミセルは全ての疎水基をひとつのコア内に取り込んでいるわけではないことを示している．

上の花形ミセルモデル (0) では，たとえば $x = 0.3$ の場合，ひとつのループ鎖は平均 2.3 $[=(1-0.3)/0.3]$ モノマー単位から構成されていることになる．しかし高分子主鎖には固有の剛直性があり，そのような小さいループは鎖の剛直性から形成できないと考えられる．みみず鎖モデルによれば，ループが形成できる最小 Kuhn 統計セグメント数は約 0.8，またその最小ループの長軸の径 d_{loop} は円形のときの直径の 1.22 倍とされている．したがって，共重合体の持続長を q とすると最小ループの経路長 l_{min} と d_{loop} は

$$l_{min} = 0.8 \times 2q, \quad d_{loop} = (1.22/\pi)l_{min} \tag{2}$$

で与えられ，疎水性コアの半径は $(4\pi/3)R_{core}^3 \approx v_{alkyl} \lambda \, xlN_{0,w}/l_{min}$ より見積もられる．そして最小ループを有する「花形ミセルモデル (1)」の R_H は

$$R_H \approx R_{core} + d_{loop} \tag{3}$$

より近似的に計算できる．ただし，λ は共重合体鎖が疎水性コアと1度接触するごとに取り込まれる疎水基の本数を表す．

図5中の実線は，$q = 3$ nm（0.05M における実測値），$\lambda = 3$ として計算された花形ミセルモデル (1) の R_H を表している．同グラフ中の $x > 0.15$ のドデシル基を有する両親媒性ランダム共重合体の R_H のデータ点とよく一致している（$x > 0.15$ では，$l(1-x)/x < l_{min}$）．ヘキシル基を疎水基とする両親媒性ランダム共重合体（黒丸）が，実線より上方にずれているのは，ヘキシル基の疎水性がそれほど強くなく，最小ループサイズが (2) 式で計算されるよりもさらに大きいことを示唆している．

5. まとめ

最近では，両親媒性高分子はレオロジーコントロール剤やゲル化剤だけでなく，ドラッグデリバリーシステムをはじめとする高機能性材料として様々な分野で応用されてきている．その集合体構造は，各用途での性能を決める重要な因子であり，各両親媒性高分子の集合体の特性化は，応用上必須の作業である．

溶液中で形成された高分子集合体の特性化にこれまで主として用いられてきた顕微鏡法は，弱い力で集合している場合には，はじめにも述べたように，正しい構造を見ていない恐れがある．それに対して，光散乱法はその場観察が行えるという長所を有している．しかしながら，これらの系に光散乱法を適用するとき，しばしばデータ解析上の困難を伴う．そのため，その有効性にも関わらず，高分子集合体や超分子ポリマー解析への光散乱法の応用はいまだに普及しておらず，宝の持ち腐れとの印象を拭い去れない．

本節で述べたように，両親媒性高分子が溶液中で形成する高分子集合体を光散乱法により構造解析する技術が進歩し，今後様々な両親媒性高分子への適用が期待される．また，詳細な構造解析を行うことにより，適切な物性制御が可能となり，両親媒性高分子の用途の拡大に結びつくことも期待される．

参考文献

1) A. Hashidzume, Y. Morishima, and K. Szczubialka, in *Handbook of Polyelectrolytes and Their Applications* S. K. Tipathy, J. Kumar, and H. Nalwa, Eds.（American Scientific Publishers, Stevenson Ranch, CA, 2002），vol. 2, pp. 1-63. C. L. McCormick, Ed., *Stimuli-Responsive Water Soluble and Amphiphilic Polymers*（American Chemical Society, Washington, DC, 2001）．
2) A. Qin, M. Tian, C. Ramireddy, S. E. Webber, P. Munk, and Z. Tuzar, *Macromolecules* **27**, 120（1994）．B. Chu, *Langmuir* **11**, 414（1995）．S. Förster, M. Zisenis, E. Wenz, and M. Antonietti, *J. Chem. Phys.* **104**, 9956（1996）．S. Förster, and M. Antonietti, *Adv. Mater.* **10**, 195（1998）．A. A. Choucair, A. H. Kycia, and A. Eisenberg, *Langmuir* **19**, 1001（2003）．S. Förster, V. Abetz, and A. H. E. Müller, *Adv. Polym. Sci.* **166**, 173（2004）．
3) T. Annable, R. Buscall, R. Ettelaie, and D. Wittelestone, *J. Rheol.* **37**, 695（1993）．E. Alami, M. Almgren, and W. Brown, *Macromolecules* **29**, 2229（1996）．B. Xu, A. Yekta, Z.

Masoumi, S. Kanagalingam, M. A. Winnik, K. Zhang, P. M. Macdonald, and S. Menchen, *Langmuir* **13**, 2447 (1997).
4) R. Nojima, T. Sato, X. Qiu, and F. M. Winnik, *Macromolecules*, submitted.
5) A. Hashidzume, A. Kawaguchi, A. Tagawa, K. Hyoda, and T. Sato, *Macromolecules* **39**, 1135 (2006).
6) T. Kawata, A. Hashidzume, and T. Sato, *Macromolecules* **40**, 1174 (2007).

第9節
水中で機能する発光型分子センサーおよび分子デバイス

大阪大学太陽エネルギー化学研究センター
白石康浩，平井隆之

1. 背景

pHや金属イオンをはじめとする様々な化学因子を認識することにより，発光挙動の変化により応答する「発光型分子センサー」「発光型分子スイッチ」に関する研究が盛んに行われている．これらは，ナノスケールのセンサー／デバイス材料として大きな注目を集めている．これまでにも様々なセンサー／デバイス分子が開発されているが，その多くは有機溶媒中で機能する．我々はこれまで，水中で機能するセンサー／デバイス分子の開発を目的とした研究を行ってきた．ここではそのいくつかの例について紹介する[1-8]．

2. pHに応じて2種類の発光を切り替える分子スイッチ[1,2]

pHに応じて発光強度の変化を示す分子はこれまで数多く報告されている．我々は，pHに応じて2種類の発光を切り替えることのできる分子スイッチ（L1）を開発した．L1は，ジエチレントリアミンの両端にアントラセンを結合した簡単な構造を有する．L1を水に溶解させて蛍光（λ_{ex}=402nm）を測定すると，図1に示すように，低pHではアントラセンのモノマー発光に由来する蛍光が見られるが，高pHでは長波長側にエキシマー発光が出現する．2つの発光の強度をpHに対してプロットすると，モノマー発光の強度はpHの増加にともない減少する．これは，窒素原子の脱プロトン化により，窒素原子から励起アントラセンへの電子移動が起こるためである．pH>9ではL1上の窒素原子は完全に脱プロトン化される．この際，モノマー発光は完全に消失し，エキシマー発光だけが現れる．すなわち，L1分子はpH 9を境として，二波長の蛍光を完全にスイッチする機能をもつことがわかる．エキ

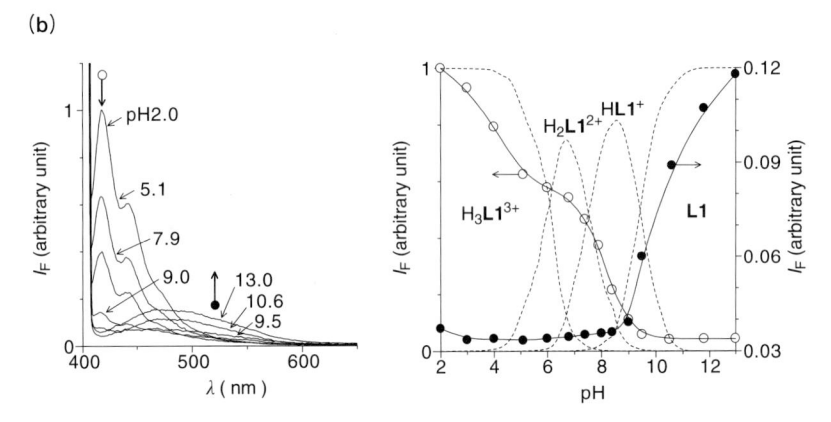

図1 (a) L1の蛍光スペクトル（λ_{ex}=402 nm），(b) L1の416 nm（○）および520 nm（●）の蛍光強度のpHに対する変化（図中の点線はL1のプロトン化状態の分布を示す）

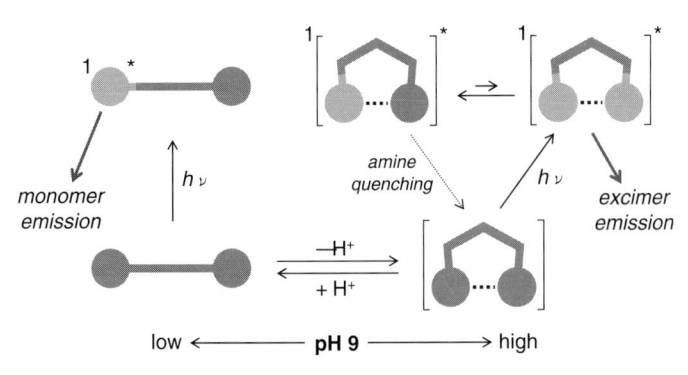

図2 L1分子の蛍光スイッチングメカニズム

シマー発光の出現は，窒素原子の脱プロトン化にともなうポリアミン鎖の折れ曲がりにより，両端のアントラセンが接近した「基底二量体」が形成されることによる（図2）．この基底二量体が直接励起されることによりエキシマー発光が生成する．すなわちこの分子は，pH 変化にともなうポリアミン鎖の折れ曲がりを利用することにより2種類の蛍光を切り替えることがわかる．

3. 幅広い pH 検出が可能な pH センサー[3,4]

　これまでにも多数の発光型 pH センサーが開発されているが，その多くは pH 変化に対して蛍光強度が S 字状に変化するものがほとんどであり，幅広い pH 範囲で適用できるものは少なかった．我々は，ポリアミンの両端にアントラセンおよびベンゾフェノンを結合させた発光型 pH センサー（L2）を開発した．図3に示すように，L2 分子は pH 増加にともなう緩やかな蛍光強度減少を示し，幅広い pH センシングが可能であることがわかる．L2 分子の緩やかな蛍光応答メカニズムは以下のように説明できる（図4）．低 pH では，すべての窒素原子がプロトン化（H_4L2^{4+}）されているため，大きな蛍光強度が得られる．このとき，プロトン化によるポリアミンの強い電荷反発により鎖は直線的となり，アントラセンとベンゾフェノンユニットは互いに離れている．1つ目のプロトンが脱離する（H_3L2^{3+}）と，ポリアミンの電荷反発が緩和され，アントラセンとベンゾフェノンが接近した状態をとる．そのため，励起アントラセンから基底ベンゾフェノンへの電子移動（ELT（AN* → BP））が促進され蛍光強度は減少する．2つ目のプロトンが脱離すると（H_2L2^{2+}），窒素原子から励起アントラセンへの電子移動（ELT（N → AN*））が起こりはじめ，さらに蛍光強度は弱くなる．すなわち，これらの2種類の分子内電子移動が連続的に進行することにより緩やかな蛍光強度の pH 応答が現れる．

第2章 水を活用する

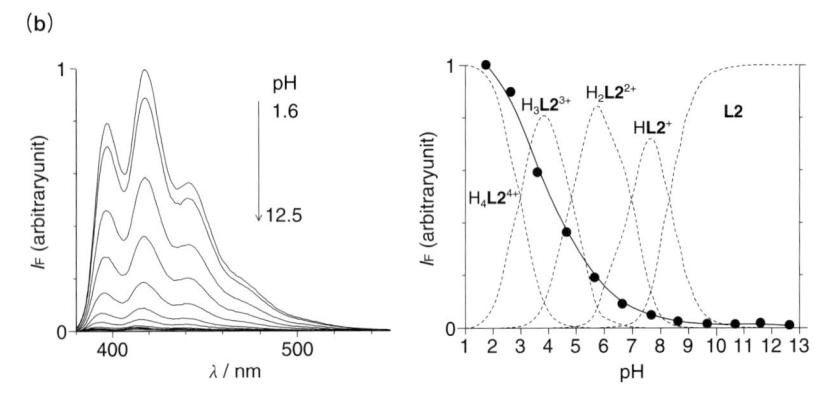

(a)

L2

(b)

図3 (a) L2の蛍光スペクトル（$\lambda_{ex}=368$ nm），(b) 416 nm の蛍光強度の pH に対する変化（図中の点線は L2 のプロトン化状態の分布を示す）

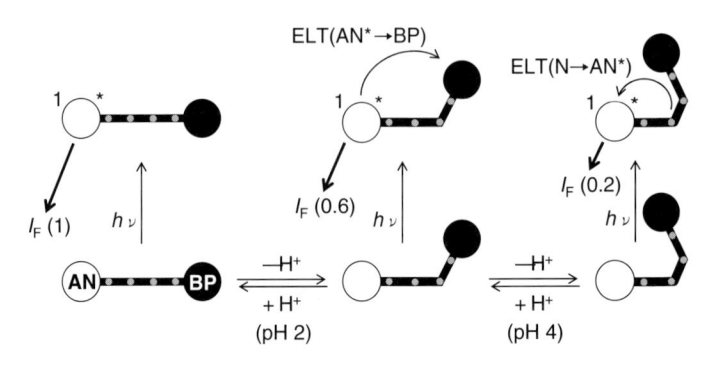

図4 L2 の pH 応答メカニズム

4. 3種類の発光を示す分子スイッチ[5-7]

前述のL1分子のように,水中で2種類の発光を示す分子はこれまでにも複数報告されている.我々は,水中で3種類の発光を示す分子(L3)を開発した.水中におけるL3の蛍光スペクトル(λ_{ex}=360nm)を測定すると(図5),370-420nm にモノマー発光が,420-600nm にブロードな分子内エキシマー発光が確認される.モノマー発光の強度は pH の増加にともない減少する.これは,ポリアミンの脱プロトン化にともなう,窒素原子から励起ピレンへの電子移動による.エキシマー発光の強度は pH の増加にともない増加する.これは,脱プロトン化にともなうポリアミンの折れ曲がりにより,両端のピレンがより安定な基底二量体を形成することによる(図6).プロトンが完全に脱離したL3種が形成される pH>8 では,エキシマー発光のみが出

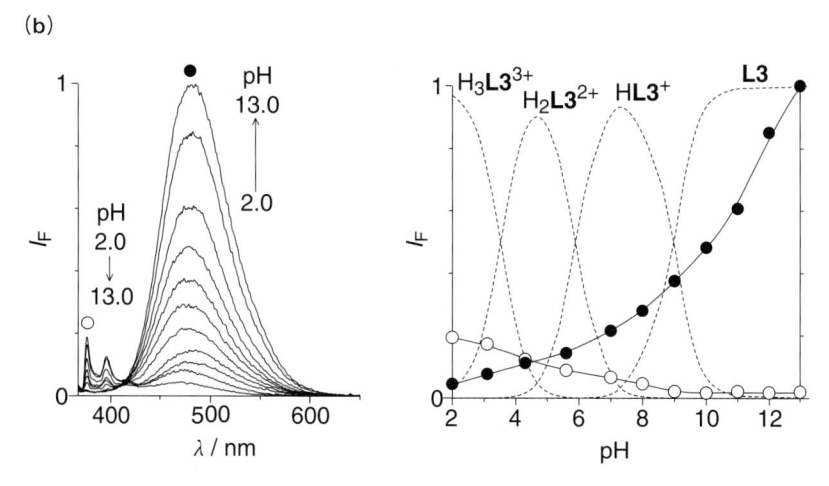

図5 (a) L3の蛍光スペクトル(λ_{ex}=360 nm),(b) L3の376 nm(○)および480 nm(●)の蛍光強度の pH に対する変化(図中の点線は L3 のプロトン化状態の分布を示す)

現する．L3 種のエキシマー発光の特徴的な点は，6.3ns（77%）および 30.8ns（23%）の 2 種類のエキシマー発光成分が存在することである．後者の成分はこれまでに報告された水中におけるエキシマー発光の中で最も長い寿命を有する．この発光種は，L3 種が水分子により強く溶媒和されることにより形成された極めて安定な基底二量体に由来する．この溶液にアセトニトリルを添加していくと，添加量の増加にともない長寿命の発光成分の割合が直線的に減少する．通常，エキシマー発光は極性の低い溶媒中で安定である．このL3分子で見られる長寿命のエキシマー発光成分は水中で最も安定であり，これまでに全く報告されたことのない新しいタイプのエキシマー発光である．また，pH および溶媒により三つの発光をコントロールできる分子スイッチはこれが初めての報告である．

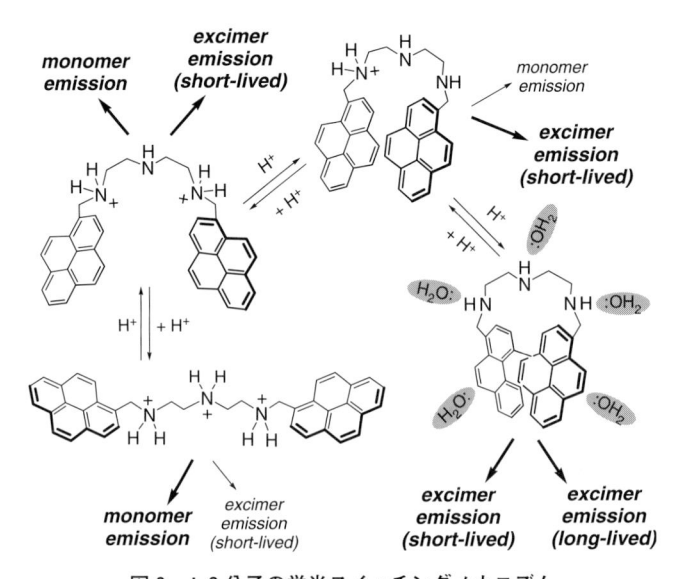

図 6　L 3 分子の蛍光スイッチングメカニズム

5. 金属イオンの入力順序を認識する分子スイッチ[8]

　金属イオンは発光型分子スイッチのトリガーとしてしばしば用いられており，様々なタイプの金属イオン応答型スイッチが報告されている．我々は，アントラセンを対極に配置した環状ポリアミン L4 を合成し，この分子が Zn^{2+} および Cd^{2+} の2つの金属イオンの「入力順序」を認識する新しいタイプの発光型分子スイッチとして機能することを見いだした（図7）．L4 を含む水溶液の蛍光スペクトルを測定すると，アントラセンのモノマー発光のみが出現する．この溶液（pH>7）に Zn^{2+} を添加すると，エキシマー発光も出現する．これは，Zn^{2+} と L4 との錯形成により，対極のアントラセン部位が互いに接近し，基底二量体が形成されるためである．一方，Cd^{2+} を加えた場合には，モノマー発光は出現するが，エキシマー発光は全く見られない．これは，アントラセン－Cd^{2+} 間で強い p－Cd^{2+} 錯体が形成され，基底二量体の形成が抑制されるためである．L4 を含む水溶液（pH10.3）に Zn^{2+}，Cd^{2+} の順序で金属イオンを添加するとエキシマー発光が確認されるが（図8A），Cd^{2+}，Zn^{2+} の順序で添加するとエキシマー発光は全く見られない（図8B）．これは，

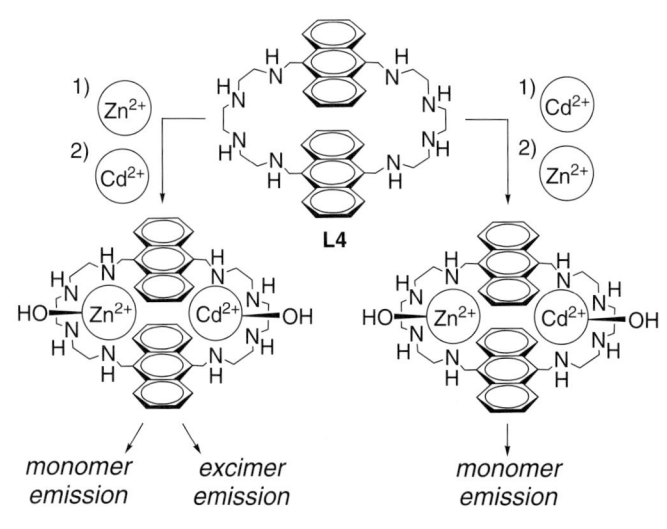

図7　L4分子の蛍光スイッチングメカニズム

先にZn^{2+}を加えた場合，続くCd^{2+}の錯形成が構造的に規制されるため，p-Cd^{2+}錯体が形成されにくいのに対し，先にCd^{2+}を加えた場合には，p-Cd^{2+}錯体がより安定な構造をとることによる．したがって，L4分子は金属イオンの入力順序を認識することにより発光のon/offを行うはじめての分子スイッチとなることを明らかにした．

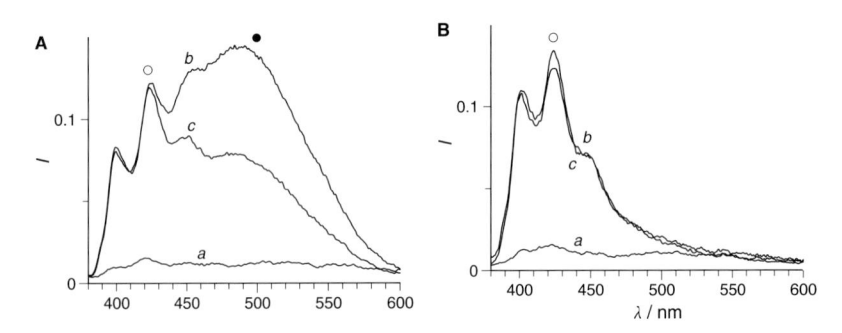

図8 (A) $Zn^{2+}\to Cd^{2+}$ および (B) $Cd^{2+}\to Zn^{2+}$ の順に金属イオンを加えた場合のL4の蛍光スペクトルの変化（pH 10.3, λ_{ex}=368 nm）(a) 金属イオンが存在しない場合；(b) 1等量のいずれかの金属イオンを添加した場合；(c) さらにいずれかの金属イオンを1等量加えた場合）

6. まとめ

発光型分子センサー/デバイスの開発には多くの研究者が携わっているが，未だに水中で様々な機能を発現させることは困難である．ここではポリアミンを基盤とした分子設計ならびにその機能を紹介した．様々なリガンドが現在も開発されており，様々な機能を有する発光型分子センサー/デバイス材料がこれから開発されていくと考えられる．

参考文献

1) Y. Shiraishi, Y. Tokitoh, G. Nishimura, T. Hirai, A Molecular Switch with pH-Controlled Absolutely Switchable Dual-Mode Fluorescence, *Org. Lett.*, 7, 2611-2614 (2005)
2) Y. Shiraishi, Y. Tokitoh, T. Hirai, A Fluorescent Molecular Logic Gate with Multiply-Configurable Dual Outputs, *Chem. Commun.*, 5316-5318 (2005)

3) G. Nishimura, Y. Shiraishi, T. Hirai, A Fluorescent Chemosensor for Wide-Range pH Detection, *Chem. Commun.*, 5313-5315 (2005)
4) G. Nishimura, K. Ishizumi, Y. Shiraishi, T. Hirai, A Triethylenetetramine Bearing Anthracene and Benzophenone as a Fluorescent Molecular Logic Gate with Either-Or Switchable Dual Logic Functions, *J. Phys. Chem. B*, 110, 21596-21602 (2006)
5) Y. Shiraishi, Y. Tokitoh, T. Hirai, pH- and H_2O-Driven Triple-Mode Pyrene Fluorescence, *Org. Lett.* 8, 3841-3844 (2006)
6) Y. Shiraishi, Y. Tokitoh, G. Nishimura, T. Hirai, Solvent-Driven Multiply-Configurable On/Off Fluorescent Indicator of the pH Window: A Diethylenetriamine Bearing Two End Pyrene Fragments, *J. Phys. Chem. B*, 111, 5090-5100 (2007)
7) Y. Shiraishi, K. Ishizumi, G. Nishimura, T. Hirai, Effects of Metal Cation Coordination on Fluorescence Properties of a Diethylenetriamine Bearing Two End Pyrene Fragments, *J. Phys. Chem. B*, 111, 8812-8822 (2007)
8) G. Nishimura, H. Maehara, Y. Shiraishi, T. Hirai, A Fluorescent Molecular Switch Driven by Sequence of Metal Cation Inputs: An Azamacrocyclic Ligand Containing Bipolar Anthracene Fragments, *Chem.-Eur. J.*, 14, 259-271 (2008)

第3章　水と共生する

　本章では水文学を扱うが，これは"みずぶんがく"というのではなく，「すいもんがく」という．地文学（ちもんがく）は昔あったが，今はない．天文学（てんもんがく）の対語として大きな地球を廻す「水文学」を考えれば理解しやすい．天文学は天体や天文現象など地球以外で生起する自然現象の観測を通じて，ピラミッドを造り，また，天体望遠鏡と羅針盤で大海原を航海した．水文学は地球上の水循環を対象とする学問であり，主として陸地における水の循環過程より，地域的な水の在り方，分布，移動，水収支等に主眼をおいて研究する学問である．

　水は，研究の対象だけではなく，資源として重要であることから，水文学は様々な分野で研究されてきた．水循環の各素過程である，浸透，流出，蒸発散，地下水流動，湖沼，沿岸域等を対象とするマクロなものから（江頭・西田），雨粒が形成されて降水となり，葉や樹液の細胞内のミクロなもの（町村・芝）までそのスケールは様々である．20世紀後半の急激な都市化，工業化を含む開発は，自然界で営まれていた水循環を歪ませ，そのために都市水害の激化（中辻），都市河川の平常時の流量減，地下水障害（江頭），水質悪化，河川生態系の破壊等の影響を及ぼした．結果として，水不足，水汚染（池），洪水災害の増加，地下水の枯渇が現実性を持つようになってきた．加えて，地球温暖化による異常気象が環境悪化に加担している．生きていくための水の確保とともに，水と共生する知恵が必要となる．自然科学のみならず，社会科学，人文科学も含めた地球総合的，学際的領域が研究対象となる．

　　　（注）　括弧内の氏名は執筆者を示し，本章での位置付けを示した．

第1節
降水の有効利用による乾燥地植林と
植林による塩害防止

基礎工学研究科　物質創成専攻　化学工学領域

江頭靖幸

1. はじめに

　水は貴重な資源である，といわれるがその意味合いは他の資源とはやや異なる．実際，地球の表面の約70％は海で，そこには膨大な水が存在しており，貴重というにはほど遠い．しかし，我々が資源と見なすのは必要な場所に必要な純度で存在する水だけだ．位置の問題を輸送によって解決することも，純度への要求を浄水施設や海水淡水化プラントでクリアすることも限られた有効性しか持たず，人間の生活の基盤にはなり得ないだろう．

　「湯水のように」という言葉があるように水は大量に使用されるので，移動にかかるコストは大きくなる．たとえば，乾燥地で農業を行い，その水を100km先の河川から輸送すると考えよう．トラックや鉄道による輸送には一般に1トン当たり1000円〜2000円程度の費用がかかる．植物が吸収する水に対する光合成生産物の比率は1/1000のオーダーであり，光合成された物質の全てが作物になるわけではないことも考えると，少なくとも作物1トン当たり数千円のコストアップが予想される．大量生産を前提にパイプラインを設置したとしても数百円は必要で，普通の農作物ではまず収益を上げることはできないだろう．他の資源，たとえば石油であれば世界のあちこちに移動させ，思い通りの場所で利用する，という使い方ができる．しかし，水はそのような利用ができない特殊な資源なのである．

　水は，海から水蒸気，雲，雨，川，そして海と連なる大きな循環の中で自然な精製と輸送を繰り返しているのであり，我々が水を資源として使う，というのはこの大循環の中からほんの少しの水を自分たちの欲しいところで，必要な純度で利用する，ということである．貴重である，と感じられるのは

大循環が我々に与えてくれる水の場所と純度が我々の欲求に対して不十分であるからだ．

水資源を有効に利用するためには，大循環から得られる水を大切に使うということと同時に，循環する水をいかにうまく使うか，という技術も必要となる．ここでは西オーストラリア内陸部での乾燥地緑化を具体例として，いかに水を集め，効率的に使用するか，その技術開発の一例を紹介したい．また，オーストラリア穀倉地帯での塩害を例に大循環からの水の利用がもたらす問題点についても触れておこう．

2. 土壌不透水層（ハードパン）爆破による植林[注1)]
2.1 乾燥地植林による CO_2 固定

乾燥地植林にはいろいろな目標があるが，ここでは大気中の CO_2 濃度の上昇を防ぐための CO_2 固定技術の一つとして乾燥地植林をとらえている．植林が CO_2 固定に有用であることは直感的にも理解できようが，それを植物の生育に相応しくない乾燥地で行う，という点については説明が必要だろう．

ある程度の降雨がある場所，すなわち植林に適した土地は，同時に農作物の生産にとっても望ましい土地であると思われる．そのような土地は，一部の劣化した土地を除いて現時点ですでに農業に利用されているか，市街地や工業用地などの農業よりも高い利益を得られる用途に利用されていると考えるべきである．もし大量に手つかずの土地が残っているとすれば，そこには自然に樹木が生長していて原生林になっているに違いない．つまり，特別な工夫をしなくても植林が可能な土地は，すでに植林されているか，原生林であるか，農地であるか，あるいは市街地等なのであって，このうち，植林によって CO_2 固定量を増やすことが望めるのは農地か市街地利用されている場所である．

市街地への植林は屋上緑化など限定的に実施されることはあるだろうが，大きな規模での実施は望めない．現実性があるのは農地の転用による植林であるが，世界人口の増加を背景とした食料増産のための土地利用と比較した

とき，CO_2固定の優先順位は必ずしも高いとは言えないであろう．植林しやすい土地，すなわち農耕にも適した土地，はすでに満員なのであって，ここに乾燥地，すなわち農耕に適さない土地への植林技術の開発・確立の必要性がある．

通常の植林は充分な雨量のある土地で行われ，樹木の生長を律する自然条件は主に日照であり，時に栄養塩の不足が考慮され，その条件下でより良い森林管理を実施することが目指されている．しかし，乾燥地における植林においては「水」の過不足が直接的に樹木の存在量，すなわち炭素固定量を決める要因となる．したがって，先に述べた水の大循環に存在する水をどうやって入手するか，が乾燥地植林技術のポイントとなる．すべての乾燥地で通用する万能の方法は期待できないが，それぞれの乾燥地でその場に相応しい水の収集・利用技術を開発することが大切である．以下，西オーストラリア内陸部での事例を紹介する[1-5]．

2.2 乾燥地における植林（西オーストラリアでの実施例）
2.2.1 対象地の状況と水確保の方針

西オーストラリア沿岸部は降水量も多く豊かな森林に恵まれている．しかし内陸部では降水量は少なく，樹木のまばらな乾燥地が広がる．海岸沿いの都市Perthから600km離れた年間降水量200mm程度のLeonora地区で植林実験を行っている．まれに大量の降雨があるが，その水は表層流出水としてそのまま塩湖へ流れ込み，やがて蒸発し，失われる．この地域の土壌は粘土質である上に，地表から0.2〜0.5m程度にハードパンと呼ばれる不透水層（粘土質の土壌が硬化したもの）が存在するので，土壌に水がしみ込み難いのである．

平均の降水量は少ないが，降雨は降った場所にとどまるわけではない．その場に降った雨も上流に降った水も，数日の内に塩湖に向かって流れ去り無為に蒸発するのみである．しかし，これをうまく捕集すれば，植林された樹木は現地の平均降水量の数倍の水が利用できるはずである．土壌の透水性が低いことが自然の水輸送手段を提供してくれる，というわけだ．

2.2.2 バンク造成と爆薬による不透水層（ハードパン）の破壊

図1は植林の実験サイトの上空から見た様子である．幅400m，長さ600mの大きなバンクを，その内部にさらに小型のバンクを作り，降雨時におきる表面流出水を集める．また，植樹に先立って表土の下にある不透水層（ハードパン）を爆薬で破砕した（図2）．爆砕によって生じた穴には植木鉢を大型にした様な構造が自然に形成される．穴の深さは2～3mに達し，その

図1　西オーストラリアLeonora地区での植林実験サイト

ワジ（枯れ川）の間にある裸地を対象地とし，ハードパン（不透水層）に爆破によって作った穴にユーカリなどの郷土種の樹木を植えて成長させている．約50個の植穴を一組とし，その周囲に集水用のバンクを作っている．

図2　ハードパン爆破の様子

不透水層にドリルで穴をあけ，ANFO爆薬を充填して爆破．爆薬の濃度や充填の方法によって生成するクレーターの形状が変化するが，写真の様に表土を吹き上げるように爆破するとクレーター表面のハードパンの破片が細かく砕かれて植林しやすい形状になる．

中に爆破によって破砕されたハードパンの破片が堆積している．降雨が表面流出水となってこの爆破穴まで流れてきたときには，破片の隙間に容易にしみ込んで穴の奥に貯まることになる．一度破片の隙間に貯蔵された水は容易には蒸発せず，植林された樹木の根から吸収され葉から蒸散し，樹木の生育に役立てられることになる．

この地域の土壌が砂質であれば雨によってもたらされた水はすぐに地面に浸透してしまい，表面流出水は得られないであろう．また，土壌が硬化していなければ爆破は土壌をかき乱すだけに終わると予想される．粘土層の土壌が硬質のハードパンを形成しているおかげで爆破によって効率的に穴をつくり，その中に礫を含んだ土壌を作ることができたのだ．粘土質の土壌とハードパンの存在は現地の植生が貧困である原因でもあるが，今回の手法ではそれを逆手にとった土壌改良を行っているのである．

さて，このようにして形成されたサイトを利用した植林実験で，ユーカリ種の樹木では677日間で平均樹高8.8mまでの成長が記録されている[5]．現時点（2007年9月）でも成長を続け，すでに10mを超したものもある．年間降水量200mmの地域での植林実験の成功例は現地でもほとんど例がなく，注目される結果である．

2.3　乾燥地植林のプロセスシミュレータの開発

乾燥地であれ他の地域であれ，樹木が利用する水は，土壌に含まれる水である．通常，土壌水は降雨に由来し，蒸発・蒸散とのバランスにより，場合によっては樹木の成長を妨げる要因となる．乾燥地においては長く続く乾燥状態と，散発的な降雨によって引き起こされる水平方向の水の移動が特徴的である．植林とその後の樹木の生長，CO_2の固定を予測し，計画し，管理するために，この様な水の移動を考慮したシミュレータの作成を行っている．図3は対象地での降雨の移動のシミュレーション結果である．散発的な表面流出と長期の土壌乾燥を扱えるよう，計算の速度と安定性を両立する計算手法を工夫している．

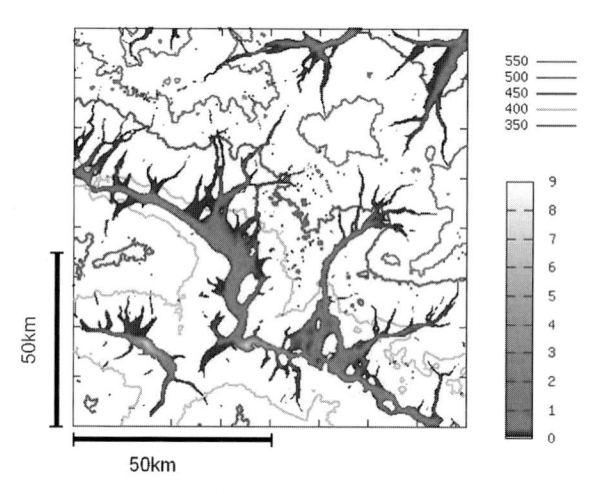

第1節　降水の有効利用による乾燥地植林と植林による塩害防止

図3　地表水移動のシミュレーション

西オーストラリア，Leonora 近郊の Sturt Meadows 地区を対象に降雨が起こった後の表面流出の様子を計算したもの．どこにどれだけの水が集まるかを知ることで植林に相応しい場所を選定する．

3. オーストラリア穀倉地帯での塩害[注2)]

3.1　塩害の原因

　先に紹介した豪州内陸部，Leonora などの乾燥地と比較して，沿岸部に位置する Perth では十分な量の降雨に恵まれ，また土壌も砂質で透水性が高く，植物の生育には適した環境である．このような土地ではやはり農業が行われていて，麦や菜の花が一面に植えられているのを見ることができる．

　オーストラリアでは一軒の農家当たりの土地面積が大きく，機械化された効率の高い農業が行われているという．しかし，実際の農地の中に，池が散在しており，時に塩が集積している様子を見ることが多い（図4）．これら農地の中に点在する池は麦の植栽面積を減らすだけでなく，トラクターなどの運用にも障害となるはずである．なぜこのような池があるのだろうか．

第3章 水と共生する

図4 西オーストラリア，Perth 近郊の麦畑の中に生じた池
森林を伐採して作成した農地では降水を十分に蒸発散できず，地下水位の上昇がおこり，ついには地表に浸みだしてくる．池の水はその場で蒸発・濃縮され塩分が蓄積することになる．

　19世紀中頃に入植が行われる以前，この土地はユーカリ林で覆われていたという．これを全面的に伐採して現在の農地が作られた．従来ユーカリの生育に用いられていた水を麦などの穀物が利用するように切り替えたことになる．穀物生産は100年以上の間，持続的に運用されていて，大量の安価な穀物を世界市場に供給することに成功している．たとえば麦のケースではオーストラリアの世界の輸出量に対するシェアは13%にも達していて，我々日本人も間接的にその恩恵を受けていることになる．

　水の利用法の変化の前後の状態，つまり森林と農地とを比較してみよう．ユーカリは常緑であり，その森林には一年中，常に植物が存在している．一方で穀物用の農地は穀物が育てられているのは一年の半分程度であり，多くの時間，単なる空き地となっている．さらに穀物の根は樹木の根よりも短く，より浅い土壌にしか広がっていない．このため，土壌から植物が水を吸収する能力，つまり蒸散させる能力は森林の方が農地よりずっと大きくなる．たとえば，農地で年間400mm程度なのに対し，森林では2000mm以上

の蒸散が可能，といった値が報告されている．

　降雨による給水が農地の可能な蒸散量を上回った場合，一部は地表面に残って蒸発したり，表面流出水となったりするが，透水性の高いこの地域の土壌では多くの部分がそのまま地中に浸透していく．そして地下水となってその土地にとどまることになる．地下水位は次第に上昇し，やがては地表にしみ出してくることになる．農地に点在する池はこのようにしてできたものなのである．

　地下水には塩分が含まれていて，地表にしみ出して乾燥すると塩分が地表に残り，塩害を起こすことになる．これが河川に流れ込めば水質の低下の原因となる．（実際，地下水位の上昇は，当初は河川の水質の問題として認識されていたという．）塩害の影響を受けた農地の面積は西オーストラリアでは1982年時点で264,000haであったものが1996年には1,804,000haに達しており，依然として増加しているという．塩害を受ける可能性のある土地は6,109,000haに及ぶといわれており，耕作地の総面積8,300,000haに匹敵する．森林から耕作地への土地利用の変更は，100年以上の時間スケールでみると持続可能ではなかったのである．

3.2　塩害対策としての植林

　地下水位が上昇し池ができた後，その池からの蒸発が降水量の余剰分と釣り合い，やがて安定した状態になると考えられる．池の占める面積は大きくなるし，地表面での地下水の蒸発が続く，ということは塩分の蓄積が進む，ということでもあり，何らかの対策をとる必要がある．

　さて，地下水位の上昇を防ぐことを単純に考えるとポンプで地下水をくみ上げれば良いと思えるだろう．しかし，その場合，くみ上げた水を貯めておく場所はないわけで，どう処理するのか，が問題となる．河川にそのまま流せば河川の水質を低下させることになる．塩水用の独立の排水施設をつくることも考えられるが，対象とする土地面積が広いので，建設には相当の費用がかかるだろう．一方，地下にしみ込ませれば元の木阿弥であるし，蒸発させて大気に逃がすためには結局，池を作る必要がある．

第 3 章　水と共生する

　ここで，開発以前，ユーカリ林で覆われていた当時には地下水の浸みだしが起こっていなかったことを思い出すと，樹木が水のくみ上げと処理を同時に行っていたことがわかる．地表面の全てを森林に戻してしまうわけにはいかないが，蒸散能力の高い樹種を選べば，比較的限られた面積（～20%程度）に植林することで地下水位の上昇を食い止めることができる，と予測されている．

4.　おわりに

　水の大循環から如何に水資源を得るか，その一例としてハードパンの存在する乾燥地での植林技術を紹介したが，その方法の根拠となる実験はせいぜい 10 年程度の実施期間のものである．一方で穀倉地帯の塩害の例のように 100 年経過して初めて問題が明らかになるケースもある．両者を見比べると，どのような副作用が起こるかわからない以上，乾燥地での植林を進めるべきではない，あるいは，植林などの開発事業は「持続可能」であるとわかるまで許可するべきではない，と思えてくるのではないだろうか．

　しかし，「持続可能」であることを証明することは事実上不可能だ．（そもそも，「持続可能なシステムを設計できる」という考えが傲慢なのであり，我々にできることはせいぜい「明らかに持続不可能なシステムを作らない」ことぐらいではなかろうか．）では，「何もしない」ことが正しいのだろうか．

　このような考えの背景には「安定した自然（あるいは伝統的な農業活動）に対して人間が手を加えることによって，問題が生じる」というイメージがあると思われる．つまり，人間が手を加えなければ何も変わらない，いままで通り，というのである．しかし，これは今では正しい考えとは言えないだろう．

　IPCC（気候変動に関する政府間パネル）の報告では，地球温暖化が進展すれば水の大循環にも影響がおよび，地域的な降水量はかなり変動する事もあり得るとされている．この地球環境の変化が水の大循環に与える影響を含めれば，世界中の全ての土地はすでに「人間が手を加えて」しまった，とも言えるのである．我々は土地利用が引き起こした変化と，地球環境に影響を与えてしまったことによる変化の両方に対して，その時々に最良と思われる方法

で適応していくしかない．幸い，水の循環に関する我々の理解や測定技術は急速に進歩している．水利用の変化が引き起こす問題の兆候を注意深く観察し，予想外の事態に対してすばやく対応することで影響を最小限に食い止めることができるのではないだろうか．

参考文献

1) 山田興一，小島紀徳，安部征雄：科学技術振興機構・産学連携推進部・技術移転支援センター　科学技術振興機構　東京本部（2006）「乾燥地植林のための土地改良方法（特願 2003-103345　特開 2004-305098 PCT/JP2004/004619）」
2) Y. Egashira1, M. Shibata1, K. Ueyama1, H. Utsugi, N. Takahashi, S. Kawarasaki, T. Kojima and K. Yamada: "Development of tree growth simulator based on a process model of photosynthesis for Eucalyptus camaldulensis in arid land" Proceedings of 8th International Conference on Desert Technology, NASU, JAPAN（2005）
3) K.Yamada, T.Kojima, Y.Abe, M.Saito, Y.Egashira, N.Takahashi, K.Tahara and J.Law: "Restructuring and Afforestation of Hardpan Area to Sequester Carbon", J.Chem.Eng.Jpn., 36（3），328–332（2003）
4) 山田興一，小島紀徳，安部征雄，江頭靖幸，田内裕之，高橋伸英，濱野裕之，田原聖隆「乾燥地植林による炭素固定システム構築」エネルギー・資源，26（6），435–441（2005）
5) K. Shiono, Y. Abe, H. Tanouchi, H. Utsugi, N. Takahashi, H. Hamano, T. Kojima and K. Yamada: "Growth and Survival of Arid Land Forestation Species（*Acacia aneura, Eucalyptus camaldulensis and E. salubris*）with Hardpan Blasting", Journal of Arid Land Studies, 17（1），11–22（2007）

注1）この節の内容は以下のプロジェクトによる研究成果に基づくものです．
・科学技術振興事業団（JST）戦略的基礎研究推進事業「資源循環・エネルギーミニマム型システム技術　乾燥地植林による炭素固定システムの構築」（H11～H15）
・環境省　地球環境研究総合推進費 S-2「陸域生態系の活用・保全による温室効果ガスシンク・ソース制御技術の開発　1a 荒漠地でのシステム的植林による炭素固定量増大技術の開発に関する研究」（H15～H19）
・独立行政法人新エネルギー・産業技術総合開発機構（NEDO）・バイオマスエネルギー高効率転換技術開発／バイオマスエネルギー先導技術研究開発「乾燥地を利用した大規模バイオマス生産・収集システム」（H18～H19）
注2）この節の内容については以下の Web サイトに詳細な情報が収集されています．
　"Salinity in Western Australia" Western Australia, Department of Agriculture and Food（西オーストラリア州政府　農業食料省）（http://www.agric.wa.gov.au/ よりリンク）

第2節
水域の流動・物質循環機構の解明とモデル化

工学研究科　地球総合工学専攻　みず工学領域
西田修三

　流動は単なる水の質量輸送にとどまらず，水中に溶存または浮遊する物質をも輸送する．水域の環境は，この流動による物理的な物質輸送と生態系が関わる複雑な生物化学的作用によって決定される．水環境の管理や修復のためには，この物質循環機構を明らかにし，適切なモデル化とモニタリングが必要とされる．

1. 閉鎖性海域の栄養塩収支

　東京湾や大阪湾に代表されるような閉鎖性内湾の水質は，陸域から流入する汚濁負荷によって決定されると考えられてきたため，総量規制等の負荷量削減施策によって水環境の改善を図ってきた．しかし，30年余におよぶ規制にも関わらず未だに赤潮や青潮といった水質汚濁現象が頻発し，期待したほどの改善効果は得られていない．
　その原因の一つとして，長年にわたり海底に堆積した有機物の分解・溶出現象があげられる．この底泥から海水中に回帰した栄養塩が内湾の基礎生産を促進し，その結果大量に発生した植物プランクトンが枯死・堆積し大量の酸素を消費するという，「負の循環」が生じている．この循環を断つための方策として，浚渫や覆砂といった物理的手法や，底質改善のための薬剤注入などの化学的手法が一部の水域で講じられているが，実施規模が小さく広域な底質改善には至らず，効果の持続性も低いのが現状である．
　また，最近の研究から外洋起源の栄養塩の流入も，内湾の水質に大きく関わっているとの指摘もなされている[1]．たとえば，瀬戸内海の一部海域では存在する栄養塩の約80%が外洋起源であるとの試算もある[2]．しかし，その実態は未だ明らかになっていない．

第2節　水域の流動・物質循環機構の解明とモデル化

このように，閉鎖性内湾の水質は陸域起源の負荷ばかりではなく，底泥起源や外洋起源，さらには大気起源など，人為的な制御が困難な物質動態にも大きく依存していると考えられる．これらの各要因が閉鎖性内湾の物質収支に及ぼす影響を定量的に明らかにすることによって，下水道の整備や処理の高度化による陸域負荷の削減や，干潟・浅場の造成など沿岸環境の改善施策など，現在進められている閉鎖性水域の再生施策の実効性について，はじめて有意な評価を行うことができ，再生施策の限界をも示し得るものと考えられる．

1.1 懸濁物質の動態解析

内湾沿岸域に形成される生態系は，濁水や赤潮など懸濁物質の影響を顕著に受ける．そのため，沿岸開発の影響評価や漁場造成の適地選定には，精度の高い濁質の挙動予測が必要とされている．さらに，湾奥部など閉鎖性が強い水域では，沈降性を有する懸濁物質が栄養塩等の物質循環に重要な役割を果たし，水域全体の環境動態に大きな影響を及ぼしている．

これまで，栄養塩の動態に関する観測や実験のデータを基に，種々の水質予測モデルが提案されてきた．そして，溶存物質の動態に関しては，比較的良好な予測が可能になってきた．しかし，懸濁物質の動態については，生物化学過程に加え物理過程が大きく作用し，より複雑な挙動を示すため，精度の高い予測は難しい．また，懸濁物質の動態を支配する素過程（吸脱着，凝集，沈降，分解，堆積，溶出，再懸濁）に関する実験的研究[3]も進められてきたが，流れのスケールが大きく異なる上に，強い非定常性を有する実水域への適用には未だ問題が多い．

大阪湾奥部においても，淀川等の河川から流入した有機物や内部生産による懸濁物が大量に堆積している．現地観測によって得られた有機物の堆積状況を図1に示す[4]．陸起源有機物の割合は，炭素安定同位体比 $\delta^{13}C$ より陸起源有機物と海起源有機物の混合比より算定した[5]．この結果を見ると，陸起源有機物の影響域は淀川河道部と沿岸数 km の範囲に限られ，ほとんどの陸起源有機物がこの領域で沈降堆積しているものと考えられる．全有機炭素

(TOC) の分布と比較すると，港湾域の沖に堆積している有機物は，そのほとんどが内部生産によるものであることがわかる．海底に堆積した有機物は分解されて再び海中に溶出し，これが赤潮の発生など大阪湾奥部の水質汚濁の原因ともなっている．

(a) TOC (mg/g)

(b) 陸起源有機物の割合 (%)

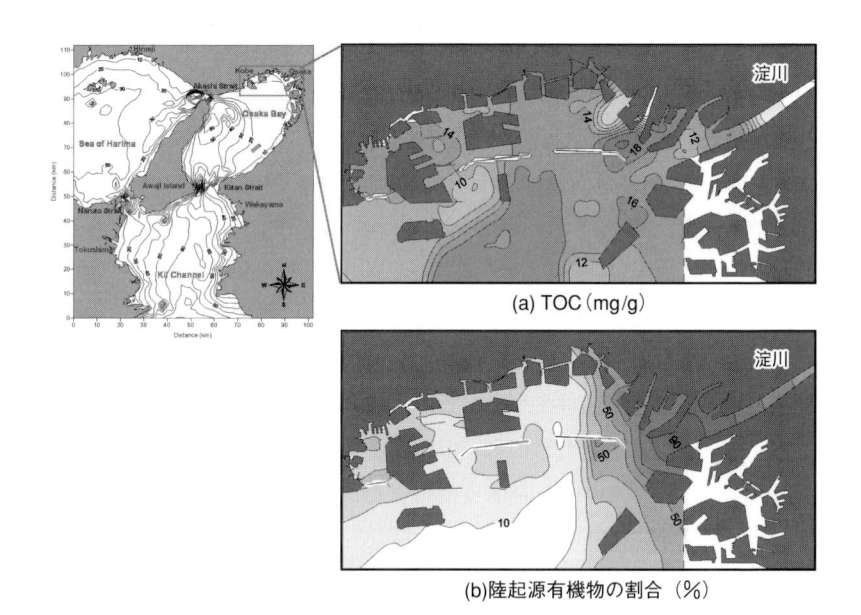

図1　大阪湾奥部の底質特性（表層5 cm，2004年12月）

また，有機物の分解過程で大量の酸素が消費されることにより底層部の貧酸素化が進行し，底生生物に悪影響を及ぼすとともに，風などの外力の作用によってこの貧酸素水塊が湧昇して青潮が発現し，沿岸生態系に大きなダメージを与えることにもなる[6]．図2に大阪湾の溶存酸素濃度（DO）の分布を示す．有機物の堆積が多い湾奥部の底層において，貧酸素化が進んでいることがよくわかる．

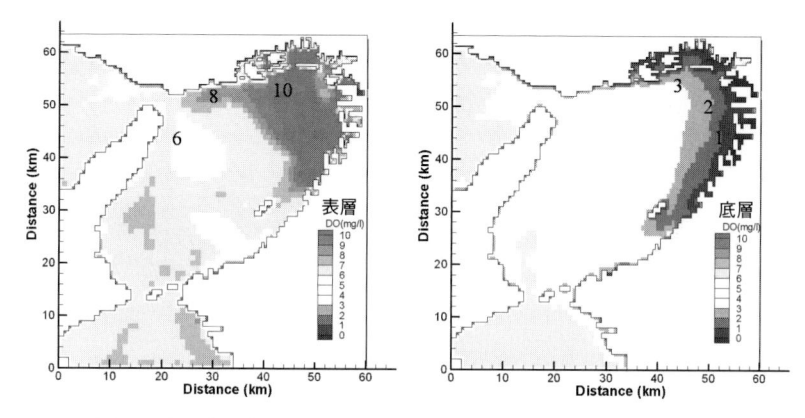

第 2 節　水域の流動・物質循環機構の解明とモデル化

図 2　大阪湾の表層と底層の溶存酸素分布（夏季の再現計算結果）

1.2　紀淡海峡における物質輸送と黒潮の影響解析

　前述のように内湾の水質汚濁は陸域からの負荷流入が原因と考えられてきたが，外洋からの栄養塩の流入もその一因と考えられるようになってきた．紀伊水道の沖を流れる黒潮の流路変化が，遠く紀淡海峡周辺の流動や水質構造に影響を及ぼしていることもわかってきた．筆者らは大阪湾の湾口に位置する紀淡海峡周辺海域において水質調査を実施し，紀淡海峡における物質輸送の実態を明らかにするとともに，大阪湾の水質に及ぼす黒潮の影響について長期観測データを基に解析を進めてきた[7,8]．

　観測結果の一例を図 3，図 4 に示す．図中，正値は大阪湾への流入を，負値は紀伊水道への流出を表している．海峡の深水域の流動は，離岸時には上層が南流，下層では北流を示し，接岸時には水深方向にほぼ一様な構造を示し，黒潮の離接岸による影響が顕著に現れている．密度構造に関しても，離岸時には明瞭な成層構造を有するが，接岸時には鉛直方向に一様化されている．

　海峡断面を通じての物質輸送量は流れの影響を強く受けるため，図 4 に示すように，黒潮離岸時には 50m 以深の底層から大阪湾へ栄養塩の輸送がなされている．この 50m 以深の底層から大阪湾へ流入する流れによって輸送

243

される栄養塩の量は，全窒素が約 150ton/day，全リンが約 18ton/day と算定され，この量は大阪湾に陸域から流入する負荷量[9]に匹敵するものであり，大阪湾への影響が予想以上に大きいことが明らかとなった．

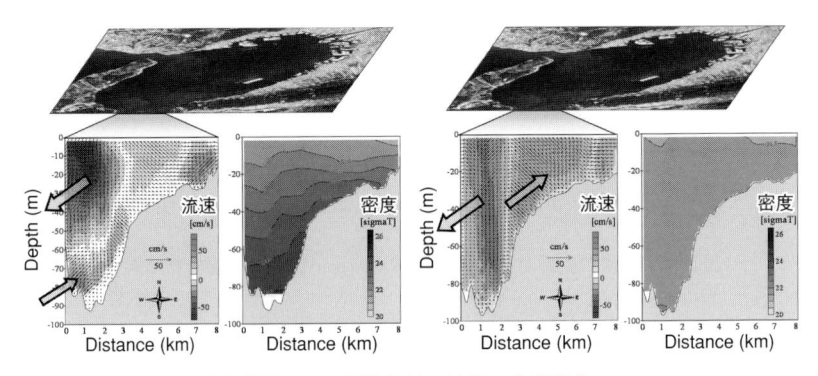

図3 黒潮離接岸による紀淡海峡の流況・水質変化
（左図：離岸時 2001 年 8 月，右図：接岸時 2002 年 9 月）

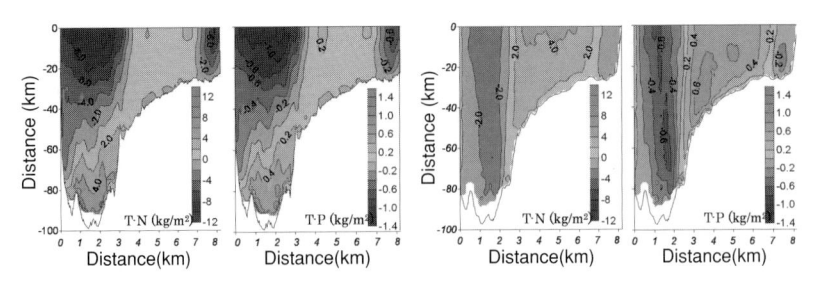

図4 紀淡海峡における全窒素と全リンの断面フラックス分布
（左図：離岸時 2005 年 8 月，右図：接岸時 2002 年 9 月）

1989～2004 年の夏季（8 月）に観測された大阪湾底層の硝酸態窒素の平均濃度分布を図 5 に示す．観測点ごとのデータを黒潮離岸時と接岸時に分けて平均したものである．黒潮接岸時に比べ離岸時は，大阪湾南西部で高い濃度を示し，その濃度差は 0.03mg/L 以上に及んでおり，黒潮離接岸の影響が大阪湾西部海域に達していることが示唆される．また，このような黒潮離接岸

による水質変動の他に，海峡部の水質は大きな季節変動を有することも長期観測から明らかになった．現在，海峡部の底層から流入する栄養塩の起源の推定とあわせて，紀伊水道を含めた広域な栄養塩の挙動解析を進めている．

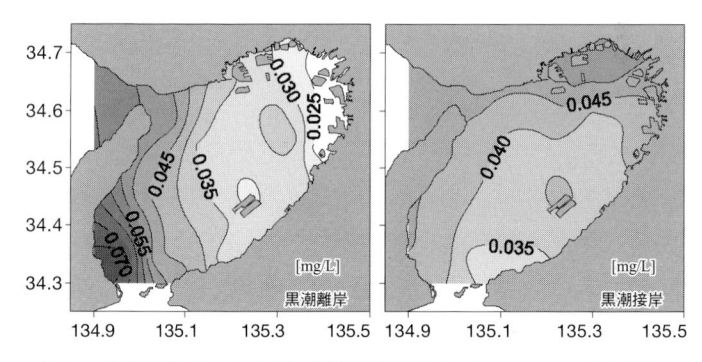

図5 黒潮離接岸時の底層の硝酸態窒素濃度（1989～2004年夏季）

2. 流動と水質・生態系のモデリング

2.1 汽水湖沼の水質モデリング

淡水と塩水が混じり合う汽水域は，豊かで多様な生態系を有し，良好な漁場として古来より利用されてきた．近年，漁場としてばかりでなく，その自然浄化機能が再認識され，環境の保全と創造に向けた施策も講じられるようになってきた．沿岸汽水域における生態系の安定性は，栄養塩等の物質循環に大きく依存している．特に，汽水域に生息する生物の多様性と生活史は塩分環境に強く支配され，その微妙なバランスの上に成り立っている．その一方で，生息する生物自体が物質循環の連鎖に組み込まれ，その水域の水環境に大きな影響を及ぼしている．したがって，汽水域における水環境の管理と保全のためには，生態系を考慮した水質特性の把握と予測が必要となる．

臨海開発により沿岸域では干潟の消失などによる水環境の劣化が生じ，アサリなど底生生物の激減が報告されている．アサリのような二枚貝は水中の懸濁物を餌として取り込むため，高い水質浄化機能を有している．アサリの激減は，単なる漁獲量の減少にとどまらず，水質の悪化を引き起こすことに

なる．同様に汽水域で高い水質浄化の働きをしているのがシジミである．筆者らは沿岸湖沼に高密度で生息するシジミの生息環境の評価と水質に及ぼす影響について解析を行ってきた[10]．全国第三位の漁獲量を誇る小川原湖をフィールドとした観測と解析を行っている．この湖の浅水域には，10^3 個/m^2 のオーダーでヤマトシジミが生息し，植物プランクトンを含む懸濁物を濾過・捕食して成長し，年間約 2500 トンが漁獲によって系外に運び出されている．この行為が湖の汚濁物質の除去と水質浄化に少なからぬ役割を果たしていると考えられる．

この湖にこれほど高密度のシジミが安定して生息し，高い漁獲量を誇るに至った背景には，人為的作用が大きく関わっている．小川原湖と太平洋を結ぶ高瀬川の河口は，かつて河口位置が大きく変動するとともに河口閉塞が度々起こり大きな被害を被っていた．この対策として 1964 年に導流堤を兼ねた護岸が構築され，河口地形の安定化が図られた．その結果，海から川への海水の遡上も容易となり，図 6 に示すように小川原湖の塩素イオン濃度は工事前の 2 倍以上に上昇し，現在は 500〜600ppm（海水の約 1/30）の値に安定している．

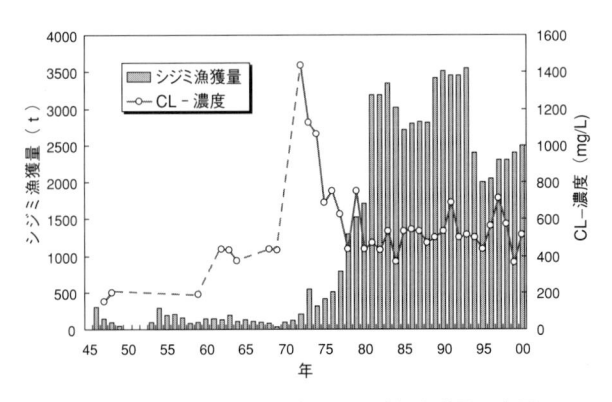

図 6　表層塩素イオン濃度とシジミ漁獲量の変遷

第 2 節　水域の流動・物質循環機構の解明とモデル化

図 6 には，湖水の塩素イオン濃度の経年変化とともにシジミの漁獲量の推移も併せて示している．塩素イオン濃度の増加とシジミ漁業の振興があいまって漁獲量は約 20 倍に急増し，河口地形の安定化処理という人為的行為が，塩分環境を急変させ，シジミの生息環境を大きく変えてしまったことがわかる．現在では，このシジミが小川原湖において最も重要な漁業資源であるばかりではなく，湖の水質と生態系に大きな影響を及ぼす優占種となっている．

湖の水質に及ぼすシジミの影響を明らかにするため，その浄化作用を組み込んだ水質モデルを用いて解析を行った[11]．シジミは，湖水中の植物プランクトンを補食し，無機態窒素を排泄する．さらに，呼吸によって溶存酸素を消費する．このような水質に及ぼすシジミの影響を考慮し，湖の物質循環モデルに組み込んだ一例を図 7 に示す．

この生態系を考慮した数理生態系モデルを用いて，シジミの個体数を現存量から変化させた場合の計算を行い，個体数と水質の関係を解析した．表層

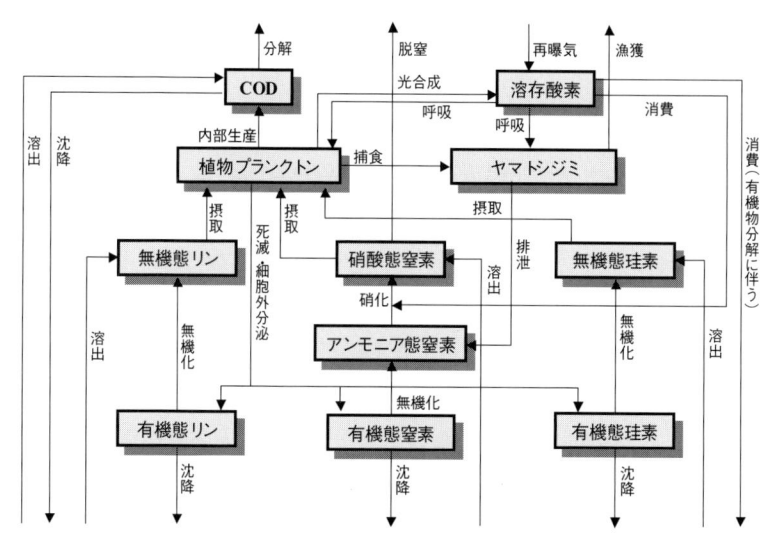

図 7　二枚貝を考慮した水質モデリング

水質の計算結果を図8に示す．資源量比（＝仮想資源量／現存資源量）が0で表されるシジミが存在しない場合には，表層（水深1m）でクロロフィルaが1.7倍，CODが1.3倍，TPは1.3倍，TNは0.9倍の濃度を示し，現状より水質が悪化することがわかる．換言すれば，現存のシジミによる表層水質の改善効果はCODで約30％であると言える．また，シジミの餌となる植物プランクトンの増殖には，陸域からの栄養塩の流入にも増して，底泥からの溶出が大きく寄与しており，有機物の堆積は水質悪化の要因となる一方で，重要な栄養塩の供給源でもあることがわかった．

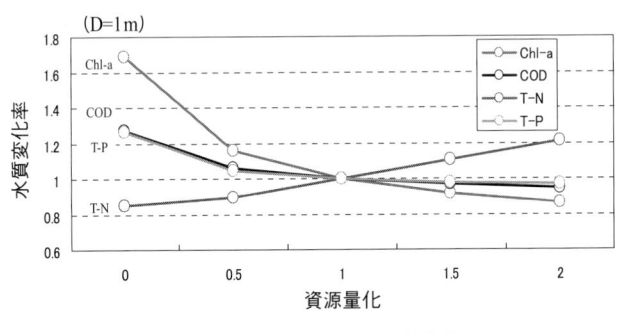

図8　シジミ資源量と水質変化

2.2　干潟の生態系を考慮した物質循環機構のモデル化

干出と冠水を繰り返す干潟域には多様な生物が生息し，複雑な物質循環系を形成している．近年，干潟の水質浄化機能が再認識されるようになり，保存・再生活動が活発になってきている．しかし，干潟域における物質循環の実態は，未だ十分に解明されていない．そこで，干潟域を有する閉鎖性海域に適用可能な流動・水質・底質モデルを構築し，流動と物質循環に及ぼす干潟の影響を定量的に評価することを目的とした研究も行っている[12]．大きな潮差を有し，干潟面積が国内の現存干潟の40％にも及ぶ有明海を対象に研究を進めている．

3. 淀川流域圏の水環境解析

　環境工学系の研究者とのプロジェクト研究として淀川流域圏を対象とした「自然共生型流域圏・都市再生技術研究」が実施された[13]．8,240km^{2}の流域面積を有する淀川水系は，上流に琵琶湖を，その下流には大阪と京都の二大都市を抱える一級河川であり，関西地域の社会と経済の基盤を支えている．平均流量300m^3/sに上る高負荷の淀川河川水は大阪湾奥部に注がれ，著しく水質の悪い大和川とともに，大阪湾に大きな環境負荷を与えている．1950年代の高度経済成長期に流入負荷量が急増し，1970年にピークを迎え，その後，1979年の総量規制の実施により急減し，淀川下流域（伝法大橋地点）のBODはピーク時の約10mg/Lから現在は4mg/Lと大きく改善された．

　淀川流域圏の人口の増減や土地利用の変化が流域環境，ひいては，大阪湾の水環境にどのような影響を及ぼすかを明らかにするために，流域環境データの収集とGIS化がなされた．構築されたGISデータを図9に示す分布型水文水質モデルに取り込み，淀川流域圏と大阪湾の水環境の変遷を解析するとともに将来予測も行った．また，流域環境の保全や再生に向けて提案された施策シナリオが，流域の水環境に及ぼす効果について評価も行っている[14]．

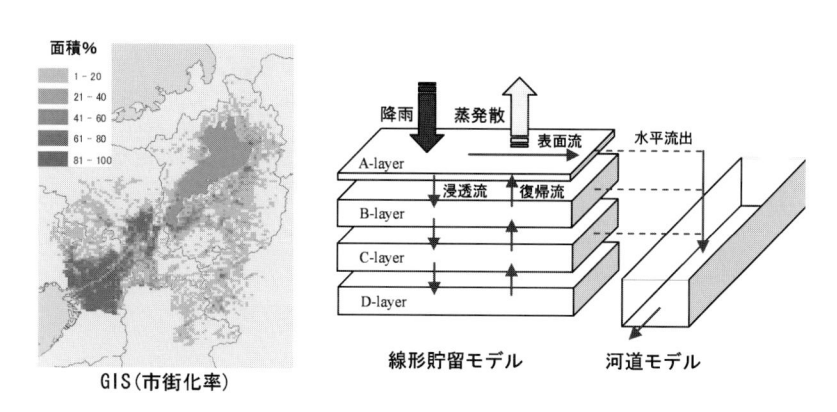

図9　GISデータと分布型水文モデル

第3章　水と共生する

参考文献

1) 沿岸海洋研究部会：沿岸海域に存在する海洋起源のリン・窒素，沿岸海洋研究，第43巻，pp.101-155, 2006.
2) 瀬戸内海環境保全協会：瀬戸内海におけるリン・窒素の挙動，瀬戸内海，No.40, pp.1-32, 2004.
3) 西田修三，中谷祐介：淀川河口域における河川懸濁物質のリン吸着特性，海岸工学論文集，Vol.54, pp.1101-1105, 2007.
4) 西田修三，入江政安，中辻啓二：大阪湾奥部沿岸域における懸濁態物質の挙動と底泥特性，海岸工学論文集，Vol.53, pp.991-995, 2006.
5) 吉岡崇仁：有機物の一次生産と分解過程における安定同位体比の変動，水環境学会誌，Vol.20, pp.192-195, 1997.
6) 入江政安，西村和幸，佐々木昇平，西田修三，中辻啓二：湾奥部閉鎖性水域における貧酸素水塊の消長への影響因子，水工学論文集，Vol.49, pp.1303-1308, 2005.
7) H.G. Kim, S. Nishida and K. Nakatsuji: Field Surveys of Transport Processes in the Kitan StraitConnecting OsakaBay and the Pacific Ocean, 15th ISOPE Conference, pp.590-595, 2005.
8) 西田修三，金　漢九，高地　慶，入江政安，中辻啓二：紀淡海峡における水質変動特性と栄養塩輸送，海岸工学論文集，Vol.53, pp.996-1000, 2006.
9) 門谷　茂・三島康史・岡市友利：大阪湾の富栄養化の現状と生物によるNとPの循環，沿岸海洋研究ノート，第29巻，pp.13-27, 1991.
10) 西田修三，鈴木誠二：小川原湖の水質変動と物質循環，水産工学，Vol.44, No.1, pp.39-43, 2007.
11) Seiji Suzuki, Shuzo Nishida and Keiji Nakatsuji: Three-Dimensional Hydrodynamic and Water Quality Modeling of a Brackish Lake, Estuarine and Coastal Modeling, ASCE, pp.291-304, 2006.
12) 西田修三，入江政安，橋本　基，海江田洋平：干潟を考慮した流動モデルの構築と有明海への適用，水工学論文集，Vol.50, pp.1441-1446, 2006.
13) 加賀昭和 他：流域圏自然環境の多元的機能の劣化診断手法と健全性回復施策の効果評価のための統合モデルの開発，環境技術開発等推進事業研究開発成果報告書, 258p, 2006.
14) 西田修三，北畠大督，入江政安：淀川流域圏の水環境と大阪湾への影響解析，水工学論文集，Vol.51, pp.1153-1158, 2007.

第 3 節
樹液逆流―生態系水循環を見直す―

工学研究科　環境・エネルギー工学専攻　地球循環共生工学領域
町村　尚

1.　人と植物・生態系と水

　人間の生存基盤である水と食糧，それらと深く関わる植物の水分生理と生態系の水循環の理解は，「水との共生」の基盤である．植物水分生理学研究の歴史は古く，すでに枯れた学問分野だともいわれてきた．しかし 1992 年に赤血球細胞膜で発見された水チャンネル（アクアポリン）がその後，植物細胞にも見つかり，従来は受動的と考えられていた植物細胞の水移動が，水チャンネルによる細胞膜の水透過率によって制御されていることがわかってきた．分子レベルの研究発展とともに，細胞・器官・個体レベルの水分生理機能の新たな解釈が期待される．一方，マクロな水循環としては従来，流域を空間単位とする研究がなされてきた．これは水資源利用において，降雨流出という物理的過程が重要なことが背景にある．しかし世界中に増加している水需給が逼迫した地域では，森林破壊，過放牧，塩類集積などの生物化学的変化を伴う生存基盤破壊が同時進行し，さらにこの変化が流域水循環の劣化にフィードバックしている．このため，流域という物理単位の水循環とともに，生態系の水循環を理解することが，持続可能な「水との共生」社会の創造に不可欠である．本節は，生理・生態学的水循環の新たな知見として，樹液逆流を取り上げる．

2.　樹液逆流の発見

　樹液（sap）とは樹木内部の水のうち，細胞内部ではなく，木部すなわち道管と師部すなわち師管を含む維管束およびその周辺組織に存在する，移動しやすい水を指す．植物体内で最も流速が大きい水流は蒸散にともなって生じる蒸散流であり，一般に樹液流といえばこの蒸散流のことを指す．蒸散流は

気孔からの水分蒸発によって生じた葉の道管の負圧によって，重力に打ち勝って道管内を水が上昇する流れである．このため，蒸散流速は蒸散速度に強く連動する．晴天日中は葉からの蒸散が盛んであり，道管中には大きな蒸散流が発生するが，夜間は気孔が閉じ，蒸散が止まるので蒸散流も停止する．樹液には道管液のほかに，葉の光合成産物を輸送するための師管液や，乳液，樹脂液がある．サトウカエデ，ゴム，ウルシなどの樹皮に傷をつけて採取された樹液は，昔から食品や工業製品の原料に利用されている．師管液の輸送は蒸散流との連動や器官間の浸透圧差によって生じるが，蒸散流と比べると流動は緩慢である．

樹木によって降雨の一部が捕捉され，地表に落ちずに樹冠から蒸発する水文過程を，降雨遮断という．森林では雨量の数%〜40%もの降雨遮断が生じるが，この損失量は熱収支的にありえる蒸発量を超える場合が多い．筆者はこの損失が蒸発ではなく，樹木による雨水の取り込みではないかと考え，これを実証するため，降雨中の樹液流量測定を試みた．1997年に北海道大学農学部附属苫小牧演習林の落葉広葉樹林において，アオダモ（*Fraxinus lanuginosa*）の地上5mの枝に装着した樹液流ゲージ（茎熱収支法）では，降雨中に蒸散流とは逆の下向き樹液流が測定された（図1）．樹液逆流は，実験室内でも確認できた．グロースチャンバー内でポット植アラカシ（*Quercus glauca*）の葉のみに散水したとき，散水中に樹液逆流が発生した（図2）．

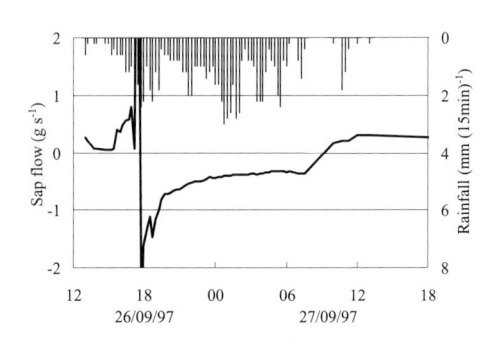

図1　茎熱収支法によって観測されたアオダモ樹の降雨時の樹液逆流
実線は樹液流量，棒は降雨強度．

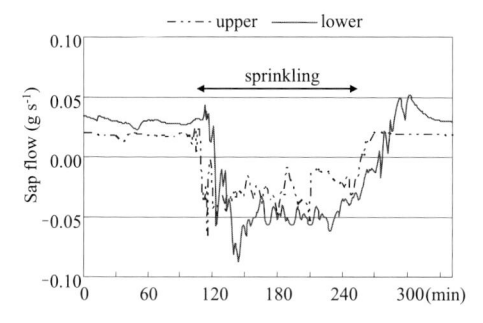

第3節　樹液逆流―生態系水循環を見直す―

図2　グロースチャンバー内で葉に散水したポット植アラカシの樹液流量の時間変化．樹液流測定位置は，根元から1.2 m（上）と0.3 m（下）．

観測や実験から，降雨時の樹液逆流の次のような特徴が明らかになった．①樹液逆流は降雨開始後末梢から始まり，時間を経て樹幹下部に伝播する，②降雨開始が日中の場合の逆流速は，夜間の場合より大きい，③逆流速は蒸散流速よりも小さいが，重力だけでは説明できない速さである，④落葉期は樹液逆流が発生しない．

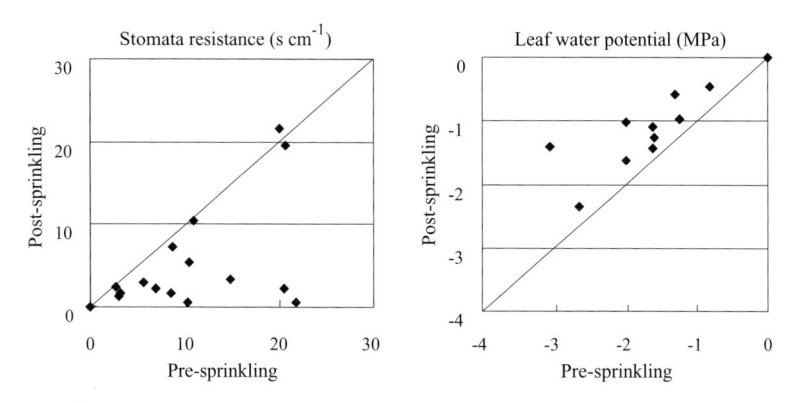

図3　グロースチャンバー内のポット植アラカシの葉面散水前後の気孔抵抗（左）と葉の水ポテンシャル（右）の変化．

また前述のグロースチャンバー内の実験で,散水前後の植物の水分状態を比較したところ(図3),葉への散水によって気孔抵抗は低下し(すなわち気孔が開き),葉の水ポテンシャルは上昇した(水ストレスが緩和した).また葉の半数のみに散水した実験でも,散水した葉だけでなく散水しなかった葉でも気孔抵抗低下と水ポテンシャル上昇が観測された(図4).さらに散水中は,土壌水分張力が変動した.

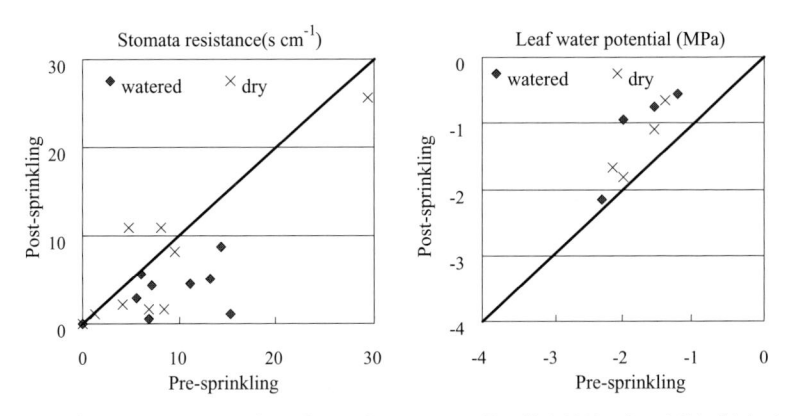

図4 グロースチャンバー内のポット植アラカシの葉面散水前後の気孔抵抗(左)と葉の水ポテンシャル(右)の変化.葉の半数のみに散水した.

以上の結果から,降雨中の樹液逆流現象は,葉面から(降雨中は気孔が閉じるため,気孔からではない)雨水が吸収され,維官束(おそらく道管)に流入して流下し,根から排水される現象であり,植物体内での水の再分配を伴うと考えられる.なおこの研究の動機であった降雨遮断における寄与については,樹木への雨水吸収量は降雨遮断量の1/3程度と見積もられ,重要な要素ではあるが支配的な要素は他(おそらく雨滴の飛沫による上空への輸送)にあると考えている.

3. 樹液逆流の抵抗モデル

　樹液逆流現象の機構を解明するため，抵抗モデルによって観測結果の再現を試みた．植物体内の水移動をマクロに見ると，細胞や器官の水ポテンシャル差と通水抵抗によって移動の向きと流速が決まる．水ポテンシャルとは植物体内の水が持つエネルギー密度で，標準状態の純水の化学ポテンシャルを基準とし，圧力の単位で表す．植物体内の全水ポテンシャル（ψ）は，次式の部分ポテンシャルの和で表される．

$$\psi = \psi_p + \psi_m + \psi_g + \psi_s \tag{1}$$

ここでψ_pは圧ポテンシャル，ψ_mは吸着力および毛管力によるマトリックポテンシャル，ψ_gは重力ポテンシャル，ψ_sは水溶液の浸透圧ポテンシャルである．

　土壌から大気までの植物の水移動経路を電気の抵抗回路に置き換えたモデルを，SPAC（Soil-Plant-Atmosphere Continuum）という（図5）．蒸散流は，大気の負のポテンシャルが気孔を通して葉の道管の圧ポテンシャル（ψ_p）を低下させることによる，葉と土壌の間の大きなポテンシャル差のために発生すると理解できる．大気の水ポテンシャルは気温が高く相対湿度が低いと減少するので，蒸散流は気温と同様の日変動を示す．葉肉細胞の圧ポテンシャル（細胞膨圧）が負になると原形質分離を起こして葉がしおれるので，植物は気孔の開閉によって気孔抵抗を調節し，葉のポテンシャルの極端な低下を防いでいる．このような分岐のない単純な抵抗モデルでも蒸散流をよく表せるが，降雨時の樹液逆流現象はどうだろうか．雨水が葉に付着すると，圧ポテンシャルは0になる．雨水は溶液濃度が低く，マトリックポテンシャルも持たない．このため単純抵抗モデルでは，降雨中の樹液逆流は葉と土壌の重力ポテンシャル差のみに駆動され，根元から末梢まで一様な小さな逆流速としか表せない．これは，前述の観測や実験による樹液逆流の知見とは異なる．部位間の流速差を伴う大きな下向き樹液流を表現するには，降雨中も植物体内に一様でない負の圧ポテンシャルが持続すること必要である．

第3章 水と共生する

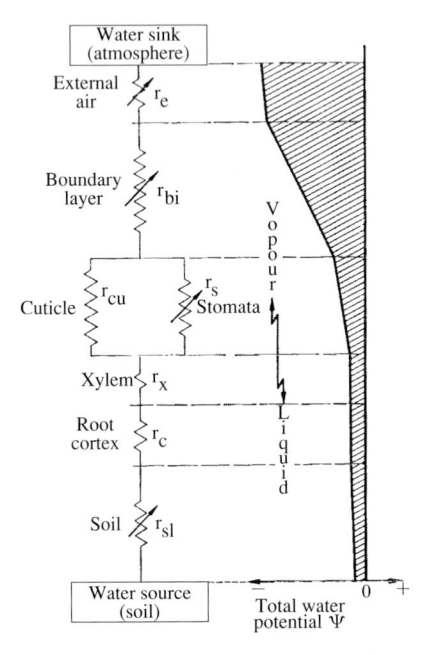

図5 土壌—植物—大気連続体（SPAC）の等価回路と水ポテンシャル分布（Rose, 1966）．

そこで，茎を10個のセクションに分割し，道管周囲に水貯留組織を持つ抵抗モデルを導入した（図6）．このモデルでは電気回路のコンデンサにあたる組織に水が貯留され，またこの組織のポテンシャルは貯留量の関数とした．類似のモデルは，乾燥地で蒸散が停止した夜間も日中の体内水分低下を回復するために根からの吸水が持続する現象を表現するために用いられている．このモデルを用い，晴天日中に急に降雨が生じた時の樹液流速を計算した（図7）．晴天時（0分より前）は茎の道管ポテンシャルは末梢（No.9）ほど低く，部位によらず同じ速度の上向きの蒸散流が生じている．降雨開始直後，末梢の水ポテンシャルは急激に上昇し，中間（No.5）とのポテンシャル差が逆転した．この時，末梢では大きな樹液逆流が発生した．一方根元（No.1）と中間のポテンシャル差はまだ逆転せず，根元では上向き樹液流が続いている．時間経過とともに末梢の逆流速は低下し，中間では一旦逆流が

第3節　樹液逆流―生態系水循環を見直す―

上昇した後緩やかに低下し，根元では長時間経過後に小さな逆流が開始した．

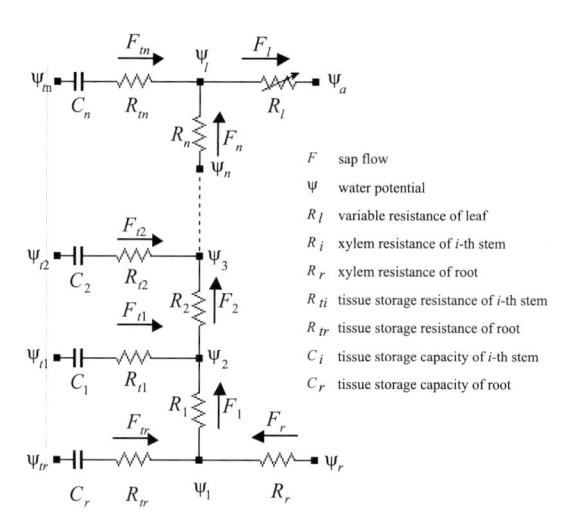

F　sap flow
Ψ　water potential
R_l　variable resistance of leaf
R_i　xylem resistance of i-th stem
R_r　xylem resistance of root
R_{ti}　tissue storage resistance of i-th stem
R_{tr}　tissue storage resistance of root
C_i　tissue storage capacity of i-th stem
C_r　tissue storage capacity of root

図6　根および茎に水貯留組織を持つ植物の抵抗モデル．

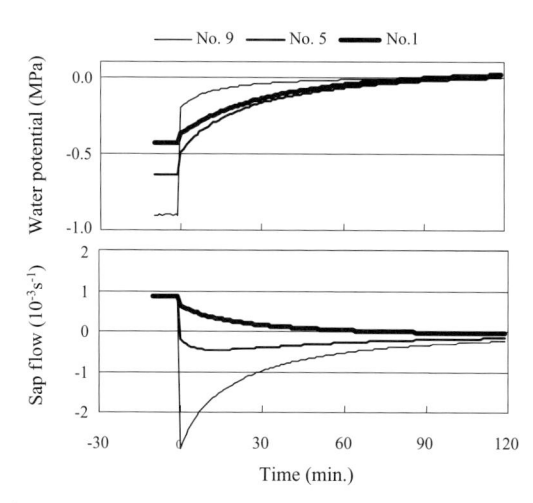

図7　抵抗モデルによってシミュレーションした植物茎の部位別道管水ポテンシャル（上）と樹液流速（下）
　　No.9 が茎上部，No.5 が中央，No.1 が下端．時刻 0 分まで晴天，0 分以後が雨天とした．

降雨開始直後の道管と水貯留組織の水ポテンシャルを見ると（図8），水貯留組織では末梢ほど低くなる晴天蒸散時のポテンシャル勾配が保存されているため，末梢ほど道管と水貯留組織の間に大きなポテンシャル差が生じている．このポテンシャル差による組織への吸水によって，末梢の大きな樹液逆流が生じたと理解できる．また降雨開始直後の高さ方向の道管ポテンシャルの分布はU字型を示し，中央より末梢では下向き，根元では引き続き上向きの樹液流であることがわかる．以上のように，抵抗モデルに水貯留組織を導入することによって，降雨時の樹液逆流現象がよく再現できたことから，道管というパイプ内の水移動だけでなくパイプ周囲の組織への水貯留が植物体内の水移動に関与していることがわかってきた．

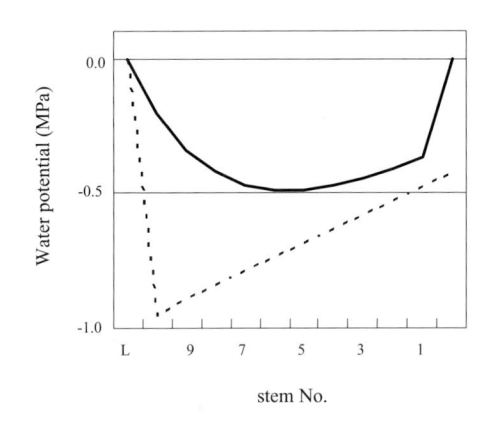

図8　抵抗モデルによってシミュレーションした降雨開始直後における植物道管（実線）および貯留組織（破線）の水ポテンシャルの部位（高さ）による変化．Lは葉，1〜10は茎のセグメント（1が下端）．

4. 樹液逆流が示唆するもの

これまでの観測・実験やモデル計算によって，植物が雨水を葉面から吸収し，下向きの樹液流を発生させ，体内で再分配していることがわかった．樹液逆流の生理的な意味は未解明であるが，水と植物の関わりや人と水との共生模索に関して，いくつかのアイディアがわいてくる．

第3節　樹液逆流—生態系水循環を見直す—

① アメリカ・セコイア国立公園のシンボルであるジャイアントセコイア（*Sequoiadendron giganteum*）は世界で最も背が高い樹木のひとつであり（図9），最大樹高は100mに達する．地上100mの葉は，重力ポテンシャルだけで-1MPaもの負圧を常に受けている．この場所の年降水量は660mmと乾燥による森林限界に近く，根からの土壌水吸収が容易でないことは想像に難くない．このような環境で樹高を伸ばすという適応戦略には，どのようなメリットがあるのだろうか．この地方では雨量は少ないが，霧や低い雲が森を覆うことが多い．ジャイアントセコイアが葉で捕捉した霧や雲の水を利用できるなら，霧水・雲水の捕捉量を増やすために樹高を伸ばしたという仮説が成立する．

図9　ジャイアントセコイアの樹高は最大100mに達する
（出典　Sequoia and Kings Canyon National Park, http://www.nps.gov/seki/）

② 日本のあるトマト農家は，果実の品質を良くするために，土壌に塩類を含む圃場でトマトを栽培している．塩類を含む土壌水は浸透ポテンシャルが低いので，植物が吸水のために細胞液の溶質（糖）濃度を上げて浸透ポテンシャルを下げようとする結果，果実の糖度が高くなると考えられる．さらにこの農家は土壌に潅水せず，葉に霧を吹きかけるミスト潅漑をおこなっている．雨が少なく霧が多いという，トマトの原産地のアンデス山中の気候にヒントを得たという．果実糖度を高くするには水ストレスが必要だが，葉は組織が柔らかいため水ストレスでしおれやすく，このために同化速度が低下しては元も子もない．水ストレスを加えながら葉のしおれを防ぐ潅水方法として，ミスト潅漑は合理的である．乾燥地における土壌への直接潅水は表土への塩類集積を誘発し，土壌を劣化させる．新しい環境調和型農法として，作物によっては夜間〜早朝の葉面潅水が効果的ではないだろうか．

③ 半乾燥地に生育する樹木は，乾燥しやすい土壌表層からは十分な水を得られないため，一般に根を深く伸ばす．ここで，奇妙な現象が見られる．樹木が深い根から吸収した水を，浅い根から表層の乾燥した土壌に排出しているのである．これをハイドロリックリフト（hydraulic lift）といい（Richards and Caldwell, 1987），部分的な樹液逆流現象である．半乾燥地では，農地にわざとこのような樹木を植えることがある．樹木の被蔭による日射の減少や土壌肥料の競合というデメリットを措いても，ハイドロリックリフトによる潅水効果が有効なためであろう．ハイドロリックリフトは水ポテンシャルが高い深層から低い浅層への水移動なので，物理的な水移動プロセスとしては何の不思議もないが，樹木にとって何らかのメリットがなければ，水ストレスを高める浅い根からの排水を防ぐように適応するはずである．ひとつの仮説として，ハイドロリックリフトは樹木が落とした種子の発芽を促し，あるいはまだ根が伸張していない幼樹の枯死を防ぐために積極的に行っているのではないだろうか．もしこの仮説が実証されると，植物も子育てをするという大きな発見である．乾燥地における栽培技術としてのハイドロリックリフトの応用

は，砂漠緑化の技術開発にも役立つであろう．

これらのアイディアから新たな研究が発展し，「水との共生」に資する知恵や技術が生まれることを期待する．

参考文献

Richards, J. H. and Caldwell, M. M., Hydraulic lift: Substantial nocturnal water transport between soil layers by *Artemisia tridentata* roots, *Oecologia*, **73**, 486–489, 1987.

Rose, C. W., *Agricultural Physics*, Pergamon Press, Oxford, 1966, 202.

Sequoia and Kings Canyon National Park, http://www.nps.gov/seki/

第 4 節
雲粒酸性化における雲粒凝結核同化と炭酸ガス吸収

前 基礎工学研究科　物質創成専攻　化学工学領域
芝　定孝

1. はじめに

　古来，貴重な水資源の一つである降水は天水とも言われ，上質な水資源として利用されてきた．しかし，地球大気間の水循環（水蒸気による大気への移動と降水による地上への移動）の過程で，降水は雲粒や雨滴が取り込む大気汚染物質で汚染される．そのため，人間活動に起因する大気汚染の進行とともに，天水はその清浄さを次第に失いつつある．酸性雨はそのような降水の汚染の象徴的な現象である．大気中での水滴による汚染物質の取り込みには，雲粒が雲中で取り込むレインアウトと，雨滴が雲底下で取り込むウオッシュアウトとがある（図1）．レインアウトやウオッシュアウトによる大気汚染物質の取り込みは，いずれも雲粒や雨滴の成長中あるいは生成後に生じる後天的な汚染である．しかし，例えレインアウトやウオッシュアウトがなくても，新しく生成する雲粒は，純水ではなく，既に汚染されているといえる．すなわち，先天的に汚染されている．新生雲粒の先天的汚染は，大気のような自然界においてはもっぱら雲粒凝結核（雲粒生成の核と成るもので CCN と略記する）が雲粒生成を引き起こすことに起因する（芝・八木, 2006）．降水汚染の対策には，レインアウトやウオッシュアウトによる後天的汚染の機構，あるいは CCN による先天的汚染の機構を解明することが重要である．ここでは，大気中での存在量が最も多い硫酸アンモニウムが CCN となる場合の雲粒の先天的汚染と炭酸ガス吸収による後天的汚染との関わりを中心に述べる．

第4節　雲粒酸性化における雲粒凝結核同化と炭酸ガス吸収

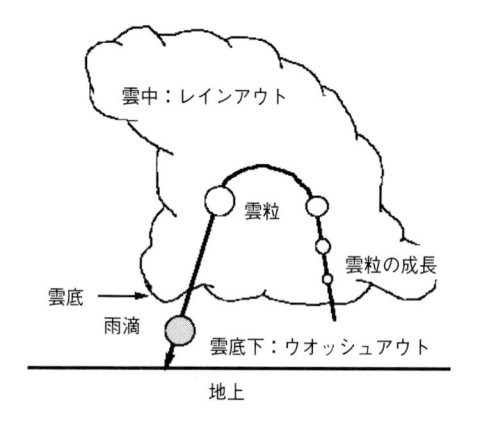

図1　レインアウトとウオッシュアウトとによる降水の汚染

2. 雲粒の先天的汚染と後天的汚染のモデル

　雲粒は大気の水蒸気が凝結したものである．大気の水蒸気凝結はその表面が大気水蒸気圧よりも低い水蒸気圧を有する微小物質を萌芽（核）として開始する．周囲大気の水蒸気圧とこの萌芽の水蒸気圧の差が正であれば，水蒸気の凝結が生じる．しかし，この萌芽が純粋の水滴であるならば，水蒸気凝結が生じるには，大気水蒸気圧はかなり高くなければならない．ケルビンの理論によると，必要な大気水蒸気圧は飽和水蒸気圧よりも高く（水蒸気が過飽和となる），しかも，その過飽和度が数百パーセントという大気中では非現実的に大きい値にならなければ，大気中の水蒸気は凝結しない（Pruppacher & Klett, 1980）．したがって，大気中で純粋な水のみから成る雲粒の生成することは事実上ない．これに対して，雲粒の萌芽が水溶性の不純物を含む（不純物が潮解する）ならば，大気水蒸気の過飽和度が1％以下という低い値でも，大気水蒸気は容易に凝結し雲粒が生成する．このような雲粒の萌芽は空中の吸湿性エアロゾル（あるいは非水溶性エアロゾルに水溶性の物質がコーティングされたもの）が大気水蒸気を吸着し潮解したものであり，CCNとなる．CCNとなり得る吸湿性エアロゾル粒子は大気中に多数存在する．たとえば，いたる所に見られる大気汚染物質である硫酸アンモニウムは，大気中に最も多く

存在するCCNで,自然起源および人為起源の両方がある.

水溶性物質であるCCN上に凝結した水蒸気は,水として新生雲粒に変化すると同時にCCNを自身の中に溶解する.ここでは,このような現象を雲粒によるCCNの同化と称する.自然界での雲粒生成にCCNが必要である限り,雲粒は純水ではなく,汚染物質を含む水でできていること(CCNの水溶液)になる.言い換えると,たとえ,雲粒はその生成後に(あるいは生成の途中で)レインアウトがなくても,生まれながらにして,CCNで既に汚染されている.ここでは,このような汚染を先天的汚染と称している.

CCNが硫酸アンモニウムである場合,平衡化学反応を基礎として,CCN同化と炭酸ガス吸収をモデル化すると,次のように表せる.

$$(NH_4)_2SO_4 \leftrightarrow 2NH_4^+ + SO_4^{2-} \tag{1}$$

$$H_2SO_4 \leftrightarrow H^+ + HSO_4^- \tag{2}$$

$$HSO_4^- \leftrightarrow H^+ + SO_4^{2-} \tag{3}$$

$$NH_4OH \leftrightarrow NH_4^+ + OH^- \tag{4}$$

$$NH_3(g) \leftrightarrow NH_3(aq) \tag{5}$$

$$CO_2(g) \leftrightarrow CO_2(aq) \tag{6}$$

$$CO_2(aq) \leftrightarrow H^+ + HCO_3^- \tag{7}$$

$$HCO_3^- \leftrightarrow H^+ + CO_3^{2-} \tag{8}$$

$$H_2O \leftrightarrow H^+ + OH^- \tag{9}$$

Eq.(1)からEq.(5)は先天的汚染に対応するもので,Eq.(6)からEq.(8)は後天的汚染に対応するものである.このCCN同化と炭酸ガス吸収のモデルの結果と,芝らの雲粒平衡半径評価モデル(Shiba et al., 2001; 2003)を用いて得た雲粒サイズの結果とを組み合わせることにより,新生雲粒内に存在する各種の化学種(汚染物質)濃度を評価することができる.芝らの雲粒平衡半径評価モデルとは,従来の非現実的な仮定に基づく伝統的なケーラーモデルに対して,水分の保存および熱エネルギーの保存を新たに導入し,雲粒の競合的成長に対応できるようにしたモデルである.この競合的成長モデルを用

第4節　雲粒酸性化における雲粒凝結核同化と炭酸ガス吸収

いて，多数の雲粒が競合的に生成する場合の雲粒平衡半径を求めた．

CCNの初期乾燥半径 a_{s0} が 1μm，大気蒸気圧の初期飽和比（飽和比＝水蒸気圧／飽和水蒸気圧）S_0 が 1.0 の場合の CCN 同化による先天的汚染の一例を表1に示す．CCNの初期乾燥半径が同一でも，CCNの個数密度の増加とともに，雲粒は小粒化し，雲粒平衡半径 a より求めた，CCN 同化による雲粒のCCN濃度 C_{AS} や酸性度は増加（pHは減少）することに注意すべきある．これは気塊内で雲粒群が有限量の水蒸気を奪い合いながら競合的に成長することに起因する．CCN個数密度の増加とともに雲粒サイズが減少する現象 (Twomey, 1977) は，ツーミー効果に関連して広く知られている観測事実である．雲粒や雨滴の代表的な汚染指標であるpH（雲粒の酸性度を表す）は，340ppmの大気 $CO_2(g)$ 吸収（後天的汚染）による場合には，25℃で5.6となる（新生雲粒が純水であると仮定した計算値）．しかし，いずれのCCN個数密度の場合にも，CCN同化による先天的汚染でもたらされる新生雲粒のpHはこの5.6よりも低く，$CO_2(g)$ 吸収による汚染よりもさらに酸性側となることを示している．

表1　雲粒の個数密度と CCN 同化による雲粒の先天的汚染

Number density N [cc^{-1}]	Droplet radius a [μm]	CCN concentration C_{AS} [mol/L]	Droplet acidity pH at 25 ℃ [-]
1	8.81	1.96E-02	5.56
10	6.07	5.98E-02	5.51
100	4.16	1.86E-01	5.48

3. モデル計算による雲粒酸性化のシミュレーション

　雲粒の競合的成長のモデルと前述の化学平衡反応のモデルとを用いて，CCN同化（先天的汚染）と炭酸ガス吸収（後天的汚染）とによる総合効果がもたらす雲粒の酸性化の数値シミュレーションを行った．

3.1 雲粒の酸性度

雲粒や雨滴の汚染の程度を示す代表的な指標としては，一般的に酸性度を表す pH がよく用いられる．pH の高低と酸性度の高低との対応は逆ではあるが，習慣に従って，ここでも pH を雲粒酸性度を示す指標として用いることにする．まず，ここで用いる正規化 pH（Normalized pH）を次のように定義する．

$$\text{Normalized pH} = \frac{\text{Real pH}}{\text{Neutral pH}} \tag{10}$$

ただし，Real pH および Neutral pH は次式で与える．

$$\text{Real pH} = -\log_{10}(z) \tag{11}$$

$$\text{Neutral pH} = -\log_{10}(\sqrt{K_w}) \tag{12}$$

z および K_w は，それぞれ，水素イオン濃度と水の平衡定数である．Real pH は通常に用いられる pH で，Neutral pH は中性（$[H^+] = [OH^-]$）に対応する pH である．いずれも温度に依存し，中性に対応する pH は温度の低下とともに高くなる．図 2 からも明らかなように，25℃では Neutral pH は 7 とな

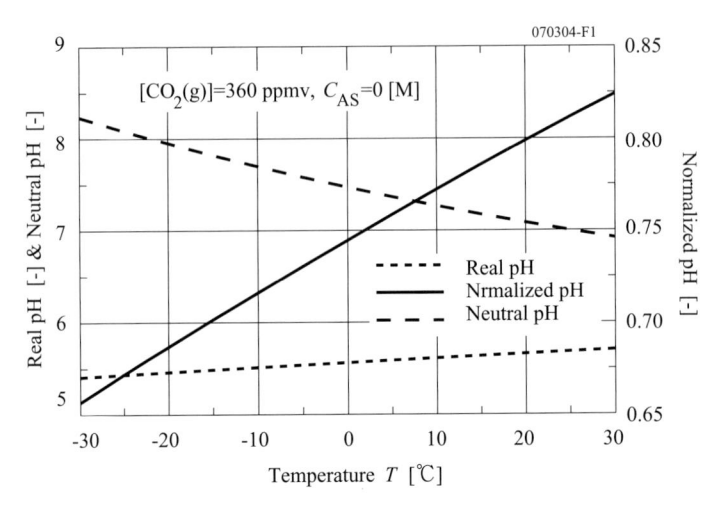

図 2 各種 pH の相互関係

る．逆に，Real pH は温度の低下とともに低くなる．したがって，通常の pH（Real pH）の値から直ちに酸性か塩基性かを判断するのは困難である．Normalized pH によればその判断は容易である．

$$\text{Normalized pH} \begin{cases} <1: \text{acidic} \\ =1: \text{neutral} \\ >1: \text{basic} \end{cases} \tag{13}$$

酸性雲粒の Normalized pH は 1 より小さく，また，その値が小さい程，雲粒の酸性度は高いと言える．図 3 に CCN 濃度–温度平面における雲粒酸性度（Normalized pH）の分布（等高線）を示す．10℃前後の常温付近では CCN 濃度によらず，酸性度（Normalized pH）はほぼ一定である．これに対して，温度が 10℃程度より高くなるほど，また，10℃程度より低くなるほど，酸性度は CCN 濃度の影響を強く受けることがわかる．また，CCN 濃度が低く，かつ，温度が低いほど，雲粒の酸性度は高くなる（Normalized pH は低くなる）ことを示している．CCN 濃度が低く，温度が高い場合には酸性度が低くなる（Normalized pH は高くなる）．

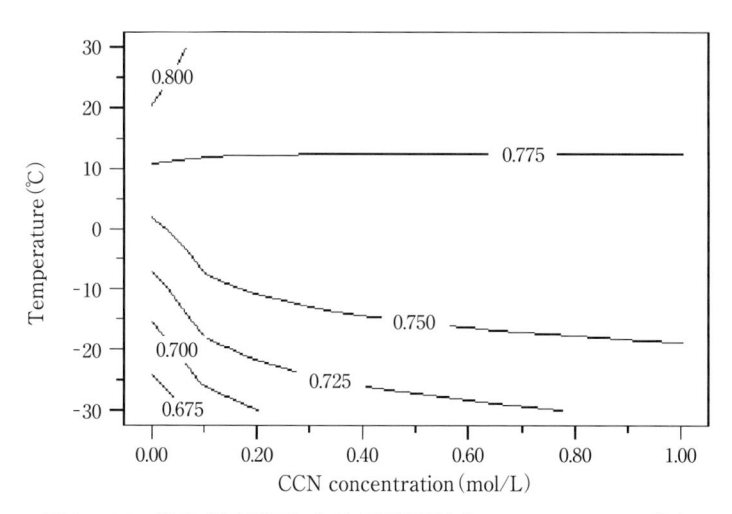

図 3　CCN 濃度–温度平面における雲粒酸性度 Normalized pH の分布

3.2 CCN同化と炭酸ガス吸収の雲粒酸性度への寄与

図3に示した雲粒の酸性度はCCN同化（先天的汚染）と炭酸ガス吸収（後天的汚染）の総合作用の結果として現れたもので，その中味については不明である．以下にCCN同化と炭酸ガス吸収，それぞれの雲粒酸性度に対する寄与について検討する．

まず，CCN同化の寄与率 CNT_{CCN}，炭酸ガス吸収の寄与率 CNT_{CO2} を次のように定義する．

$$CNT_{CCN} = \frac{[HSO_4^-] + 2[SO_4^{2-}] - [NH_4^+]}{[H^+]} \tag{14}$$

$$CNT_{CO2} = \frac{[HCO_3^-] + 2[CO_3^{2-}]}{[H^+]} \tag{15}$$

上式を加算すればほぼ1.0となるが（その濃度が無視小のイオンは省略している），CNT_{CCN} および CNT_{CO2} 個々の絶対値は必ずしも1.0以下とはならない．特に，Eq.(14)は，右辺分子の $[NH_4^+]$ の値によっては負の値もとり得ることに注意すべきである．

図4（a）にCCN同化の，（b）に炭酸ガス吸収の雲粒酸性度に対する寄与度を示す．両者の等高線の分布はほぼ同じ形をしており，両者の和はほぼ1.0となることが推察される．次に（a）CCN同化，（b）炭酸ガス吸収，それぞれの寄与について検討する．

まず，液によるガス吸収という観点から常識的な結果を図4に示す（b）は，CCN濃度が高いほど，また温度が低いほど，酸性度に対する寄与は高い．ただし，温度が10℃程度より高くなると，寄与率はCCN濃度に依存しなくなる．

これに対して，（a）の場合，温度が低くなるほど，またCCN濃度が高くなる程，寄与率は低くなり，10℃程度では寄与率は負の値となり，しかも，その絶対値は次第に大きくなる．温度が10℃程度より高くなると，寄与率はCCN濃度に依存しなくなる点は（a）と同様である．負の値の出現は前述の NH_4^+ 濃度が高くなることに起因する．この負の値と（b）における大きな正の値とがお互いに打ち消し合い，両者の和はほぼ1.0となる．

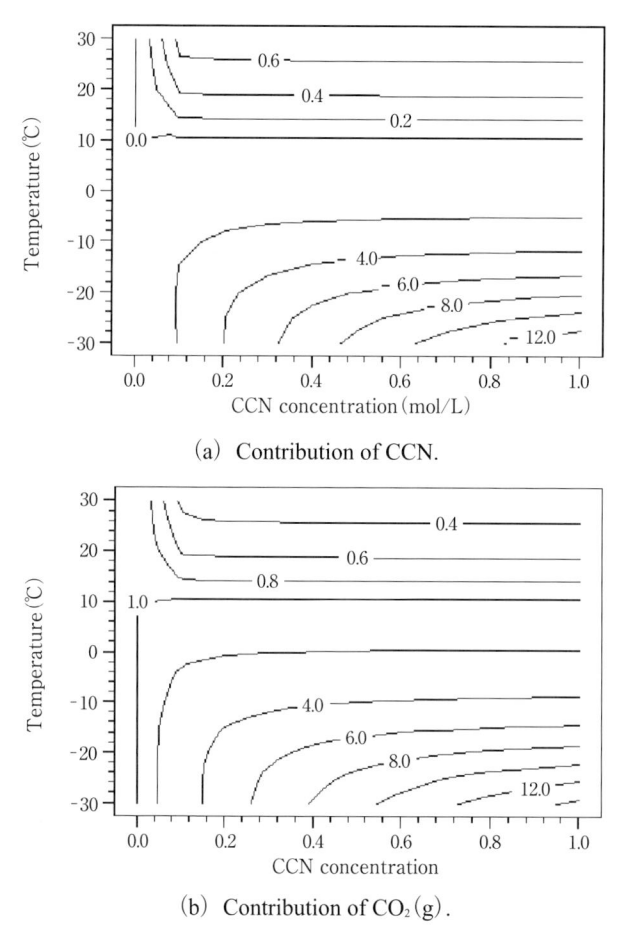

第4節　雲粒酸性化における雲粒凝結核同化と炭酸ガス吸収

(a) Contribution of CCN.

(b) Contribution of $CO_2(g)$.

図4　雲粒酸性度に対するCCN同化と炭酸ガス吸収の寄与

　図4の (a) に示すCCN同化の寄与率における負の値は，炭酸ガス吸収のもたらす雲粒酸性化を，CCN同化が中和することを意味する．すなわち，図4 (a) における寄与率の絶対値が1.0より大きい領域では，CCN同化（先天的汚染）は炭酸ガス吸収による雲粒酸性化（後天的汚染）に対する緩衝作用を有すると言えよう．CCNは降水に先天的汚染をもたらすものではあるが，炭酸ガスのような大気汚染ガス吸収による降水の酸性化（酸性雨）に対

する緩衝作用も有することになる．

4. 結論

　水資源確保の為の貴重な降水の汚染（酸性化）対策には，大気汚染ガスのレインアウトやウオッシュアウトによる雲粒や雨滴の後天的汚染の機構，あるいはCCN同化による雲粒の先天的汚染の機構を解明することが重要である．CCNの溶解解離反応モデルと雲粒の競合的成長モデルとを組み合わせた計算の結果によると，次のようなことが明らかとなった．

(1) CCNの個数密度の増加による雲粒サイズの減少は，新生雲粒のCCNによる先天的汚染の程度を高める．
(2) 新生雲粒のCCN同化による先天的汚染の程度は，温度が高いほど高い．
(3) 炭酸ガス吸収による雲粒の後天的汚染の程度は，温度が低いほど高い．
(4) CCN同化は低温（ほぼ，10℃以下）においては，炭酸ガス吸収（後天的汚染）による雲粒酸性化に対する緩衝作用を有する．
(5) CCN同化は高温（ほぼ，10℃以上）においては，そのよう緩衝作用はなく，雲粒酸性化を強化する．

参考文献

1) Pruppacher, H. R. and Klett, J. D.（1980）. *Microphysics of Cloud and Precipitation*, Reidel Publishing Co., Dordrecht, Holland, pp.350–353 and 412–447.
2) Shiba, S., Hirata, Y. and Yagi, S.（2001）. Effect of Number Density of CCN on Condensational Growth of Cloud Droplet, *Journal of Aerosol Science*, Vol.32, No.S1, pp.581–582.
3) Shiba, S., Hirata, Y. and Yagi, S.（2003）. Effect of CCN Number Density on Radius and Temperature of Cloud Droplet Grown up Competitively, *Journal of Global Environment Engineering, JSCE*, Tokyo, Japan, Vol.9, pp.65–73.
4) Twomey, S.（1977）. *Atmospheric Aerosol*, Elsevier, New York, USA, p.289.
5) 芝　定孝，八木俊策（2006）．雲粒凝結核の同化に起因する新生雲粒の先天的汚染について，土木学会地球環境委員会，第14回地球環境シンポジウム講演論文集，pp.65–70.

第5節
アジアモンスーン大河の洪水氾濫

工学研究科　地球総合工学専攻　地球環境保全工学領域
中辻啓二

1. アジアの水災害事情

　アジア防災センターの調査報告（2006）によれば，1975年から2000年の30年間に世界では7,847件の自然災害が発生した．被害は概算で示すと，死者209万人，被災者51億8424万人，被害額は128兆12億円にも上がっている．その災害発生件数の37%，死者数の56%，被災者数の89%，被災額の49%がアジア地域で占められている．なぜ自然災害がアジアで多いのか．

　モンスーンが海側から吹くと，湿った空気が内陸に集中する強い雨季となる．逆に大陸側から吹き込むと，乾燥した空気で乾季となる．モンスーンは雨季・乾季のある気候を形成する．季節的に必ずやってくる雨は水田稲作農業の生態的基盤を人々に与えている．しかし，その年々の変動によっては，洪水氾濫や干魃をもたらし，人々を嘆かわせる．1995年にはタイ国チャオプラヤ川の本川・派川の多くの場所で堤防が破堤し，膨大な区域が浸水し，深刻な被害を被った．2000年にはメコン川で過去70数年経験したことのない大規模の洪水氾濫が発生した．地球温暖化の影響か，自然災害は地球規模で拡大し頻繁に発生している．筆者は両大河の洪水氾濫調査に参加する機会を得た．百聞は一見に如かず．アジア人はアジアモンスーンが引き起こす洪水災害に対してどのように立ち向かっているのか，その一部を紹介したい．

2. 2000年土木学会水理委員会メコン川氾濫調査

　メコン川はチベット高原に源を発し，インドネシア半島を縦断して南シナ海に流出する．流域は中国，ミャンマー，ラオス，タイ，カンボジア，ベトナムの6カ国にまたがった国際河川である．流路延長は4,620kmと長く，流域面積794,540km^{2}とわが国の2倍の流域面積をもった大河である．

第3章 水と共生する

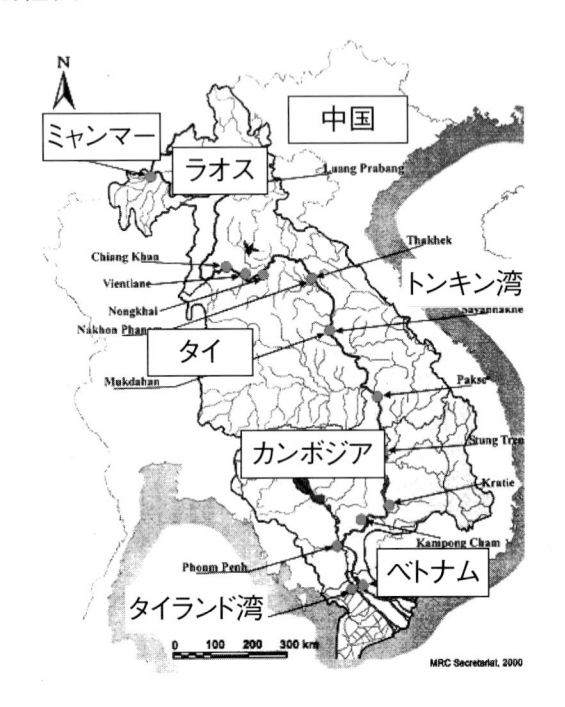

図1 メコン川の地形図

　2000年に発生した大規模な洪水災害において死者が約千人，なかでも子供の死者がそれの3/4の約700人と多い．その理由を解明することが，調査の目的であった．痕跡の調査から氾濫状況の実態を推定する演繹的な実証は通用しない．洪水の実態も例年の事象と比較しても，また日本の洪水災害と比較してもそれ程の大差はない．現地を見て初めて，モンスーンアジアに住むアジア人の暮らしぶりが災害の形態の違いに関係しているのではないかという考えが調査の進行とともに現われてきた．今回のメコン川で発生した洪水災害の時系列をインターネットの記事で追うことができる．その一例を表1に示す．洪水の水位がピークに達した一週間の記事である．水位，氾濫域，被災状況や農作物の被害，等の記述が多くの紙面を占めている．
　現地では，カンボジアの首相は「運転手は速度を落とせ！国道上の被災者

第5節　アジアモンスーン大河の洪水氾濫

は住居に旗を掲げよ！」と指示したとの報道，ベトナムでは「国道の生活者に，ライフベルトが配られた」との報道．なぜ被災者が国道に，なぜ避難の壊れかけた家屋に旗を掲げるのか，なぜバイクや自動車の速度を落とさなければならないのか．これらの事実は現地に行ってみなければ理解できない．

表1　2000年9月のインターネットに見られる洪水の実態

BBC	CNN.com
18th September ・東南アジアの洪水の危険は拡大している． ・赤十字は，この洪水に誘発される問題は数ヶ月継続することから，何百万ドルの援助を要請した． ・カンボジア野党は，大規模かつ無秩序な森林伐採による土壌浸食が大災害の原因と指摘した．	18th September ・プノンペンでは百万人以上が洪水の危機に直面している． ・タイのダムの水位は許容レベルの109%に，150%を越えていたら崩壊の危険． ・カンボジアで5-7日前に起こった洪水が今日メコンデルタで生じる．
19th September ・400万人以上の人々が大洪水の脅威に． ・デルタでは約50万人が堤防（国道）上で生活をしており，ライフベルトが配られた． ・ベトナムの灌漑水路はほぼ破壊された．	19th September ・カンボジアの村民は洪水と交通事故の危険に直面している．首相は「運転手は速度を落とせ，国道上の被害者は旗を掲げよ」． ・赤十字は必要物資を援助．
22th September ・世界食糧機構は4千万人分の食糧をベトナムに緊急援助．合わせて2ヶ月分の供給も保障． ・ユネスコは森林伐採が主要な原因と指摘．	20th September ・カンボジアは最悪の洪水を脱したが，ベトナムでは洪水が拡大している． ・南シナ海の高潮位により，洪水が継続する可能性が大きい．
23th September ・メコン川洪水で最悪の状況を招いた． ・ベトナム南部では53人が亡くなり，50万の家屋が浸水し，75万人が避難した．	21th September ・洪水による死者は235人に達し，赤十字はカンボジアへの援助を期待している． ・水位が下がると，伝染病がはやる恐れあり．
24th September ・メコン川洪水で伝染病が懸念されている． ・市街地でも1m浸かっており，11月まで継続する． ・すでに何千もの家族が避難しているが，いまだに水浸しの家に住んでいる人もおり，人々の安全確保が最優先と，赤十字が公表した．	24th September ・洪水がデルタに拡がるにつれて死者が増加している． ・月末の高潮位が洪水の水位を上げる． ・国連アジア太平洋経済委員会はインドネシアの洪水（百万人の被災者と200人以上の死者）もメコン洪水も森林伐採が原因であると言明した．

洪水氾濫の大海原のなかで国道は唯一の高台であり，道路の機能と同様に堤防の役割を果たしている．そこは被災者や家畜の避難場所になっており，

夜になると，暗闇の中を無灯のバイクや自動車が走り，人身事故が多発する．水上のバラック小屋を住居とする家族の子供が夜睡眠中に寝返りをうって落下して洪水に流されることを避けるためにはライフベルトが必要である．現地を訪れた11月でさえ国道1号線の路肩に多数の家畜を見つけて，上記のことが理解できた．睡眠中の家屋からの落下や遊泳中の溺死事故が子供の死亡原因であるらしい．科学的でないので書くことをためらうが，通信情報網の不備が被災者や死亡者の数の増加をもたらしているという意見も現地では言われている．

彼らにとって2000年洪水は特別なものではなく，毎年経験することである．雨季の洪水時には，水位は毎日数cmずつ上昇するのであるから，特別の驚異はない．「例年と異なって雨季の始まりが少し早かった，警戒水位を越えた時に，今年は氾濫するかもしれないな」程度の認識であったに違いない．メコン川委員会やベトナム災害管理機構が正確な水位予報を公表し，避難勧告しているにも関わらず避難していないのは，その生活形態にある．稲作のできない雨季にあっては，農民は漁師として魚を捕って日銭を稼ぐ．洪水時には大量の魚が流されてくる稼ぎ時である．洪水は彼らにとって漁獲高を増し，農地には天然肥料を運んでくれる歓迎（？）すべき，自然現象である．雨季の水位の上昇とともに，床板を調整しながら住んでいる生活様式を受け継いできた．支川との合流部において，大人も子供も鈴なりになって，子魚の群れに向かって競い合って網を投げる状況を目の当たりに見ると，魚を求めて深みにはまって溺死するという話もさもありなんと納得してしまう．メコン川流域の人々にとって，洪水は災害をもたらすというよりも，生活の基盤を支える神の恵みであると，とらえられていることがわかる．

図2は2000年9月に発生した我が国の東海豪雨における庄内川とメコン川洪水の水位変化を比較したものである．両者の違いは極端な時間スケールであり，もう一つは水位変化の幅である．

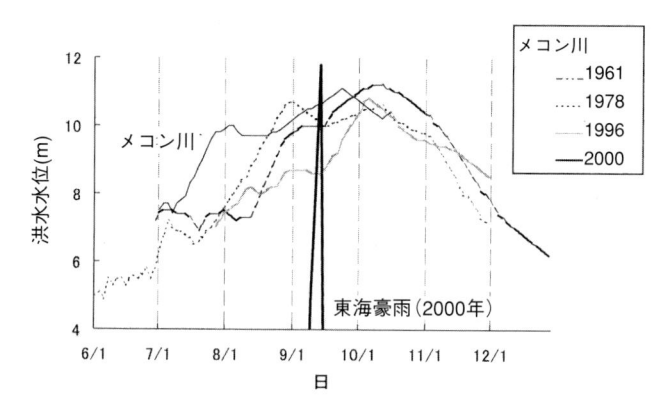

図2　2000年9月の愛知豪雨とメコン川洪水のハイエトグラフの比較

　我が国の洪水は，大量の降雨があり，鉄砲水による土石流の発生，内水災害による都市機能への悪影響，そしてすさまじい災禍を残して数日間で過ぎ去ってしまう．一方，モンスーンアジアの洪水は多かれ少なかれ毎年起こるが，それはまことにゆっくりしている．メコン川では7月から10月の雨季にかけて，水位がゆっくり上昇し，12月に向けて下降していく．彼らは洪水と敵対しながらではなく，水田稲作農業の知恵として水とうまく共生しながら日々の暮らしを営んでいる．

　災害被害を調査するためには，数値で表現できる自然科学的な研究も重要であるが，人間の日々の生活・行動を知ることも重要であり，社会科学や人文科学との連携が必要であることを実感した．今ひとつの論調は，とくに西洋では，2000年洪水の原因は森林伐採にあり，それを地球環境問題，あるいはダム開発と環境の議論に短絡的に結びつける傾向が強い．メコン川委員会は「環境的に健全で，且つ持続的な開発」を目標に掲げている．ラオスの古くからの友人は，「小さな貧しい国が生き残るための輸出資源は水だけであり，その有効利用を否定されては生きていけない．雨季の流量調節や乾季の灌漑のためにも，ダム開発はインドシナ半島の将来を考えるときには必須である」と力説している．ラオスの水を地下水路でメコン川を横断させてタ

第3章 水と共生する

イの穀倉地帯に輸送するという案もあったらしい．わずか2回の視察だけでは，現状を把握することだけで精一杯である．しかし，メコン川，ひいてはモンスーンアジアの将来を多角的に検討するのは，水田農作地に生き，しかもアジアで唯一の先進国である日本人の責務であることを今回の視察で痛感した．

3. チャオプラヤ川流域の洪水対策
3.1 現状と課題

タイ国チャオプラヤ川はタイの北部山岳地を源流として南下し，ナコンサワンで4派川と合流し，アユタヤでさらにサカエクラン川とパサク川と合流して，バンコクからタイ湾に流れ出す，長さ約700km，流域面積約160,000km^{2}である．流域面積は国土のおよそ1/3に相当する．流域の北部は山岳地と平野部であるが，中・南部は洪水氾濫による沖積層である．河床勾配は1〜2/100,000，洪水氾濫予想地域は35,000km^{2}に及ぶ．

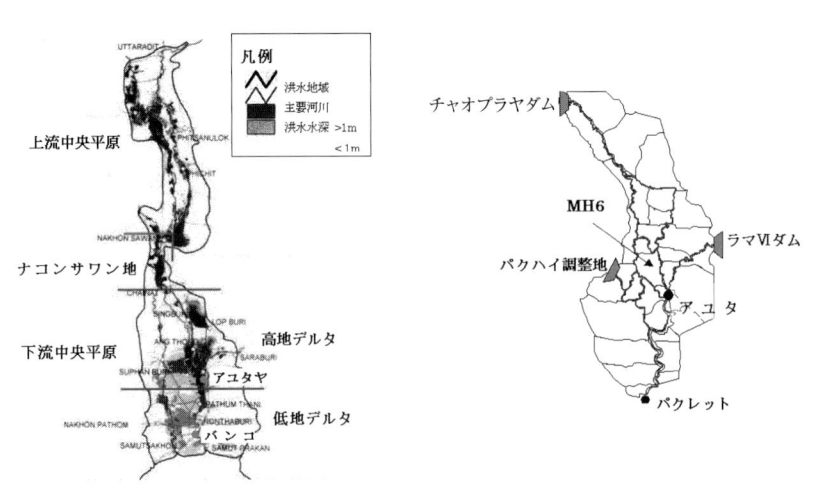

図3 （a）1995年洪水の浸水状況と（b）河道1次元洪水氾濫計算の格子網

第5節　アジアモンスーン大河の洪水氾濫

　チャオプラヤ川流域では，年間降水量（1,200〜1,400mm）の約85％が集中する雨季に洪水氾濫が頻繁に発生しており，平地における内水氾濫とあいまって幾度となく人々の生活を脅かしてきた．流域はほぼ平坦な地形であることから，一度氾濫した田畑は1〜4ヶ月も冠水する．加えて，河口から75km以上溯った地点でも潮汐の影響を受けるため，大潮，満潮時には河川水位は増大し，被害拡大の原因となっている．

　図3はチャオプラヤ川の地形に1995年洪水の氾濫状況図（JICA，1999）を書きいれたものを示す．王室灌漑局が進めた灌漑整備事業により，大規模洪水の発生数は少なくなったが，発生すればその被害は大きいと指摘されている．近年の大規模洪水は1978〜2002年の24年間に6回に発生した．そのなかで一番被害の大きかったのが1995年洪水である．本川及び派川の多くの場所で堤防が決壊し，河川水が越流した．氾濫域の最大水深は3.5mを超えており，全氾濫量は160億m^3であった．注目すべき点は，洪水時に河川に沿って膨大な区域が浸水しているのに，首都圏バンコクでは浸水が見られないことである．河川計画の基本となる疎通能を下流から調べていくと，バンコクでは約3,000m^3/s，バンサイで3,200m^3/s，アユタヤ上流で1,300m^3/s，チャイナットで4,500m^3/s，そしてナコンサワンで4,000m^3/sである．河川計画の基本原理は「流下能力は河口原点から一様に増加する」ことである．アユタヤ上流では1,300m^3/sを超える流量は河川内で運ぶことは不可能であり，過剰流量は堤防を乗り越えて氾濫するしかない．1995年洪水では氾濫流量はおよそ160億m^3に達しており，そのうち約110億m^3が低平地チャオプラヤ川流域で氾濫した．しかし，バンコク周辺は大惨事になることを免れている．首都圏バンコクの治水安全度は低平地アユタヤでの大量氾濫を犠牲にして保障されていることになる．

　1995年の洪水を解析したJICA（日本国際協力機構）の報告によれば，バンコク近傍の洪水容量は約3,600m^3/sであった．それは超過確率年にして3年に相当するという．洪水が3年に一度の確率で生起することを意味している．政治的ならびに経済的機能がバンコク首都圏に集中していることを鑑みれば，タイの社会基盤は無防備な状況にある．

近年のタイの経済成長はめまぐるしい．都市化や工業化に伴い，水需要が増大し，乾季には深刻な水不足となっている．そのため，大量の地下水が揚水され，生活用水・工業用水として，人々の生活，産業活動に利用されてきた．このことが地下水位の低下（1959年からの24年間で38m）を招き，塩水侵入や地盤沈下（9年間で75cm）などの2次的被害を引き起こしている．今まで，揚水量の規制，上水道の整備などの対策が実施されてきたが，近年の急速な水需要の増加を補うことができず，未だ地下水位が下がっているのが現状である．地下水の利用が今後も続くと予想される．地下水位の低下を防ぐための工夫が必要になってきている．

このように，チャオプラヤ川流域では水環境に関わる2つの大きな問題を抱えている．一つは雨季に発生する広域かつ長期的な洪水氾濫である．今一つは降雨のない乾季に発生する渇水，そして地下水枯渇による水不足である．一番単純な発想は，地下水を媒介にして雨季に過剰な氾濫水を貯留し，乾季の水不足に対しては揚水して利用する方法がある．一考の価値はある．

3.2 河道一次元流動モデルを用いた洪水氾濫の実態調査
3.2.1 計算の内容

図3に示すチャオプラヤ川下流中央平原 4,500km^2 を対象氾濫域と想定し，河道一次元流動モデル InfoWorks RS を用いた計算を実施した．河道方向に100断面，33箇所の氾濫小流域から構成されている．1995年洪水を対象に，上流端で流量，下流端で水位の実測値を与えることにより，氾濫状況を知る．加えて堤防をかさ上げした場合，また，地下水盆を天然の貯水池と想定した時の洪水氾濫水・地下水連結系に及ぼす影響について検討する．

3.2.2 計算そのⅠ：氾濫水の拡がり

図4は1995洪水において氾濫した小流域の水深の時間変化を示す．氾濫は9月5日頃に発生した．洪水は図3（b）に示したMH6への越流で始まった．水深は1m程度であった．その後，氾濫水は隣接する氾濫小領域間の越流堰を越えて次から次へと拡大し，11月30日頃には8小流域にまで拡が

第 5 節　アジアモンスーン大河の洪水氾濫

り，水深は 1m から 2m と深くなった．9 月 30 日頃には氾濫域において河川の越流水と氾濫水とが流域深くまで拡がる．モンスーンの雨季は 9 月中旬から 10 月中旬であることから，10 月 30 日に最大流量 4,500m^3/s が観測された．このような状態が進み，雨季が終わる．1995 年は 11 月 30 日であった．

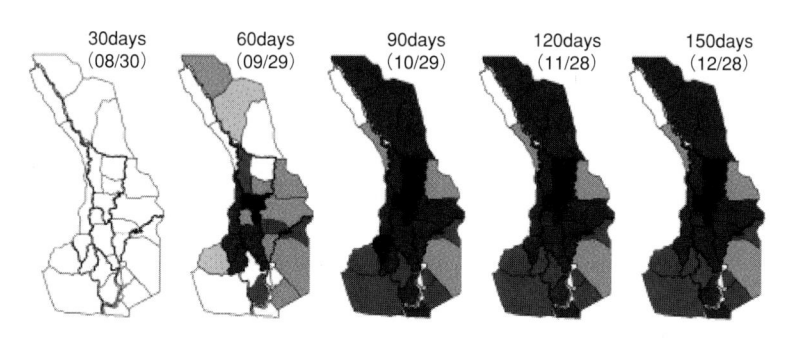

図 4　1995 年洪水の氾濫過程の数値シミュレーション結果

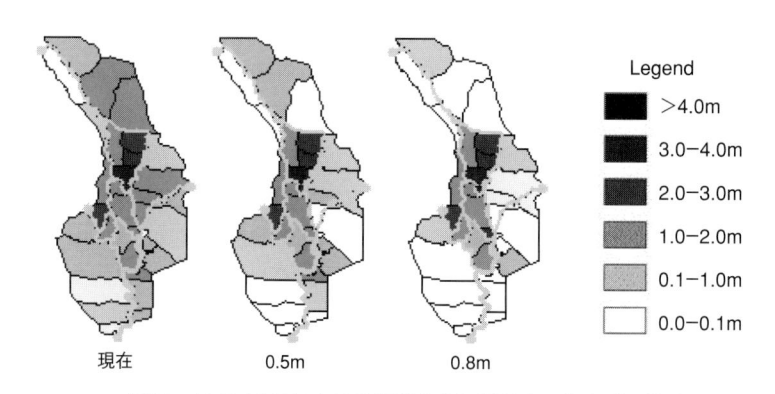

図 5　11 月 10 日における氾濫分布に及ぼすかさ上げの効果

3.2.3　計算そのⅡ：堤防のかさ上げ効果

図 5 は 1995 年洪水を対象に堤防高を現在値とそれぞれ 0.5m と 0.8m にかさ上げした時の 11 月 10 日における氾濫最大水深の広がりを示したものである．堤防高を上げることによって，上流での氾濫が抑制される反面，一部中

領域で現状よりも深刻な洪水災害が生じた．中流域を流下する河川流量が大きくなったためである．堤防高を上げることの欠点は下流側への流下流量を増加させることである．

図6はある断面での流入流量と流出流量との差で定義される流下方向流量の時間変化を示している 0.5m かさ上げ，0.8m かさ上げに対して，それぞれ約 4,300m^3/s，約 4,500m^3/s を示している．したがって，3 ケースともバンコクに向かって流れ込むが，バンコクでの計画流量は約 3,600m^3/s であることから，バンコクにおいて洪水が高い確率で生起することになる．堤防のかさ上げではバンコクの洪水氾濫を抑制することは困難であることを示している．

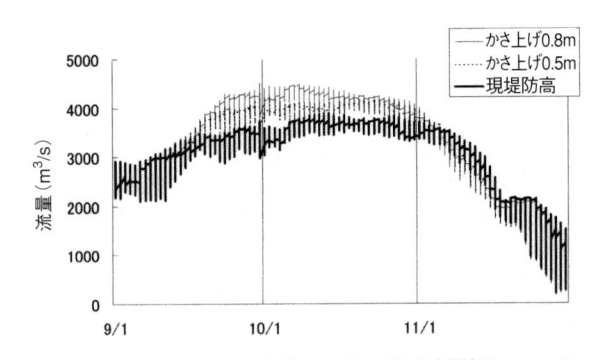

図6 上流側の堤防高の変化が下流へ及ぼす影響について

3.2.4 計算そのⅢ：氾濫水の地下水への一時的涵養効果

チャオプラヤ川流域の地下帯水層は8層からなり，層間は粘土層で仕切られている．地表面近くのバンコク BK 帯水層は下流域で高塩分であるため，生活水に使用されていない．第2〜4層は水質が良好なため利用価値が高く，現在バンコクの井戸のほとんどはこれらの3層から汲み上げられている．バンコク周辺の地表面には，BK 帯水層の上に粘土層が存在する．その結果，地表面流が BK 帯水層に浸透していくことはない．一方，上流地域では粘土層が存在しないため，地表面流の浸透効果が大きい．それより深い帯水層で

第5節　アジアモンスーン大河の洪水氾濫

は地下水の流れはほとんどない．そこで，6層目の帯水層を取り込んだ地下水構造を設定し MODFLOW-2000 を用いて計算した．計算条件は上下流端境界条件に加えて，天然状態での氾濫水の地下水への涵養を考慮した．

図7は氾濫水の拡がりの時間変化を示しており図4と同じ表現であるが，地下水への天然涵養を考慮した点に違いがある．両者を比較すると，氾濫水が全域で最大水深となった10月29日以降の氾濫面積および水深の減少割合は非常に大きい．つまり，地表面から地下水への浸透は予想外に大きく，約 3cm/day である．第1帯水層の水頭は氾濫水の影響を大きく受けて変化する．しかし，加圧層が上部に存在する第2帯水層以下では，氾濫水による水頭変化時間応答が遅れて現れる．さらに，加圧層が上部に2つも存在する第4帯水層では，1年経っても氾濫水の影響を受けず，水平方向の流れが存在している．遊水池として設計するのであれば，氾濫の発生する前に人工的に氾濫水を地下水に涵養して洪水の襲来を待つ必要がある．我が国でも都市化の進展に伴う洪水流出流の増大により，治水安全度の低下が著しい都市河川において地下トンネルを貯留の目的で建設中である．発想は同じであるが，地下水流で理論に則った対応ができるのかどうか，まだ不明なことが多い．

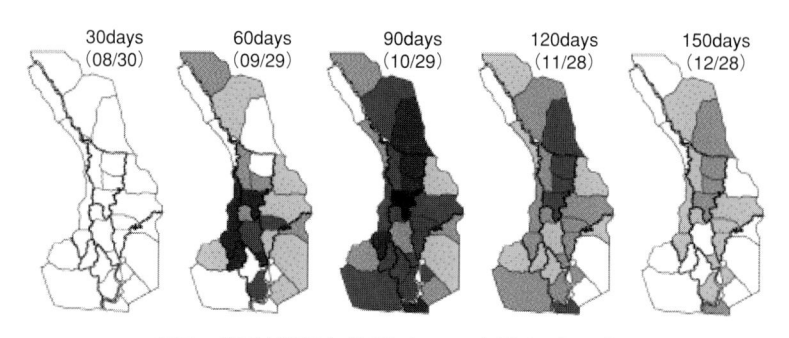

図7　地下水涵養を考慮した1995年洪水の氾濫状況

4．まとめ

メコン・メナムというモンスーンアジアの大河の調査を通して得られた情報の一部を披露した．地球環境問題に代表されるあらゆる課題，あらゆるレ

ベルにおいてアジア諸国と日本との協働が要望される時代が始まっている．

参考文献

1) Napaporn, Piamsa-nga: Analysis of Inundation and Groundwater Recharge for Flood Mitigation in the Lower Chao Phraya River Basin, Ph.D, Thesis, Osaka University, Japan, 2006.
2) メコン河調査団報告 2000 年 3 月，土木学会水理委員会，2000．
3) メコン河洪水氾濫調査 2000 年 11 月，土木学会水理委員会，2001．
4) Japan International Corporation Agency, Royal Irrigation Depart- ment, Kingdom of THAILAND, The Study on Integrated Plan for Flood Mitigation in Chao Phraya River Basin, Final Report, 1999.
5) Japan International Corporation Agency, Department of Mineral Resources Ministry of Industry and Public Works Ministry of Interior, The Kingdom of THILAND. : The Study on a Management of Ground- water and Land Subsidence in the Bangkok Metropolitan Area and Vicinity, Final Report, 1995.

第6節
水生植物と根圏微生物の共生作用を利用した水質浄化システム

工学研究科　環境・エネルギー工学専攻　生物圏環境工学領域

池　道彦

1. 水質汚濁の問題が引き起こす水資源問題の負の連鎖

　地球は「水の惑星」と呼ばれるが，人類が生命を維持し，豊かに暮らしていくために利用することのできる水資源の量は決して多いとはいえない．水の99％以上は海洋，あるいは氷山・氷河として存在しており，そのままでは容易に利用することはできず，一部の地下水と河川・湖沼などの表層水に依存して暮らしていかねばならないのが現実である．地球規模で見れば，既に人口増加によって慢性的な水資源不足の状態といってもいいが，近年ではさらに地球温暖化によると考えられる異常気象で計画的な貯水・利水が困難になっている地域が増え，問題は深刻さを増すばかりである．

　水量の不足に加えて水質の悪化が水資源問題の深刻さに拍車をかけている．有機物（BOD）汚染による腐水化は比較的対応しやすい問題であり，下水道をはじめとする排水処理設備の整備によってほぼ解決されているが，通常の下排水処理では除去しきれない，栄養塩類（窒素・リン）による水域の富栄養化，微量有害化学物質による汚染等の問題は解決しきれない問題として残されている．様々な形で汚染された水は，安全で快適な生活用水，生産活動に必要な産業用水の用途を満たさず，水資源の確保をますます困難にする．そのため，先進国では上水・用水の製造や下排水の処理に化学酸化や樹脂吸着等の高度処理技術を適用しているが，これら物理化学的手法による高度処理技術は，高エネルギー消費・高資源消費型であり，用途にかなった質の水を得るために地球温暖化が助長されるという皮肉な結果につながることが指摘されている．言葉を変えれば，水質汚濁問題の解決が間接的に水循環の攪乱を加速化し，水量の問題をさらに悪化させかねないという負の連鎖を

引き起こしているともいえる．

このため，多量のエネルギーや資源を投入することなく，高度化・複雑化する水質汚濁の問題を解決することのできる環境適合型水質浄化法の開発が熱望されているが，現在ではそのような都合の良い技術を見いだすことはできない．本節では，大きな環境負荷をかけることなく，高度な水環境汚染にも対応でき，しかも資源生産にまでつながる可能性のある，植物と微生物の共生作用を利用した水質浄化法のコンセプトを示し，現在までに得られている研究成果を踏まえて，その将来の可能性について展望する．

2. 植生浄化法の特長と限界

植生浄化法は高等植物を利用した水質浄化法であり，下水二次処理水の仕上げ処理や汚濁水域の直接浄化に適用されてきた．植物は太陽光をエネルギー源に，大気中の二酸化炭素を炭素源に用いてバイオマスの合成を行う独立栄養生物であり，これを生物触媒として利用する本法は，絶対的な経済性と環境適合性を有する水質浄化・保全技術といえる．すなわち，水質汚濁問題を新たな環境負荷をかけずに解決していく手法として理想的な特長を有している．植物の成長は，同じく水質浄化触媒として利用される微生物に比べると非常に遅く，日照・温度など気象条件の変動に大きく依存するため，安定した水質浄化を行うことが難しいという大きな制約がある．したがって，処理水質を常時基準値以内に維持する排水処理システムなどの active system として用いることには問題があるが，汚濁が進んだ水域を徐々に浄化するオンサイトの passive system としては有望なオプションの一つといえよう．特に，植物の成長速度が高く維持され，年間を通じての利用が可能な熱帯／亜熱帯地域であり，様々な水質汚濁が進む途上国において本法を普及することができれば，無理に高価な高度処理技術を導入することなく，当座の水質問題を解決することのできるキー・テクノロジーとなるかもしれない．

植生浄化法の利点は，植物による独立栄養過程を活用することに根ざしているため，従属栄養過程で代謝・分解される有機物には理論的には無力であるという制約がある．結果として，植生浄化法の適用は，栄養塩類除去によ

る富栄養化対策か，あるいは特殊な植物を利用した金属吸収・除去に限られている．したがって，途上国においては未だ解決できていない有機物汚染の進行や，地球規模で拡大する微量有害化学物質汚染のような，今世紀の水質汚濁問題を解決するための技術としては力不足であるとの指摘は否定できない．また，汚濁物質の除去がバイオマスへの取り込みに依存するため，余剰植物体を刈り取り処分しなければならない．この水質問題が廃棄物処理問題に転換されるという構図は，もう一つの大きな制約になっている．これらの問題を解決することが，潜在的ポテンシャルが高い植生浄化法を，一皮向けたユニバーサルな水質浄化・保全技術として普及させていく鍵となっている．

ここまでに述べた植生浄化法の特長と制約を表1にまとめている．我々の研究チームでは，植生浄化法の特長を最大限に活かし，制約を打破することで，新世紀の水質浄化・保全に広範に寄与し得る技術に発展させていくための研究を行っており，最近の研究成果からいくつかの可能性を見いだしている．

表1　植生浄化法の特長と制約

○特長
- 省エネルギー・省資源型プロセスで低コスト
- 環境低負荷型のプロセス
- 維持管理の容易さ
- 微生物処理では困難な栄養塩類や金属に有効
- 原位置に導入でき景観等と調和したデザインも可能
- 一般の人への受け入れられやすさ（社会的認知）

○制約
- 微生物処理に比べて低効率（処理速度が低い）
- 広大な面積を必要とする
- 気象や地勢に影響されやすく不安定
- 合理的な設計，運転の指針が確立されていない
- 有機物（特に有害化学物質）に対する浄化は有効でない
- 浄化に伴って生じる余剰植物体の有効な処理法が確立していない

3. 微生物との共生効果を利用する新たな植生浄化法の概念
　　：根圏浄化

　植生浄化法が有機物汚染に適用できないという制約は，植物が根部（根圏：Rhizosphere）に棲息する微生物の多様な代謝活性を促進する作用を利用することによって打破し得る可能性が明らかになってきており，根圏浄化（Rhizoremediation）という新たな植生浄化法の概念を提示することができる．

3.1　根部への酸素輸送による有機物分解の促進

　植物による微生物代謝活性促進の重要なメカニズムの一つは，根圏への能動的酸素輸送である．根部が大気中に比べて酸素不足に陥りやすい水生植物では，太陽光が十分にあれば葉に多数存在する気孔が開き，酸素が体内に取り込まれ，通気組織という抵抗が小さい部分を介して根部へと輸送される機構が発達している．この酸素輸送により，根圏に棲息している好気性微生物の代謝活性が高められ，植物根がない状態に比べて高い有機物（BOD）の分解が達成されることが確認されている．図1は，浮遊水生植物ボタンウキクサ（*Pistia stratiotes* L.）の根圏への酸素輸送によって合成下水からのBOD除去効率が高められた実験結果の例を示している．有機物の分解によって，有機態窒素はアンモニア性窒素へと転換され，さらに酸素供給により微生物の硝化作用で硝酸性窒素へと変換されるため，植物による吸収除去の促進や，夜間の微生物脱窒による除去の相乗的効果にもつながる．有機態のリンも植物が吸収しやすい無機態（オルトリン酸等）リンに分解され，同様に植物吸収による浄化の促進効果が期待できる．水生植物の根圏への酸素輸送を工学的に制御することは必ずしも容易ではないが，我々のデータでは，ボタンウキクサ根圏への酸素輸送速度が光の強度と水温に大きく依存することが明らかになっており[6]（図2），酸素輸送能力を最大限に活かす植生浄化法適用水域の選定や，水深や植栽範囲設定などの施設設計をサポートし得るものと考えている．

第6節　水生植物と根圏微生物の共生作用を利用した水質浄化システム

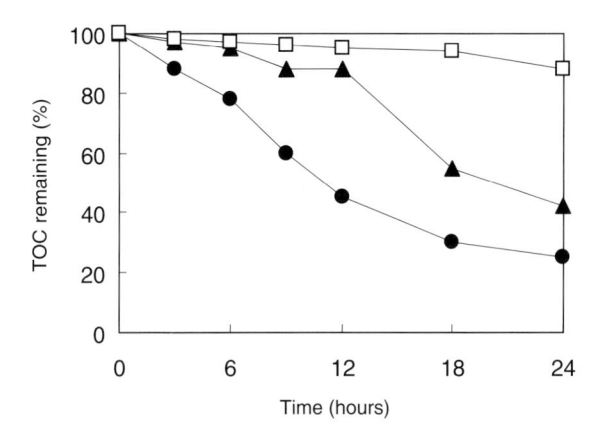

図1　ボタンウキクサによる BOD 分解の促進

●：光照射系，▲：光遮断系，□：ボタンウキクサ非植生系

光照射系では葉上の気孔が開き，根圏への活発な酸素輸送が行われる結果 BOD の分解が促進される．光遮断系では有意なレベルでの酸素輸送は行われない．

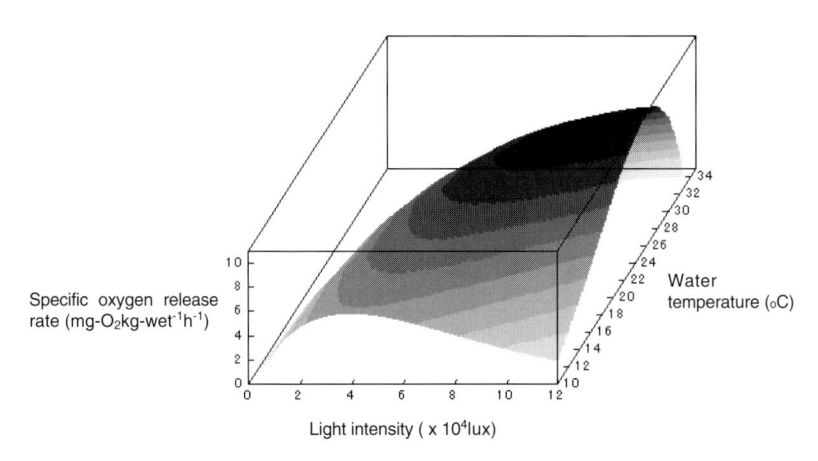

図2　ボタンウキクサ根圏への酸素輸送速度：光強度と水温の影響

光の強度が高いほど酸素輸送速度が高くなる傾向が認められる．一方，水温では酸素輸送が最大となる適温が存在する．

3.2　根部への化学物質分解菌の集積と活性化

　酸素輸送による BOD や栄養塩類の浄化促進に加えて，ある種の水生植物と根圏微生物の共生作用の利用が，難分解性の有害化学物質の浄化にも有効であることが明らかになりつつある．現状までのデータから，そのメカニズムは，水生植物の根から分泌される物質が，特殊な化学物質分解微生物の増殖や物質分解活性を促進することによるものと考えている．また，一部の化学物質に対しては，植物自体が根からラッカーゼ，パーオキシダーゼなどの酸化酵素を分泌し，無毒化や部分分解を行うことで，間接的に分解微生物の活動を高めている可能性もある．図3は，微小な浮遊水生植物ウキクサ (*Spirodela polyrrhiza*) がフェノールの浄化を促進することを明らかにした実験の結果を示したものである[1]．ウキクサを植え付けた池水では，ウキクサがない場合に比べて，明らかにフェノール分解のラグが短縮され，効率的な分解・浄化が進行している．対照として，池水を滅菌し，根部を滅菌したウキクサを導入した試験系も作成したが，フェノールの有意な除去は認められず，植物体自体による分解，吸収などの寄与は大きくないことが確認されている．分解試験中，ウキクサ根圏の微生物を回収し DNA 解析を行ったところ（図4），カテコール開裂酵素（C12O; catechol-1,2-dioxygenase，または C23O; catechol-2,3-dioxygenase）を有するフェノール分解微生物が根部に選択的に集積されていたことが明らかになった．ウキクサが存在しない条件下では，池水中で C12O を保持する分解微生物が増殖してフェノール分解が徐々に進行するようになったのに対し，ウキクサ根圏には元々 C12O を保持する分解微生物が多数存在していた上，池水中には見られなかった C23O 保持タイプの分解微生物の急速な増殖が進むことで，フェノール分解の促進に貢献していたものと推測された．このようなウキクサ根圏でのフェノール分解微生物集積の詳細な機構は未だ明らかにすることはできていないが，根分泌物のメタボローム解析で，極めて多様な芳香族化合物（フェノール様物質）が多量に生成・分泌されていることが示されており，これらが重要な役割を担っていた可能性が高い．

第6節　水生植物と根圏微生物の共生作用を利用した水質浄化システム

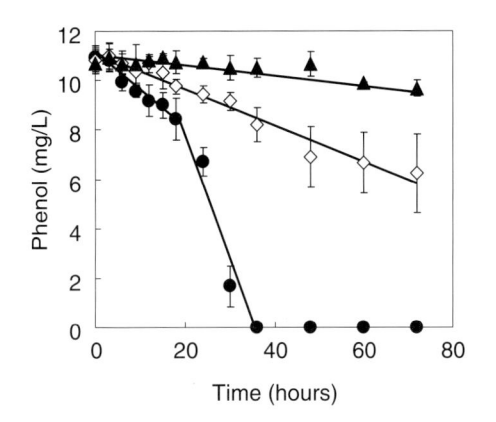

図3　ウキクサによるフェノール分解促進

●：池水＋ウキクサ　◇：池水　▲：滅菌池水＋無菌ウキクサ

池水中の土着微生物によるフェノール分解（◇）に比べ，ウキクサが共存することで（●）分解速度は格段に高められる．一方，微生物が存在しない系（▲）では有意な分解が認められず，ウキクサ自体による吸収や代謝の効果はほとんどないものといえる．

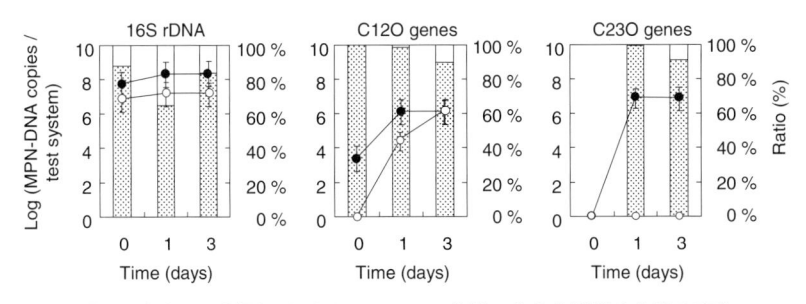

図4　ウキクサ根圏におけるフェノール分解に伴う分解微生物数の変化

●：ウキクサ植生系　○：ウキクサ非植生系　▨：ウキクサ植生系において根圏に存在している微生物の割合　☐：ウキクサ植生系において根圏外に存在している微生物の割合

ウキクサ根圏には当初から，多数のフェノール分解菌群（C12O 遺伝子）が存在していたが，フェノール分解に伴って特に別なフェノール分解菌群（C23O 遺伝子）が急激に増加し，効率的な分解につながったものと解釈できる．池水土着微生物のみでフェノール分解を行った場合には，C23O 遺伝子の増加は認められなかった．

ウキクサはフェノール分解のみでなく，アニリンや2,4-ジクロロフェノール，各種界面活性剤や内分泌攪乱作用があるノニルフェノール，ビスフェノールAなどの分解も促進することが明らかになっている[5,7]．また，ボタンウキクサにも同様の効果が認められ[2]，抽水植物であるヨシ（*Phalaris arundinacea* L.）が，底質中の多環芳香族化合物（フェナントレン，ピレン等）の微生物分解を促進することも確認している．これらの作用が，植物根圏の特殊な微生物の活性に依存しているという間接的証拠も多数提示することができる[2,7]．これまでに我々が水生植物の作用により浄化が促進されることを明らかにした化学物質を表2にまとめている．植生浄化が，芳香族化合物を中心に，極めて広範な化学物質の分解・浄化に寄与し得ることを示唆するものといえよう．今後は，この興味深い現象の詳細なメカニズムを解明することで，多様な有害化学物質の浄化に適用可能な植生浄化法の設計が可能になることを期待している．

根圏浄化の概念までを組み入れた植生浄化法の機能を図5にまとめてい

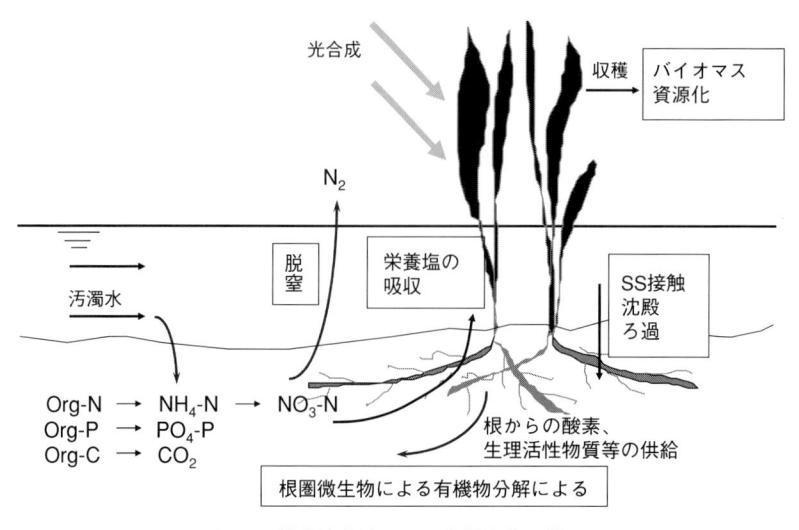

図5　植生浄化法による水質浄化の機能

根圏浄化を活用することによって，植生浄化の機能は飛躍的に拡大する．バイオマスの資源化までを実現できれば，passive system としては理想的な水質浄化技術となろう．

る．本文には述べなかったが，網目状の植物根によって，水中の浮遊物質（SS）を捕捉して濁りを除去するフィルター効果も植生浄化法の機能の一つである．

表2　水生植物根圏における効率的分解が明らかになった化学物質

芳香族化合物：	フェノール，アニリン，2,4-ジクロロフェノール
多環芳香族化合物：	ナフタレン，フェナントレン，ピレン，ベンツピレン，ビフェニル
環境ホルモン：	ノニルフェノール，ブチルフェノール，ビスフェノールA
界面活性剤：	SDS，LAS，ノニルフェノールエトキシレート，アルキルエトキシレート

4. 余剰植物バイオマス利用による Co-benefit 型システムへの展開

　余剰植物体を廃棄物として処分しなければならないという植生浄化法の致命的な問題は，これを資源化することができれば解決される．また逆に，植生浄化法を，水質浄化と資源生産が同時に行える Co-benefit システムへとグレードアップさせることとなり，より理想的な水質浄化・保全システムが構築される．

　浄化植物法で生じる余剰バイオマスを資源化する試みは，比較的資源価値の高い植物を植生浄化法に適用したケースと，浄化に有効な植物の用途開発を行ったケースに分かれる．前者は，観賞用花卉や工業作物であるが，一般には水質浄化機能が高くないうえ，生産される資源も極一部を除いて実用的でないのが現状である．後者では，ホテイアオイ（*Eichhornia crassipes*）などをコンポスト化したり，メタン発酵によりエネルギーを回収した試みがあるが，必ずしも効率的な資源回収が容易ではないうえ，生産される資源にさほど高い需要がないのが問題である．したがって，新たな余剰植物バイオマスの資源化手法を模索していく必要がある．近年では，カーボン・ニュートラルなエネルギー資源への転換が注目を集めている．植生浄化法に利用される植物は一般的には草本植物であり，バイオマス中の水分含量が高いことから，含水率が50％以下のバイオマスにしか利用できないとされる燃焼熱回収を行うためには，天日乾燥などエネルギーをかけない乾燥工程の導入が必

要である．一方，生物変換によるエネルギー物質への転換は，含水率が少なくとも40%以上は必要であり，草本系植物バイオマスには有効であると考えられる．メタン発酵は現状では必ずしも効率的でないが，水生植物バイオマスと類似組成を持つ農産系廃棄物やエネルギー作物からの生産技術が飛躍的に進歩してきているエタノール化は最も有力な候補である．

エタノールへの生物変換は，まず加水分解酵素によりバイオマスの主成分であるセルロース成分を糖に転換し（糖化），これを基質とした発酵により行うのが基本となる（図6）．我々の検討では，最も生産性が高く，栄養塩類の除去などで実績があるホテイアオイの余剰バイオマスからのエタノール生産を図のスキームで試み，乾重量gあたり0.17gのエタノールを生産できることを実証している[3,4]．エタノールの収率は，バイオマスに含有されるグルコースベースではほぼ100%であり，現状でバイオエタノール生産に利用されている農産廃棄物やエネルギー作物と比較しても遜色ない．この技術を実用レベルで確立すれば，エネルギーフリーで水質浄化を行いながら，バイオマスに二酸化炭素を固定し，しかも石油代替の液体燃料を供給する，"超"環境適合型の植生浄化システムが完成する．

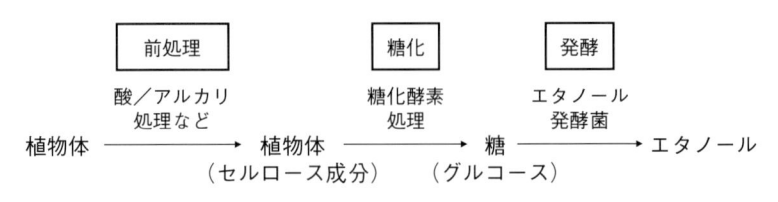

図6　余剰植物バイオマスからのエタノール生産工程

このスキームで，ホテイアオイ，ボタンウキクサ・バイオマスからのエタノール生産が可能であることを実証している．

参考文献

1) 池道彦, 遠山忠, 熊田浩英, 清和成, 藤田正憲「ウキクサ―根圏微生物共生系を利用したフェノールの浄化促進」『中日水環境汚染防止と再生セミナー』, 2004.
2) 遠山忠, 吉仲賢晴, 清和成, 池道彦, 藤田正憲「ボタンウキクサと根圏微生物の

第6節　水生植物と根圏微生物の共生作用を利用した水質浄化システム

相互作用を利用した芳香族化合物の分解促進」『環境工学研究論文集，42，475-486』，土木学会環境工学委員会，2005.
3) Mishima D., Kuniki M., Sei K., Soda S., Ike M., Fujita M. "Ethanol production from water hyacinth (*Eichhornia crassipes*) and water lettuce (*Pistia strateotes L.*) as candidates of energy crops", "Bioresource Technol., in press", 2007.
4) Mishima D., Tateda M., Ike M., Fujita M. "Comparative study on chemical pretreatments to accelerate enzymatic hydrolysis of aquatic macrophytes biomass used in water purification processes", "BioresourceTechnol., 97, 2166-2172", 2006.
5) Mori K., Toyama T., Sei K. "Surfactant degradation activities in the rhizosphere of giant duckweed (*Spirodela polyrrhiza*)", "Jap. J. Water Treatment Biol., 41, 129-140", 2005.
6) Soda S., Ike M., Ogasawara T., Yoshinaka M., Mishima D., Fujita M. "Effects of light intensity and water temperature on oxygen release from roots into water lettuce rhizosphere", "Water Res., 41, 487-491", 2007.
7) Toyama T., Yu N., Kumada H., Sei K., Ike M., Fujita M. "Accelerated aromatic compounds degradation in aquatic environment by use of interaction between *Spirodela polyrrhiza* and bacteria in its rhizosphere", "J. Boisci. Bioeng., 101, 346-353", 2006.

おわりに

　本書を御覧頂いてどのような感想をお持ちだろうか．

　おそらく，「みず」という一つのキーワードから，非常に多くの，そして多彩な知識・情報が語られるのに驚かれたのではないだろうか．それでも本書が扱ったのは，理学・基礎工学・工学という，いわゆる理系の分野だけに限られている．「みず」がいかに身近で，同時にゆたかな表情をもっているか，その一端が本書に現れているのであろう．

　さて，本書のように「みず」の関する学問を「みず学」として括ったとき，その内容は非常に豊富である反面，まとまった体系や明確な目標を定めることは難しい．科学や技術を「体系化された知識の獲得」や「目標達成のための科学的知識の体系的な応用」としてとらえる視点では「みず学」はいろいろな学問分野の部分の寄せ集めにしか見えないかもしれない．

　しかし，実際の生きた学問，大学で育まれている学問は，対象領域の限定による明快な体系化と目的を限定した計画的な研究の推進だけでは息が詰まってしまう．体系や計画も重要だが，それ以前に，本当の飛躍・発展の契機となるものが必要であろう．それには，幅広い好奇心と緊張感と同時に遊び心にも似た感覚をもった，知的な雰囲気を醸し出す仕掛けが望まれる．

　その意味で「みず」というキーワードを頼りに，いろいろな知識に横断的に触れる，という本書の試みは巧みな方法論ではないだろうか．「みず」は誰にとっても身近なもので，皆が各人各様のイメージを持っている．「みず」の話題は誰にとっても他人事ではないが，その一方で，誰も「みず」のすべてを知っているわけではない．「みず」についての話題はいつも何かしら新しいことを教えてくれるのである．

　本書はここで終わりであるが，水素結合のように緩く結合しつつ，完全に構造的ではないものの全くの無秩序でもない，始まりも終わりも判然としない，この「みず」にまつわる学問について，この後も思いを馳せてみてはいかがだろうか．

アクア事務局
江頭靖幸

索　引

あ 行

青潮　240
赤潮　240
アクア金属錯体　200
アクセプター　80
アジアモンスーン　271
アミノ基　201
アモルファス状態　170
異性化　206
一次元水素結合鎖　56
色　206
ウエットプロセス　190
ウォズレアイト　113
ウオッシュアウト　262
雲粒凝結核　262
栄養塩　240
液液界面磁化率　17
塩害　230
遠心液膜法　7
大阪湾　240

か 行

界面キラル反応　13
界面錯形成速度定数　8
化学圧力　79
核四極子相互作用　27
可視光　153
ガスハイドレート　127
仮想遷移過程　53
活性化エネルギー　24
活性炭素繊維　26
貨幣金属　208
カルボキシル基　201
岩塩型格子　208
環境適合型水質浄化法　284

緩衝作用　269
乾燥地植林　230
涵養効果　280
含硫アミノ酸　200
気孔抵抗　254
犠牲試薬　153
擬2次元ナノ空間　26
逆反応　150
吸湿性エアロゾル　263
吸着依存型光触媒機能　185
競合的成長モデル　264
キラリティー　206
金属
　——イオン　200
　——化合物　200
　——間化合物　85
　——錯体　200
　——水素　117
　——超分子　207
キンヒドロン錯体　64
空孔生成自由エネルギー　4
グリオキシム錯体　65
黒潮　243
結合水　98
結晶粒界薄膜水　98
顕微赤外分光法　102
高圧高温実験　112
降雨遮断　252
洪水氾濫　273
構造化した水　98
構造相転移　128
高速攪拌法　7
後天的汚染　264
高分子集合体　210
固溶体　156

索　引

根圏
　——浄化　286
　——微生物　288

さ　行

細孔　197
再配向運動　28
錯体配位子　202
サボテン組織中の水　108
酸性雨　262
酸性度　266
時間分解共鳴ラマン分光法　90
磁気泳動　17
次元性　29
地震発生　98
磁性　206
自然災害　271
重水素置換効果　43
樹液　251
　——逆流　251
蒸散流　251
植生浄化法　284
触媒　197
シリコン　190
人工薄膜水　104
振動エネルギー緩和　88
水素
　——Hydrate　128
　——エネルギー　160
　——生成触媒　151
　——貯蔵　140
水素結合　42, 78, 98, 200
　——型電荷移動錯体　64
　——協同効果　55
　——ネットワーク　21, 52
スリット細孔　26
正規化 pH（Normalized pH）　266
摂動論　53
遷移層　113
遷移モーメント　53
先天的汚染　262

相転移　43
相平衡　140

た　行

第三高調波発生　52
ダイナミクス　20
第二高調波発生　14, 52
ダイヤモンドアンビルセル　116
太陽電池　194
多核錯体　202
多結晶石英　101
多光子吸収　52
単一分子検出　11
単結晶 X 線解析　202
単分子膜　44
チオール基　201
地下水　280
地球環境問題　275
地球内部の水　98
チタノシリケート　181
秩序−無秩序相転移　45
チャオプラヤ川　276
中性—イオン性転移　74
中性子回折法　121
中性子散乱実験　44
超イオン伝導状態　120
超伝導体　78
超分極率　52
　——密度解析　55
堤防のかさ上げ効果　279
鉄水素化物　116
テレケリック高分子　212
電子移動　62
　——機構　167
電子熱容量係数　82
電子物性　79
ドーピング　79, 154
ドナー　80
トリスエチレンジアミンコバルト(Ⅲ)塩化物　21
トンネル現象　43

索 引

な 行

内部海　121
ナノカラム　21
ナノ空間　20
二相直接導入 MS 法　16
入力順序　225
熱容量測定　44
燃料電池　160

は 行

ハードパン　231, 232, 233, 234
配位
　——子　200
　——結合　200
　——様式　201
ハイドロリックリフト　260
発光型分子スイッチ　219
発光型分子センサー　219
花形ミセル　212, 216
バンドギャップ　149
光エッチング　164
光散乱法　210
光触媒　149, 181
非線形光学現象　52
皮膚表皮中の水　108
非平衡相図　42
氷天体　120
表面処理　194
表面捕捉正孔　163
ピラジンジチオレート金属錯体　69
ピリジンジチオレート金属錯体　73
フォトルミネッセンス　163
部分重水素化　47
ブロック共重合体　211
プロトン　42
　——移動　26, 62
　——・電子連動系　62
分光　134
分子運動　23, 24
分子サイズ認識型の光触媒機能　181

分離・交互ハイブリッド積層構造　74
平衡酸化還元電位　167
並進拡散　24
ヘムタンパク質　88
ペロブスカイト　114
ホルムアミド　56

ま 行

マイクロシースフロー法　10
ミオグロビン　88
水クラスター　203
水の電気分解　160
水ポテンシャル　255
ミセル　210
メコン川　271
メソポーラス酸化チタン　185

や 行

余剰植物バイオマス　291

ら 行

ラマン　134
ラングミュア式　7
ランダム共重合体　213
量子化学　53
両親媒性高分子　210
臨界集合体生成濃度　13
リングウッダイト　113
励起エネルギー　53
冷却速度　83
レインアウト　262

A-Z

$(\pm)$-[Co(en)$_3$]Cl$_3$　21
^{1}H MAS NMR　23
^{1}H-^{1}H 双極子相互作用　23
^{1}H 固体高分解能 NMR　22
1 次元ナノチャンネル　21
^{2}H NMR　27
ACF　26
Cage 占有性　142

299

索　引

CCN　262
　　——の同化　264
CO_2固定　231
Co-benefit システム　291
Debye の格子振動モデル　81
Gas Hydrate　127
in situ 分光法　162
J-PARC　122
Lewis 酸・塩基反応　168
Møller-Plesset 摂動法　56
NMR　20
passive system　284
pH 依存サイクリックボルタンメトリー　69
Pourbaix diagram　69
Raman　134
SHG　14, 52
SPAC　255
Torrance の V 字相関　74
δ-AlOOH 相　115
π フリップ運動　28

編著者紹介

編　者

大垣一成	基礎工学研究科　物質創成専攻　化学工学領域	2章
江頭靖幸	基礎工学研究科　物質創成専攻　化学工学領域	3章
渡會　仁	理学研究科　化学専攻	1章
松村道雄	太陽エネルギー化学研究センター	2章
中辻啓二	工学研究科　地球総合工学専攻　地球環境保全工学領域	3章

執筆者　（担当順）

上田貴洋	大阪大学総合学術博物館　兼　理学研究科　化学専攻	1章
奥村光隆	理学研究科　化学専攻	1章
稲葉　章	理学研究科　分子熱力学研究センター	1章
中野雅由	基礎工学研究科　物質創成専攻　化学工学領域	1章
岸　亮平	基礎工学研究科　物質創成専攻　化学工学領域	1章
高橋英明	基礎工学研究科　物質創成専攻　化学工学領域	1章
久保孝史	理学研究科　化学専攻	1章
中澤康浩	理学研究科　化学専攻	1章
水谷泰久	理学研究科　化学専攻	1章
中嶋　悟	理学研究科　宇宙地球科学専攻	1章
近藤　忠	理学研究科　宇宙地球科学専攻	1章
菅原　武	基礎工学研究科　物質創成専攻　化学工学領域	2章
池田　茂	太陽エネルギー化学研究センター	2章
中村龍平	東京大学大学院工学研究科	2章
今西哲士	基礎工学研究科　物質創成専攻　機能物質化学領域	2章
中戸義禮	大阪大学名誉教授	2章
桑畑　進	工学研究科　応用化学専攻	2章
白石康浩	太陽エネルギー化学研究センター	2章
平井隆之	太陽エネルギー化学研究センター	2章
今野　巧	理学研究科　化学専攻	2章
佐藤尚弘	理学研究科　高分子科学専攻	2章
西田修三	工学研究科　地球総合工学専攻　みず工学領域	3章

町村　尚	工学研究科　環境・エネルギー工学専攻　地球循環共生工学領域	3章
芝　定孝	前 基礎工学研究科　物質創成専攻　化学工学領域	3章
池　道彦	工学研究科　環境・エネルギー工学専攻　生物圏環境工学領域	3章

みず学への誘い

2008年2月28日 初版第1刷発行　　［検印廃止］

編　者　大垣 一成・江頭 靖幸
　　　　渡會　仁・松村 道雄
　　　　中辻 啓二

発行所　大阪大学出版会
　　　　代表者　鷲田　清一

〒565-0871　吹田市山田丘 2-7
　　　　　　大阪大学ウエストフロント
電話・FAX　06-6877-1614（直）
URL：http://www.osaka-up.or.jp

印刷・製本所　亜細亜印刷株式会社

Ⓒ K. Ohgaki, Y. Egashira, J. Watarai, M. Matsumura, and K. Nakatsuji
2008 Printed in Japan
　　　　ISBN 978-4-87259-231-3

Ⓡ〈日本複写権センター委託出版物〉
本書を無断で複写複製（コピー）することは、著作権法上の例外を除き、禁じられています。本書をコピーされる場合は、事前に日本複写権センター（JRRC）許諾を受けてください。
　JRRC〈http://www.jrrc.or.jp　eメール：info@jrrc.or.jp　電話：03-3401-2382〉